"十二五"国家重点图书出版规划项目

截齿截割煤岩的力学
模型与性能评价

刘春生　李德根　著

哈尔滨工业大学出版社

内 容 简 介

截齿截割煤岩的力学模型与性能评价是提高采煤机性能的应用基础理论研究,是研发高可靠性采煤机的技术保障,同时也是实现井下无人工作面的基础。本书采用理论、数值模拟和实验的研究方法,系统研究了截齿截割煤岩的力学特性。以截齿实验载荷谱为研究对象,围绕截齿的实验理论力学模型、截割能耗、载荷谱辨识与重构和煤岩块度等方面,运用正则化、分形、混沌和熵等理论揭示截齿与煤岩的作用关系,本书分 9 章进行阐述。

本书内容丰富,反映作者在采煤机煤岩破碎领域的代表性成果。本书可作为采矿工程、煤岩破碎基础理论研究、采掘机械开发等相关领域与专业的高年级本科生、研究生、教师和有关科研人员参考。

图书在版编目(CIP)数据

截齿截割煤岩的力学模型与性能评价/刘春生,李德根著.
—哈尔滨:哈尔滨工业大学出版社,2017.6
ISBN 978-7-5603-6336-3

Ⅰ.①截… Ⅱ.①刘… ②李… Ⅲ.①煤岩-
力学模型-性能-评价 Ⅳ.①TD326

中国版本图书馆 CIP 数据核字(2016)第 307959 号

策划编辑   张　荣
责任编辑   李长波
出版发行   哈尔滨工业大学出版社
社　　址   哈尔滨市南岗区复华四道街 10 号　邮编 150006
传　　真   0451-86414749
网　　址   http://hitpress.hit.edu.cn
印　　刷   哈尔滨市工大节能印刷厂
开　　本   787mm×1092mm　1/16　印张　15　字数 360 千字
版　　次   2017 年 6 月第 1 版　2017 年 6 月第 1 次印刷
书　　号   ISBN 978-7-5603-6336-3
定　　价   48.00 元

前　言

滚筒式采煤机是集约化矿井中最为关键的大型设备之一,是安全、高效机械化采煤的核心设备。随着科技进步和能源节约的要求,实现井下工作面集约化、信息化、智能化开采是必然趋势,也是减少工作面人员数量,最终实现工作面自动化、无人化的前提。因此,高可靠性、高性能的机械装备是实现目标的重要基础保证。滚筒是采煤机的关键部件,决定采煤机的生产能力、块煤率与粉尘量等,"十二五"期间研制开发高可靠、高性能、高寿命、高端采煤机械装备是煤炭工业领域重点之一。

本书主要介绍作者关于滚筒采煤机镐形截齿截割煤岩的力学特性及性能评价的理论、实验及模拟的研究成果。为了能够实现模拟煤矿井下采煤机真实的旋转截割煤岩工况,以截割煤岩机理为依据,自主研发了多截齿截割参数可调的煤岩截割实验台,突破了以往搭建的平面截割实验台,真正实现了在实验室模拟井下采煤机实际截割煤岩的状态。以往的平面截割实验台所测试得到的截割三向载荷不能真实地反映采煤机在井下截割煤岩的状态,截割厚度恒定不变,而真实的截齿截割煤岩状态为截割厚度在随时间的变化而变化。为探求截齿截割煤岩载荷谱的真实状态,以实验测试的截割载荷谱为研究依据,采用正则化方法,对截割载荷谱及其特征进行了重构,实现载荷谱重构及其特征的定量辨识。利用参数可调式多齿旋转截割实验台截割煤岩时发现,镐形截齿截割煤岩时存在碾挤压的现象;通过理论分析建立了截齿截割煤岩的三向载荷的模型,以及截齿三向载荷与滚筒三向载荷的转换关系,同时对镐形截齿的不同工况及工作状态进行了有限元分析;应用 FFT、分形、混沌和熵等理论,研究单截齿载荷谱与多截齿载荷谱在时域、频域内的拓扑关系。在此基础上,建立截割煤岩时的混沌动力学模型,探明截齿与滚筒的各项参数对煤岩破碎状态的影响规律,给出从截割载荷、截割能耗、煤岩块度与粉尘量和可靠性四个角度评价截割性能的方法。该研究作为高效截割设计的准则,可为生态化(绿色节能)设计与评价高效截割的采煤机滚筒提供理论与技术支持。

本书的研究工作获得了国家自然科学基金项目"采煤机滚筒高效截割的动力学性能与评价的研究"(51274091)和黑龙江省科技厅国际科技合作重点项目"硬煤截割工作机构的研制"(WB01104)的资助,在此表示感谢。

由于作者学识和研究水平有限,书中难免有疏漏及不妥之处,敬请读者批评指正。

作　者

2017 年 1 月

目　录

第1章

概　　述

螺旋滚筒式采煤机是煤炭开采中使用最为广泛的采煤设备,镐形截齿是工作机构重要的组成部分,其截割力学特性影响采煤机的整机性能。镐形截齿破碎煤煤岩是机械破碎煤岩的一种方式,本书中综述机械破碎煤岩的方法和截割力学模型可为研究镐形截齿的力学特性提供借鉴。

1.1　滚筒式采煤机概况

采煤机是煤炭开采的主要设备之一,其性能参数随着科技的发展不断提升,总装机功率从 100 kW 左右发展到目前的 3 000 kW,牵引力超过 1 500 kN,采高范围高达 7 m。目前,学者与大型煤炭企业均在研究采煤机一次采全高为 8.5 m 的可行性和装备及其开采工艺。采煤机整体由煤壁侧的两组支承组件和操作侧的两只导向滑靴分别支承在工作面输送机上,行走箱中的行走轮与输送机齿轨箱啮合,当行走轮转动时,采煤机便在工作面输送机上牵引行走,同时截割电机通过截割机械传动带动滚筒旋转,完成落煤及装煤作业,其结构如图1.1 所示。

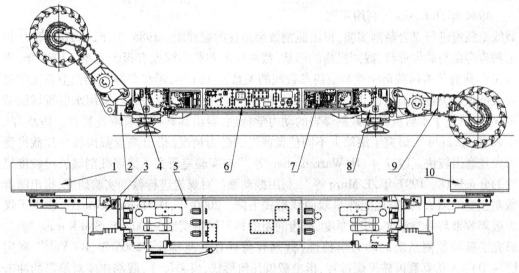

图 1.1　采煤机结构

1— 左旋滚筒;2— 调高油缸;3— 左截割部;4— 左行走箱;5— 左牵引部;
6— 电控部;7— 右牵引部;8— 右行走箱;9— 右截割部;10— 右旋滚筒

1932 年,苏联成功研发出世界首台采煤机。20 世纪 40 年代初,英国和苏联先后研制出链式采煤机,其通过截链上的截齿截割煤岩,但是其采煤效率不高。20 世纪 50 年代初,以螺旋滚筒为工作机构的采煤机在英国和德国陆续出现,这种可以将破煤和装煤融为一体的采煤机为煤炭的机械化开采奠定了重要基础。1975 年,我国成功制造出 MLS₃ - 170 型双滚筒采煤机。1986 年,最具代表性的 MG 系列无链牵引采煤机由我国自主研制成功。1992 年,我国设计出首台 MG344 - PWD 型交流电气调速采煤机,标志着我国采煤机电气时代的开始。21 世纪以来,随着技术水平的快速提升,研发的机型基本可以满足我国的生产需求。总体来看,我国采煤机经过近 50 年的发展,到目前已取得了很大进步,拥有了众多具有自主知识产权的换代产品,总装机功率、截割功率和牵引力也越来越大,从薄煤层到厚煤层已经形成了完整的采煤机系列。

滚筒是采煤机的重要组成部分,在破煤、落煤和输煤的过程中起着重要的作用,滚筒的受力、工作寿命和可靠性是滚筒式采煤机正常工作的重要指标,如图 1.2 所示。镐形截齿是滚筒采煤机和掘进机使用最多的破煤刀具,采煤机的大部分功率消耗在截齿破煤上,截齿参数及其布置和空间姿态应保证低比能耗、高的强度和耐磨性等。

图 1.2　滚筒

1984 年,I. Evans[1] 利用不同截线距截齿进行煤岩截割实验,得出截割效果最佳的截线距。1985 年,K. G. Hurt 等[2] 指出截齿寿命与截齿形状、截割机构的形状、截割速度和截割深度有很大关系。1988 年,牛东民[3] 研究了滚筒载荷特性与滚筒参数间的关系。1991 年,谢和平等[4] 指出分形维数可以表征煤岩类材料损伤程度。1993 年,段雄等[5] 应用直线切割原理,采用水射流辅助截割煤岩,研究了水射流截齿截割煤岩的动力学特性,得出其载荷具有混沌特性。1995 年,O. Z. Hekimoglu[6] 研究了滚筒上不同位置截齿的受力情况,指出端盘截齿较叶片截齿受力大且磨损较快。1997 年,H. Warren Shen 等[7] 在实验室研究了滚筒截割煤岩时粒度尺寸的分布规律。1997 年,T. Muro 等[8] 利用振动截齿对煤岩进行截割实验研究,指出随着截割速度的增大,截割比能耗呈双曲线形式下降。2000 年,D. Mazurkiewicz[9] 建立了煤岩破碎效果与截割深度、切削厚度、截齿间距的神经网络模型。2002 年,Shu Karube 等[10] 研究了振动截割系统的动力学特性,截割载荷具有混沌特性。2005 年,Bo Yu[11] 利用 LS - DYNA 仿真截齿破碎煤过程,指出截齿几何形状、齿尖尺寸、截割速度对滚筒的冲击力、截割力均有影响。2005 年,John P. Loui 等[12] 就截齿截割煤岩时其温度的变化进行了有限元分析,指出截齿与煤岩接触界面的温度随截齿截割速度的增大呈线性提高。2006 年,B. Tiryaki 等[13] 获得截割比能耗与煤岩的抗压强度呈线性关系。2007 年,N. Bilgin 等[14] 利用镐形截齿对不同特性的煤岩进行了截割实验,指出煤岩的轴向抗压强度对截割机构的性能影响最大。2009 年,赵丽娟等[15]通过薄煤层采煤机工作机构对含硫化铁结核煤层的截割工况进行分析,建立了采煤机滚筒的受力模型。2010 年,Bernardino Chiaia[16]研究了截齿截割脆性材料的力学特性,指出增大截齿尺寸可提高截割效率。2010 年,Brijes Mishra[17]利用有限元法研究了截齿的不同参数对截割效果的影响,建立了截齿截割煤岩时产生的热量与截割参数间的关系。2011 年,Okan Su[18]利用离散元法对镐型截齿的截煤过程进行了仿真模拟,获得截齿的载荷特性。2013 ~ 2014 年,江红祥等[19-22]对滚筒截割不同性质的煤岩扭矩载荷进行测试,得出滚筒截割载荷具有混沌特性。2015 年,刘春生等应用分形理论分析旋转截割实验台所测得的截割阻力谱,探究截割阻力谱的分形特征与安装角及切削厚度的关系。

1.2　机械破碎煤岩方法

机械破碎煤岩的方法仍是煤岩破碎的主要手段,目前常用的机械破碎方法有:刀具静力压入破岩、切削破碎煤岩、滚碾压破碎煤岩、冲击破碎煤岩和水射流辅助机械刀具破碎煤岩等[23]。国内外研究各种高效破碎煤岩和硬岩的原理与方法,就机械破碎而言冲击复合式机械破碎和高压水射流辅助机械破碎方法值得关注和深入研究。

1.2.1　刀具静力压入破岩

刀具在静力作用下侵入煤岩中,对刀具周围的煤岩产生力使煤岩体崩落,其破碎过程是机械破碎煤岩的一个基本过程,其破岩原理如图 1.3 所示。

1.2.2　切削破碎煤岩

在煤层开采、半煤岩和软岩的掘进中,切削破碎占有重要的地位,切削破碎时截齿或刨刀切削煤岩,靠刃角从岩体的外层上分离下煤岩的一种机械破碎方法,其原理如图 1.4 所示,切削破碎煤岩的常用刀具有镐形齿、刀形齿和多齿铣刀。

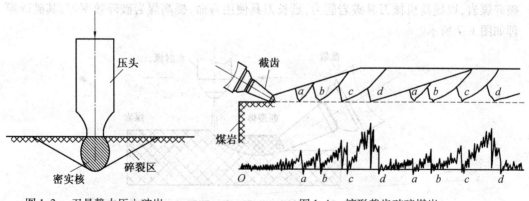

图 1.3　刀具静力压入破岩　　　　　　图 1.4　镐形截齿破碎煤岩

1.2.3　滚碾压破碎煤岩

滚碾压破碎煤岩是利用刀具滚动产生挤压碎和剪切碾碎的作用进行破碎煤岩。滚碾压破碎煤岩是既有挤压破碎,又有剪切碾碎作用的复合运动,其破碎原理如图1.5所示,滚碾压破碎煤岩的常用刀具有牙轮和盘刀,其他形式可看成这两种刀具的组合和发展。

1.2.4　冲击破碎煤岩

冲击是煤岩破碎的重要方法,煤岩体的冲击破碎过程是煤体变形破坏的过程,是其内部损伤萌生、扩展和汇合过程,是其内部大量裂纹的成核、扩展延伸至最终贯穿而导致煤岩破坏的过程。冲击破碎煤岩是利用不同形状的刃齿以不同的冲击功凿入煤岩,其原理如图1.6所示。

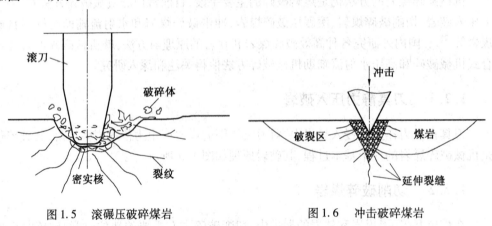

图1.5　滚碾压破碎煤岩　　　　　　图1.6　冲击破碎煤岩

1.2.5　水射流辅助机械刀具破碎煤岩

在机械刀具破碎煤岩过程中利用高压水的冲击、动压或水楔作用等来辅助机械刀具破碎煤岩,以提高机械刀具破岩能力,延长刀具使用寿命,提高煤岩破碎效率等,其破碎原理如图1.7所示。

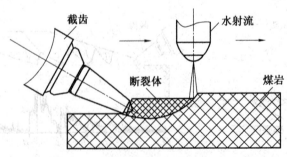

图1.7　水射流辅助机械刀具破碎煤岩

1.3　截割煤岩刀形截齿的力学模型

镐形截齿是滚筒式采煤机的关键零部件,其力学模型可以揭示刀具与煤岩的作用关系,其力学模型的研究为合理地选择刀具形状和截割参数,以及提高截割效率和降低比能耗等均具有重要的意义。

1.3.1　A. И. Велон 的力学模型

A. И. Велон 等[24]提出"密实核"学说,建立了切入截割状态下刀形截齿的力学模型,即

$$\left.\begin{array}{l} Z_0 = Z_n + \mu Y_1 + (X_{n1} + X_{n2})\mu / \cos\left(\dfrac{\varphi}{2}\right) \\[2mm] Y_0 = Y_1 \pm Y_2 + (X_{n1} + X_{n2})\mu / \tan\left(\dfrac{\varphi}{2}\right) \\[2mm] X_0 = X_{n1} \pm X_{n2} \end{array}\right\} \tag{1.1}$$

式中　　Z_0——煤岩给截齿的截割阻力,N;

　　　　Y_0——煤岩给截齿的推进阻力,N;

　　　　X_0——煤岩给截齿的侧向阻力,N;

　　　　φ——截齿尖角,(°)。

式(1.1)第三式中钝齿截割时为"+",锐齿截割时为"−"。如图 1.8 所示,作用于截齿前刃面上的法向力 N,抗摩擦力 μN;合力 R_n 可分解为截割阻力 Z_n 和推进阻力 Y_2;Y_1 为竖直方向截齿的推进阻力,μY_1 为竖直方向的抗摩擦阻力;X_n 为侧向力,N_x 为截齿侧面的法向力。

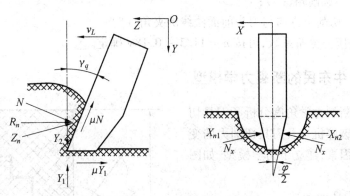

图 1.8　A. И. Велон 的力学模型

1.3.2　I. Evans 的力学模型

I. Evans[25]根据最大拉应力理论,建立了镐形截齿直线切削煤岩的模型,如图 1.9 所

示,T 为破裂线上拉应力的合力;R 为截齿对煤
岩的压力;Q 为破裂点的支反力。

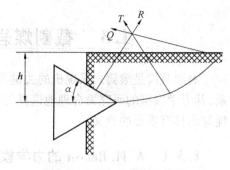

$$F_z = \frac{16\pi}{\cos^2\alpha}\left(\frac{\sigma_t}{\sigma_y}\right)\sigma_t h^2 \qquad (1.2)$$

式中 F_z——刀具的切削阻力,N;

　　　σ_t——煤岩的抗拉强度,MPa;

　　　σ_y——煤岩的抗压强度,MPa;

　　　h——切削厚度,mm;

　　　α——截齿齿尖半锥角,(°)。

图 1.9 I. Evans 的力学模型

1.3.3 Nishimatsu 切削力模型

Nishimatsu[26] 根据库仑-
莫尔准则建立了截割力学模型,
如图1.10 所示。其中,τ_s 为
AB 线上单位长度所受合力
的切向力分量,MPa;σ_n 为
AB 线上单位长度所受应力
的法向力分量,MPa;p 为 τ_s
与 σ_n 的合力,MPa。

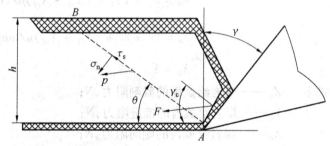

图 1.10 Nishimatsu 的切削力模型

$$F_z = \frac{2}{n+1} \cdot \frac{\tau_k h\cos\varphi_T}{1 - \sin(\varphi_T - \gamma_c + \varphi)} \qquad (1.3)$$

式中 τ_k——煤岩的抗剪强度,MPa;

　　　φ_T——煤岩的内摩擦角,(°);

　　　γ——刀头前角,(°);

　　　γ_c——切削力方向与刀头前面法线的夹角,(°);

　　　n——应力分布系数,可按 $n = 11.3 - 0.18\gamma$ 确定。

1.3.4 牛东民的断裂力学模型

牛东民从断裂力学角度分析了刀具切
削作用下煤的破碎机理及刀具切削力的变
化规律和影响因素,建立了力学模型,如图
1.11 所示。

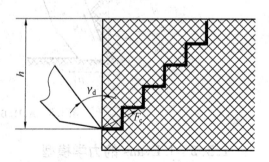

$$F_c = \frac{2\cos\gamma_d}{1 + \sin\gamma_d}A \cdot h^{\frac{1}{2}}b \qquad (1.4)$$

式中 F_c——截齿平均切削阻力,N;

　　　A——煤体的截割阻抗,N/mm;

　　　γ_d——刀头前角,(°);

图 1.11 牛东民的断裂力学模型

b—— 煤岩宽度, mm。

1.3.5 雷玉勇的力学模型

雷玉勇[27] 根据刀形截齿破煤的宏观现象,采用煤岩受拉破坏理论建立了刀形截齿沿直线截割的力学模型,如图 1.12 所示,外边界由以 B' 为圆心、a 为半径的圆弧 BO 和直线 OA 构成;应力 R 遵守破坏准则,引起破碎,应力 R 的延长线过圆心 B' 点;破碎煤岩拉力的合力 T 过圆心 O' 点,平分圆弧角;b 为截齿宽度,在自由截割状态下,将模型考虑为平面问题处理。基于最小能量原理和平面力系力矩平衡,建立刀型截齿直线截割的截割阻力,即

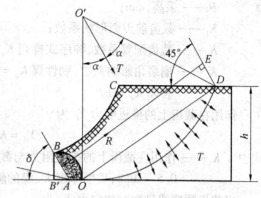

图 1.12 雷玉勇的力学模型

$$F_w = K_1 \frac{q_y \lambda h \sin(\delta + \varphi_f)}{\cos \varphi_f \sin \delta} \quad (1.5)$$

式中　F_w—— 单位刃宽的截割阻力, N;

　　　δ—— 截角, (°);

　　　λ—— 密实核曲率半径 a 与截齿宽度 b 的比值;

　　　K_1—— 与截齿宽度 b 和截割状态有关的实验系数;

　　　φ_f—— 煤岩对刀具的摩擦角, (°);

　　　q_y—— 密实核施加给煤岩的流体静压力, 大小等于煤岩的单轴抗压强度, MPa。

1.3.6 镐形截齿的截割阻力模型

根据"密实核"理论,考虑截齿的矿山压力、几何形状、煤的物理机械性质等影响因素,建立了经典截割阻力的计算公式,作用在截齿上的截割阻力为

$$Z_0 = K_y A \cdot \frac{0.3 + 0.35 b_j}{(b_j + h \tan \varphi_b) K_\varphi} \cdot h \chi K_m K_\alpha K_f K_p \cdot \frac{1}{\cos \beta_m}$$

$$K_y = K_{y0} + \frac{J - 0.1H}{J + H}$$

式中　K_y—— 煤的压张系数;

　　　φ_b—— 截割崩落角, (°);

　　　K_{y0}—— 煤壁表层压张系数, $K_{y0} = 0.2 \sim 0.5$, 脆性煤取最小值, 韧性煤取最大值;

　　　K_m—— 煤体裸露系数, 当 $h \leqslant 10$ mm 时, $K_m = 0.32 + \left(\dfrac{0.2}{0.1h}\right)$, 当 $h > 10$ mm 时,

$$K_m = 0.25 + \left(\frac{0.66}{0.1h + 1.3}\right);$$

　　　K_α—— 截角影响系数;

　　　b_j—— 截齿计算宽度, mm;

β_m—— 名义安装角,(°);

χ—— 截线距,mm;

J—— 滚筒截深,mm;

H—— 采高,mm;

K_f—— 截齿前刃面形状系数;

K_p—— 截齿配置系数,顺序式排列 $K_p = 1$,棋盘式排列 $K_p = 1.25$;

K_φ—— 崩裂角影响系数,韧性煤 $K_\varphi = 0.85$,脆性煤 $K_\varphi = 1.15$,介于两者之间的煤岩体 $K_\varphi = 1$。

作用在截齿上的推进阻力 Y_0 为

$$Y_0 = K_q Z_0$$

式中 K_q—— 作用在截齿上的推进阻力与截割阻力的比值,对于采煤机来说,一般 $K_q = 0.5 \sim 0.8$,切削厚度大、煤的脆性程度高时 K_q 值取较小值。

当截齿顺序式排列时侧向力 X_0 为

$$X_0 = Z_0 \cdot \left(\frac{1}{0.1h + 0.3} + 0.15 \right) \cdot \frac{h}{\chi}$$

当截齿以棋盘式排列时侧向力 X_0 为

$$X_0 = Z_0 \cdot \left(\frac{1}{0.1h + 2.2} + 0.1 \right) \cdot \frac{h}{\chi}$$

当截齿磨钝时,截割阻力和推进阻力分别为

$$Z = Z_0 + 100 f' K'_y \sigma_y S_d$$
$$Y = Y_0 + 100 K'_y \sigma_y S_d$$

式中 f'—— 截齿截割阻力运动的阻力系数,$f' = 0.38 \sim 0.42$(切削厚度较大时取较大值);

S_d—— 截齿磨损面积,按截齿磨损面积在截割平面的投影面积计算,镐形截齿取 $S_d = 15 \sim 20 \ mm^2$;

K'_y—— 平均接触应力对单轴抗压强度的比值,$K'_y = 0.8 \sim 1.5$。

1.3.7   截齿阻力谱统计模型

截齿与被破碎的煤相互作用过程中,截齿上作用的载荷是空间位移的随机函数,而这种随机性首先取决于煤质在空间的变化和切削过程的结构特点。B. B. 顿指出截齿上的载荷是切削路径的平稳随机函数。

截齿上的切削力和进刀力等瞬时值服从 Γ 分布,分布密度为

$$f(F) = \frac{\lambda^\eta}{\Gamma(\eta)} F^{\eta-1} \exp[-\lambda F]$$

式中 λ、η—— 分别为比例参数和分布形式参数($\lambda = \overline{F}/\sigma^2, \eta = \lambda \overline{F}$);

σ—— 标准差;

$\overline{F}$—— 载荷的数学期望;

$\Gamma(\eta)$——Γ 函数。

侧向载荷差瞬时值的分布服从于正态分布规律。

切削力和进刀力等标准差 σ 是载荷数学期望 $\overline{P}$ 的线性函数,即

$$\sigma^2 = (u + v\overline{F})^2$$

式中　u、v——与破碎煤脆性程度有关的实验系数。

载荷的相关函数可以用指数分项与指数 – 余弦分项之和表示,即

$$K(\tau) = D_1 e^{-\alpha_1 \tau_c} + D_2 e^{-\alpha_2 \tau_c} \cos f\tau_c$$

式中　D_1、D_2——相应的标准差;

　　　α_1、α_2——衰减参数;

　　　τ_c——载荷变量;

　　　f——多数频率。

1.4　煤岩的强度准则

煤岩的强度准则称为破坏判据,是指煤岩体发生破坏的瞬间,各方向应力以及代表煤岩体特性的参数之间的关系。强度准则的研究始于 18 世纪,学者们提出了各种各样适合于不同材料的强度准则[28]。尽管各准则的表达方式、理论基础及适用条件不同,但是其共同点均是用来描述岩体的极限应力状态。强度准则的分类如图 1.13 所示。

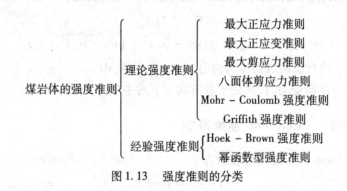

图 1.13　强度准则的分类

1.4.1　最大正应力准则

该理论假设材料的破坏只取决于最大的正应力,当煤岩材料的三个主应力中,只要其中一个达到单轴抗拉强度或单轴抗压强度时,煤岩就会发生破坏,根据这个理论,材料的破坏准则为

$$\sigma_1 \geqslant R_c, \quad \sigma_3 \leqslant R_t$$

式中　R_c、R_t——材料的单轴抗压强度和单轴抗拉强度,MPa。

1.4.2 最大正应变准则

该理论假设最大正应变决定材料是否破坏,当煤岩中任意一个方向受拉伸或压缩时,其应变值达到最大值时,材料就会发生破坏,因此,该理论的破坏准则为

$$\varepsilon_{\max} \geqslant \varepsilon_u$$

式中　　$\varepsilon_{\max}$——最大应变值;

　　　　ε_u——单向压缩或拉伸时的应变值。

1.4.3 最大剪应力准则

该理论假设材料的最大剪应力决定它的变形破坏,因此,当材料在受到拉伸或压缩时,所受的最大剪应力达到危险值时,材料就会达到一种临近破坏状态,该理论的破坏准则为

$$\tau_{\max} \geqslant \tau_u$$

式中　　$\tau_{\max}$——材料的最大剪应力,MPa;

　　　　τ_u——单向拉伸或压缩时,最大剪应力的危险值,MPa。

1.4.4 八面体剪应力准则

该理论假设岩体类是否处在危险的状态取决于八面体剪应力,因此,该破坏准则为

$$\tau_{oct} \geqslant \tau_3$$

式中　　τ_{oct}——八面体剪应力,$\tau_{oct} = \sqrt{(\sigma_1 - \sigma_2)^2 + (\sigma_2 - \sigma_3)^2 + (\sigma_3 - \sigma_1)^2}/3$,MPa;

　　　　τ_3——危险状态的八面体剪应力,$\tau_3 = \sqrt{2}R_z/3$,MPa;

　　　　R_z——在单向受力时,将处于危险状态下的主应力,MPa。

1.4.5 Mohr – Coulomb 强度准则

Mohr – Coulomb 强度准则可表示为

$$\tau = \sigma \tan \varphi_T + c$$

在处于极限应力状态时,剪切面上的正应力 σ 和剪应力 τ 可以用最大、最小主应力 σ_1、σ_3 表示为

$$\left.\begin{aligned} \sigma &= \frac{1}{2}(\sigma_1 + \sigma_3) + \frac{1}{2}(\sigma_1 - \sigma_3) \\ \tau &= \frac{1}{2}(\sigma_1 - \sigma_3)\sin 2\kappa \end{aligned}\right\}$$

式中　　κ——裂隙方位角,$\kappa = 45° + \varphi_T/2$,(°)。

1.4.6 Griffith 强度准则

煤岩的内部存在大量的微裂纹,根据 Griffith 的概念,假设这些类似椭圆的细微裂纹

都是张开的条条裂缝,局部的拉伸强度小于拉应力,就开始发生破裂。

当 $\sigma_1 + 3\sigma_3 > 0$ 时,

$$\left.\begin{array}{c} (\sigma_1 - \sigma_3)^2 - 8R_t(\sigma_1 + \sigma_3) > 0 \\ \kappa = \dfrac{1}{2}\arccos\dfrac{\sigma_1 - \sigma_3}{2(\sigma_1 + \sigma_3)} \end{array}\right\}$$

当 $\sigma_1 + 3\sigma_3 < 0$ 时,

$$\left.\begin{array}{c} \sigma_3 = -R_t \\ \kappa = 0 \end{array}\right\}$$

1.4.7　Hoek – Brown 强度准则

Hoek – Brown 强度准则是由 E. Hoek 和 E. T. Brown 于 1980 年提出的,其可反映煤岩破坏时极限主应力间的非线性经验关系,其表达式为

$$\sigma_1 = \sigma_3 + \sigma_c\sqrt{m_i + \dfrac{\sigma_3}{\sigma_c} + 1}$$

式中　　σ_c——煤岩单轴抗压强度,MPa;

　　　　m_i——煤岩量纲的经验参数,反映煤岩的软硬程度,取值范围为 0.001 ~ 25.000。

1.5　刀具的磨损

刀具的磨损是指刀具和煤岩之间发生机械作用时,刀具表层产生的破坏过程,磨损机理主要有滑动、滚动、振动、冲击和侵蚀磨损,如图 1.14 所示。众多磨损形式中,可能单独发生,也可能是几种磨损同时起作用[29]。

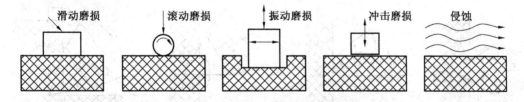

图 1.14　刀具与煤岩不同相对运动的磨损形式

采用机械方法破碎煤岩,刀具与煤岩的磨损和消耗是机械破碎煤岩的关键问题。当采用机械方法破碎煤岩时,刀具受到煤岩的反作用而磨蚀。刀具的磨蚀,增加了其损耗,降低了破碎煤岩的效率,其成为进一步发展机械破碎煤岩技术的主要障碍之一。刀具在破碎煤岩时其工作表面被磨损是一个复杂的过程,如有磨粒磨损、温度的影响、金属相变及化学侵蚀等。

第2章　镐形截齿截割煤岩的力学模型

截齿载荷的确定是研究和设计滚筒式采煤机的理论基础,截齿截割性能影响着煤炭的生产效率,已有的常规截割力计算公式受经验影响较大,多是基于对各影响因素的统计分析后,进行相关修正而获得的,其修正系数的确定涉及因素较多,且未能直接清晰反映截割参数间的内在关系。本章主要分析截齿不同姿态楔入煤岩的截割力,建立截齿破煤的数学模型;鉴于截齿重复截割时截槽非对称的实际工况,建立非对称截槽下截齿破煤截割力的数学模型,同时给出截齿自旋转和三向载荷的模型。

2.1　截齿截割煤岩的状态与空间角度

2.1.1　截齿与煤岩的接触姿态

截齿与煤岩的接触姿态如图 2.1 所示,截齿破碎煤岩时有四种接触姿态,其中图 2.1(a) 为截齿垂直楔入煤岩的情况,此时,同 I. Evans 的分析,作用于截齿锥体表面的压应力大小相等。实际工况下,截齿轴线与楔入速度并非在一条线上,而是成一定角度 $\beta_0 > 0$,即截齿楔入煤岩的角度。图 2.1(b) 为楔入角 β_0 小于截齿半锥角 α 的情况,图 2.1(c) 为楔入角等于截齿半锥角的情况,图 2.1(d) 为楔入角大于截齿半锥角,且二者之和小于 90° 的情况。截齿以不同的姿态楔入煤岩,破碎的形状、接触区中应力场的分布特征及磨损情况也不同。

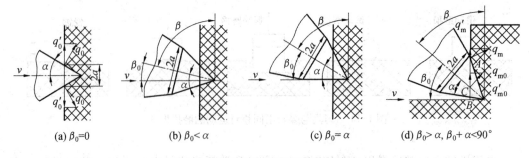

(a) $\beta_0 = 0$　　　(b) $\beta_0 < \alpha$　　　(c) $\beta_0 = \alpha$　　　(d) $\beta_0 > \alpha,\ \beta_0 + \alpha < 90°$

图 2.1　截齿与煤岩的四种接触姿态

2.1.2　截割状态

叶片上截齿的布置角度通常指截齿的切向安装角 β,端盘截齿的布置角度包括切向安装角 β_1、轴向倾斜角 β_2(一次旋转角)和二次旋转角 β_3[30]。

采煤机在工作时,螺旋滚筒上截齿的切削厚度是随时间变化而变化的,滚筒在旋转一周时切屑厚度先增大后减小,形状如月牙形,如图2.2所示。图2.2中,v_q 为采煤机牵引速度;P 为垂直截齿轴线的径向力;A 为与截齿轴线同向的轴向力;X 为垂直 P 和 A 的侧向力。

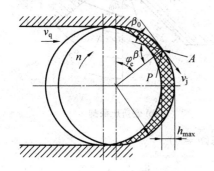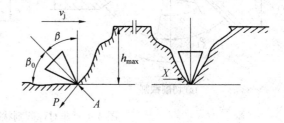

图 2.2　截齿截割受力

截割弧上位置角 φ 的截齿切削厚度为

$$h = h_{max}\sin\varphi_c = h_{max}\sin\left(\frac{\pi nt}{30}\right) \tag{2.1}$$

式中　　φ_c —— 截齿的位置角,$0 \leqslant \varphi_c \leqslant \pi$,$\varphi_c = \pi nt/30$;

h_{max} —— 最大切削厚度,$h_{max} = v_q/(nm)$,m;

m —— 滚筒同一截线上的截齿数;

v_q —— 采煤机牵引速度,m/min;

v_j —— 采煤机截割速度,m/min;

n —— 螺旋滚筒转速,r/min。

截齿轴向倾斜角 $\theta = 0$ 时,截齿工况如图2.3所示。当 $\theta \neq 0$ 时,截齿工况如图2.4所示[31]。截齿齿尖等效齿尖半锥角 α' 与楔入角 β_0 有关,如图2.5所示。X_1、X_2 为垂直截齿轴线方向的两侧侧向力,kN;h_1、h_2 为截槽两侧切削厚度,m;φ_1、φ_2 为截槽两侧崩落角,(°);a_0 为截齿齿尖在煤岩体上张应力区等效圆半径,m;l_1、l_2 为齿尖两侧作用于煤岩体区域锥线长度,m;r 为截齿硬质合金头直径,m;θ 为沿滚筒轴线方向的倾斜角(称角度齿),(°);α、α' 分别为截齿齿尖半锥角和等效齿尖半锥角,$\alpha' = \alpha + \Delta\alpha$,(°);$\beta$ 为截齿切向安装角,即滚筒径向线与截齿轴线夹角,截齿切向安装角 β 与楔入角 β_0 的关系为 $\beta_0 + \beta = 90°$,(°)。

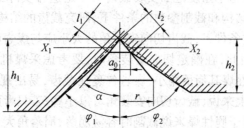

图 2.3　对称截割状态($\theta = 0$)

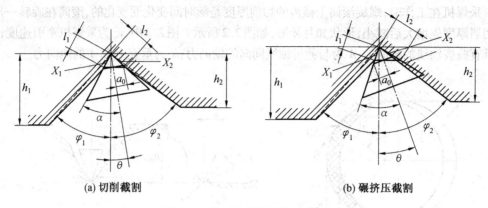

（a）切削截割　　　　　　　　　（b）碾挤压截割

图 2.4　非对称截割状态（$\theta \neq 0$）

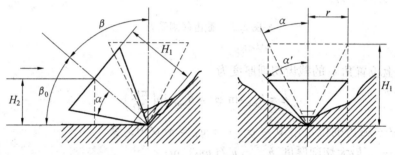

图 2.5　α' 与 β_0 的关系

由图 2.5 的几何关系有

$$\tan \alpha' = \frac{r}{H_2} = \frac{r}{H_1 \sin \beta_0}$$

$$\tan \alpha = \frac{r}{H_1}$$

则

$$\tan \alpha' = \tan \alpha \frac{1}{\sin \beta_0} \tag{2.2}$$

2.1.3　截齿切向安装角 β 和崩落角 φ 与截齿结构的关系

诸多文献资料推荐截齿切向安装角 $\beta = 45° \sim 50°$，此时，合力与齿身轴线重合性更好，根据前述可知，按照这个角度范围安装截齿不一定适合实际工作要求。因此，应在考虑具体煤岩性质、截齿结构和截割参数的条件下，研究截齿的结构参数和截齿切向安装角的关系。在一定的地质条件下，截齿切向安装角的大小应与煤岩的崩落角有关，且切削厚度越大崩落角越小。因此，在确定切向安装角时，要考虑采煤机螺旋滚筒工作特征参数（如切削厚度 h），对韧性煤其崩落角小，煤岩包裹住截齿，易出现截齿齿身或齿座与煤岩的干涉问题，从这一点上来说，截齿切向安装角可以小些；若只考虑煤岩崩落，截齿切向安装角大些更有益。而对于脆性煤来说截割时容易崩落，崩落角大，则不易发生干涉问题。

由图 2.6 可见，合金头锥角 $\theta_1(2\alpha)$ 大小影响着截割阻力和截齿的强度，θ_1 越小越容易楔入煤岩体,截割阻力小,但强度却随之降低,较大时却相反;同样截齿合金头探出的长度及刀体的端面尺寸,均影响到截齿切向安装角。

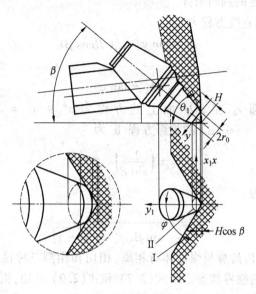

图 2.6 截齿截割煤岩

截齿齿身端部半径 R 的圆端面不碰到截槽底部,根据图 2.6 的几何关系,有

$$H\sin(90° - \beta) > r_0\cos(90° - \beta)$$

得

$$\frac{H}{r_0} > \tan \beta \tag{2.3}$$

式中 H——截齿硬质合金头的齿身外伸长度,m;

   r_0——截齿齿身端部半径,m。

对截齿来说截槽近似于三角形,截齿合金头的根部在 (x_1, y_1) 平面投影,以及对应位置处截槽的宽度分别为

$$\left.\begin{array}{l} x_1(\theta_1) = H\tan \theta_1 \\ x_1(\varphi) = H\tan \varphi\cos \beta \end{array}\right\} \tag{2.4}$$

硬质合金刀头不碰截槽时,有

$$x_1(\varphi_1) > x_1(\theta_1)$$

式中 $\varphi_1 = \theta_1/2 = \alpha$。

即

$$\tan \varphi\cos \beta > \tan \theta_1 \tag{2.5}$$

式(2.3) 和式(2.5) 常被看成不干涉条件,实践证明,这两个条件并不能保证截齿与煤岩体不发生干涉。

由图 2.6 可见,截齿相对截槽正截面有一倾斜角度,最可能产生干涉的部位是截齿齿

身端面圆 r_0 所在的平面。将齿身端面圆 r_0 所在坐标系 xOy 向截槽正截面所在坐标系 $x_1O_1y_1$ 投影，得到其投影方程为椭圆，根据这个方程与截槽崩落线方程的对应关系，即可得出截齿切向安装角度的判断条件。

截槽崩落线 Ⅰ 的直线方程为

$$x_1 = \tan\varphi(y_1 + H\cos\beta) \tag{2.6}$$

其斜率方程为

$$k_1 = \tan\varphi \tag{2.7}$$

截齿齿身端面圆 r_0 在 xOy 面上的方程为 $x^2 + y^2 = r_0^2$，其在 $x_1O_1y_1$ 面上 $(x_1 = x \in -r_0 \sim r_0, y_1 = y\sin\beta)$ 的投影方程 Ⅱ 为

$$x_1^2 + \left(\frac{y_1}{\sin\beta}\right)^2 = r_0^2 \tag{2.8}$$

椭圆方程的斜率为

$$k_2 = \mp \frac{y_1}{\sin\beta\sqrt{r_0^2\sin^2\beta - y_1^2}} \tag{2.9}$$

如图 2.7 所示，截齿齿身与煤岩体有相离、相切和相割三种接触状态，两者相切时是截齿与煤岩体不干涉的临界状态。由式(2.7)和式(2.9)可知，相切时有 $k_1 = k_2$，即

$$\tan\varphi = \mp \frac{y_1}{\sin\beta\sqrt{r_0^2\sin^2\beta - y_1^2}} \tag{2.10}$$

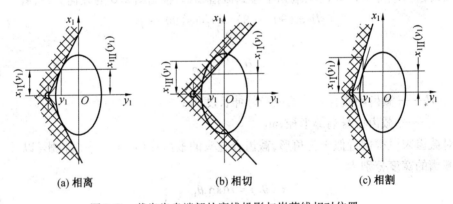

(a) 相离　　　　　　(b) 相切　　　　　　(c) 相割

图2.7　截齿齿身端部外廓线投影与崩落线相对位置

由式(2.10)和图2.7可知，y_1 只有在第二象限才有意义，即

$$y_1 = -\frac{r_0\tan\varphi\sin^2\beta}{\sqrt{1 + \tan^2\varphi\sin^2\beta}} \tag{2.11}$$

得截齿不干涉的条件

$$x_{1\,\text{I}}(y_1) \geqslant x_{1\,\text{II}}(y_1) \tag{2.12}$$

将式(2.11)代入式(2.6)、式(2.8)和式(2.12)得

$$\tan\varphi\left(-\frac{r_0\tan\varphi\sin^2\beta}{\sqrt{1+\tan^2\varphi\sin^2\beta}}+H\cos\beta_0\right)\geqslant\sqrt{r_0^2-\frac{r_0^2\tan^2\varphi\sin^2\beta}{1+\tan^2\varphi\sin^2\beta}}$$

将上式整理得截齿与煤岩不干涉的判别式为

$$\frac{H}{r_0}\geqslant\sqrt{\tan^2\beta+\frac{1}{\cos^2\beta\tan^2\varphi}} \tag{2.13}$$

判别式(2.13)反映了截齿的主要结构尺寸与截齿切向安装角 β 和截槽崩落角 φ 的关系,由判别式可进一步得出煤岩崩落角和截齿切向安装角与截齿结构的关系

$$\left.\begin{array}{l}\varphi\geqslant\arcsin\dfrac{r_0}{\sqrt{H^2+r_0^2}\cos\beta}\\[4mm]\beta\geqslant\arccos\dfrac{r_0}{\sqrt{H^2+r_0^2}\sin\varphi}\end{array}\right\} \tag{2.14}$$

2.2　截齿截割阻力数学模型

本书采用理论分析、数值模拟和实验方法研究截齿截割煤岩的力学特性,由于三种研究方法实现的特点与力的方向不同,在研究过程中选用截齿坐标系、滚筒坐标系和传感器实测截齿坐标系三个坐标系进行研究,其中,理论研究是在截齿坐标系下研究的,定义轴向载荷 A、径向载荷 P、侧向载荷 X 和齿尖上的截割阻力 Z;数值模拟是在滚筒坐标系下进行的,定义截割阻力 P_z、推进阻力 P_y 和侧向阻力 X_o;截割实验是在传感器实测截齿坐标系下进行的,定义轴向载荷 A_s、径向载荷 P_s 和侧向载荷 X_s,三个坐标系下的载荷转换关系在第 7 章给出。

2.2.1　截齿楔入煤岩的应力及分布

图 2.8 为截齿以不同角度与煤岩接触时对应的应力分布形式。图 2.8(a) 为 $\beta_0=0$ 时,即理想状态下的应力分布,形状是以截齿轴线为圆心的圆环,此时,截齿受力均匀,磨损均匀。实际工况下截齿楔入煤岩体的角度 $\beta_0\neq 0$。当 $\beta_0<\alpha$ 时,如图 2.8(b) 所示,压应力在齿尖锥体表面呈椭圆形分布,B 点附近的煤岩体崩落概率较小,截齿的牵引力和截割力较大。当 $\beta_0=\alpha$ 时,如图 2.8(c) 所示,齿尖表面的压应力分布呈偏心椭圆形,A 点处

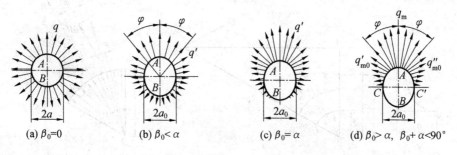

(a) $\beta_0=0$ 　　(b) $\beta_0<\alpha$ 　　(c) $\beta_0=\alpha$ 　　(d) $\beta_0>\alpha$,　$\beta_0+\alpha<90°$

图 2.8　截齿与煤岩接触时的应力分布

的压应力为零,呈临界椭圆状态。当 $\beta_0 > \alpha$,且 $\beta_0 + \alpha < 90°$ 时,如图2.8(d)所示,齿尖表面的压应力呈月牙形分布[32]。

假设截齿应力圆上的应力呈线性分布,根据截割理论可知,齿尖挤压煤岩的压应力与截圆的径向变形成正比,图2.8(a) ~ 2.8(d)中的应力可按下面方法求得。

2.2.2   截齿与煤岩的接触力

1. $\beta_0 = 0$ 时煤岩崩落的受力

假设截齿在穿透煤岩时产生径向压力,此时没有摩擦,当截齿对煤岩的压应力和张应力达到煤岩体的抗压强度时,断裂发生,截齿和煤岩的法向接触力 q 沿一个假想的圆周切割孔均匀分布,忽略边缘的边界效应。断裂面与煤岩自由表面的法平面夹角为 $\psi(\omega)$,煤岩发生弹性变形后,产生对称的V形碎片。过截齿轴线做截割煤岩体时的纵向剖切面,如图2.9所示。

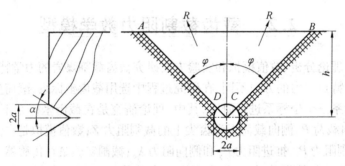

图2.9   单齿平面截割破煤模型

煤岩截面呈对称状,取截槽对称面的一半为研究对象进行受力分析,如图2.10所示,作用在V形崩落煤岩上的力共有四种。

(1)OC 断裂面上的拉力为

$$F = \frac{\sigma_t h}{\cos \varphi} \tag{2.15}$$

(2)半径方向的爆破力为

$$R = \int dR = \int_{-\frac{\varphi}{2}}^{\frac{\varphi}{2}} q r_a \cos \varphi d\varphi = 2q a \sin(\varphi/2) \tag{2.16}$$

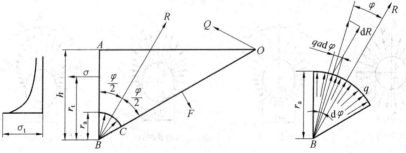

图2.10   截槽对称破落煤岩的应力分析

式中 r_a—— 截齿齿尖在煤岩上的圆孔半径,mm;

　　　q—— 齿尖圆孔周界上的压应力,MPa。

（3）半截面上的拉力矩。

为了给出作用在截槽对称面上的拉力小于 $r(t)$,$\psi_i \geq 0$ 的近似值,根据断裂面裂隙优先扩展的观点,假定圆孔表面上的张应力不能超过 σ_t 值,否则初始的张应力裂缝就会扩展。基于莱姆无限介质的弹性应力理论,假设圆孔面上各点张应力相等,则由弹性应力方程得

$$\sigma = \sigma_t \frac{r_a^2}{r_t^2} \tag{2.17}$$

式中 r_t—— 任意应力点的半径,r_t 的取值为 $r_a \sim h$,mm。

作用在半截面上的拉力矩为

$$P = \int_a^h \sigma_t (h - r_t) \mathrm{d}r = \int_a^h \sigma_t \frac{r_a^2}{r_t^2} (h - r_t) \mathrm{d}r = \sigma_t r_a^2 \int_a^h \frac{(h - r_t)}{r_t^2} \mathrm{d}r \tag{2.18}$$

（4）O 点附近未破碎煤岩体所产生的反力。

在 F、R、P 和 Q 的作用下,煤岩体处于极限平衡状态。此时煤岩上任意点的合力矩为零。半截面上各力对 O 点取矩有

$$R \cdot \frac{h}{\cos \varphi} \sin \frac{\varphi}{2} + \sigma_t r_a^2 \int_a^h \frac{h - r_t}{r_t^2} \mathrm{d}r = \sigma_t \cdot \frac{h}{\cos \varphi} \cdot \frac{1}{2} \cdot \frac{h}{\cos \varphi} \tag{2.19}$$

因 r_a 与 h 相比较小,h/r_a 值较大,由此可得

$$\sigma_t r_a^2 \int_a^h \frac{h - r_t}{r_t^2} \mathrm{d}r = \sigma_t r_a^2 \left(\frac{h - a}{r_a} - \ln \frac{h}{r_a} \right) \approx \sigma_t r_a^2 \left(\frac{h}{r_a} - \ln \frac{h}{r_a} \right) \approx \sigma_t r_a h$$

整理得

$$q = \frac{\sigma_t h}{4 r_a} \cdot \frac{1}{\cos \varphi \sin^2 (\varphi / 2)} \tag{2.20}$$

式中,h/r_a 无量纲,它是煤岩发生断裂时弹性应变作用的结果,因此,分析时可假设为常量。

将煤岩发生断裂时的 φ 值代入式（2.20）,此时消耗能量最少。由弹性理论可知,位移与压力成正比,断裂能与 q^2 成正比,当 $\mathrm{d}q^2/\mathrm{d}\varphi = 2q(\mathrm{d}q/\mathrm{d}\varphi) = 0$ 时,因为 $q \neq 0$,所以 $\mathrm{d}q/\mathrm{d}\varphi = 0$ 时有最小值。因此,由式（2.20）可得 $\mathrm{d}q/\mathrm{d}\varphi = 0$,即

$$\cos \varphi \sin (\varphi / 2) \cos (\varphi / 2) - \sin \varphi \sin^2 (\varphi / 2) = 0$$

由于 $0° < \varphi < 90°$,$\sin (\varphi / 2) \neq 0$,有

$$\cos (3\varphi / 2) = 0 \tag{2.21}$$

$$\varphi = 60°$$

通过 φ 值可以计算出 q 和 R,即

$$q = \frac{\sigma_t h}{4 r_a} \frac{1}{\frac{1}{2} \left(\frac{1}{2} \right)^2} = 2 \sigma_t h / r_a \tag{2.22}$$

$$R = 2 q r_a \sin 30° = 2 \sigma_t h$$

2.$\beta_0 \neq 0$ 时煤岩崩落的受力

当 $\beta \neq 0$ 时，截齿齿尖压应力为非均匀分布，圆锥上半部挤压煤岩，受力严重。假设 q 随 φ 呈线性变化，且与对应点的弹性位移 y 成正比。如图 2.1(d)、2.8(d)所示，当截齿前进位移 x 时，其在 A、C 点处沿煤岩被挤压方向的位移为

$$y_A = x\sin(\beta_0 + \alpha), \quad y_C = x\sin\alpha$$

假设压应力是 φ 的函数，在等效圆上呈线性分布，则模型为

$$q = K\varphi + C \tag{2.23}$$

当 $\varphi = 0$ 时，$q = q_m$，当 $\varphi = \dfrac{\pi}{2}$ 时，$q_m = q_{m0}$，由此可得

$$C = q_m, \quad K = \frac{q_{m0} - q_m}{\pi/2} \tag{2.24}$$

截齿 C 点处煤岩截面沿爆破方向的变形为 $y = x\sin\alpha$，此时，应力为 q_{m0}。A 点变形为 $y_A = x\sin(\beta_0 + \alpha)$，其应力为 q_m，因此，有

$$q = \left[1 + \frac{2}{\pi}\left(\frac{\sin\alpha}{\sin(\alpha + \beta_0)} - 1\right)\varphi\right]q_m \tag{2.25}$$

式(2.25)中 q 的方向垂直于截齿圆锥表面，将其向截齿与煤岩的作用面投影，可得截齿与煤岩截交面分布的压应力 q' 为

$$q' = \left[1 + \frac{2}{\pi}\left(\frac{\sin\alpha}{\sin(\alpha + \beta_0)} - 1\right)\varphi\right]q_m\cos(\alpha + \beta') \tag{2.26}$$

式中　β'——齿尖圆周方向上母线与截割速度方向的夹角，(°)。

当 $\varphi = 0$ 时，$\beta_0 = \beta'$，当 $\varphi = \pi/2$ 时，$\beta_0 = 0$，在煤岩崩落角 φ_0 范围内取合力点处值 $\beta' = \left[\left(\dfrac{\pi}{2} - \varphi_1\right)\left(\dfrac{\pi}{2}\right)^{-1}\right]\beta_0$。

假设截槽呈 V 形断裂，左右侧对称，单侧压应力产生的合力为 R，方向与截槽对称线夹角为 φ_1，$\varphi_2 = \varphi_0 - \varphi_1$，取煤岩截槽对称面的一半作为研究对象，其在崩落前极限受力平衡状态，如图 2.11 所示。

对齿尖圆孔边界压应力 q' 沿着截交线 BD 进行积分，得

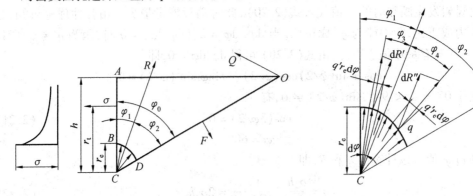

图 2.11　破落煤岩的应力

$$R' = \int dR' = \int_0^{\varphi_1} r_e \left(1 + \frac{2}{\pi}\left(\frac{\sin\alpha}{\sin(\alpha + \beta_0)} - 1\right)(\varphi_1 - \varphi_3)\right) q_m\cos(\alpha + \beta')\cos\varphi_3 d\varphi_3$$

$$R'' = \int dR'' = \int_0^{\varphi_2} r_e \left(1 + \frac{2}{\pi}\left(\frac{\sin\alpha}{\sin(\alpha + \beta_0)} - 1\right)(\varphi_1 + \varphi_4)\right) q_m\cos(\alpha + \beta')\cos\varphi_4 d\varphi_4$$

则爆破力 R 为

$$R = R' + R''$$

$$= r_e q_m\cos(\alpha + \beta')\left[\sin\varphi_1 + \sin\varphi_2 + \frac{2}{\pi}\left(\frac{\sin\alpha}{\sin(\alpha + \beta_0)} - 1\right)(\cos\varphi_2 - \cos\varphi_1 + \varphi_0\sin\varphi_2)\right]$$

设 $\left[\sin\varphi_1 + \sin\varphi_2 + \dfrac{2}{\pi}\left(\dfrac{\sin\alpha}{\sin(\alpha + \beta_0)} - 1\right)(\cos\varphi_2 - \cos\varphi_1 + \varphi_0\sin\varphi_2)\right] = k$，则

$$R = kr_e q_m\cos(\alpha + \beta') \tag{2.27}$$

式中　r_e—— 等效圆孔半径，mm。

在 F、R、P 和 Q 的作用下，煤岩处于极限平衡状态，对 O 点取矩有

$$R\frac{h}{\cos\varphi_0}\sin\varphi_2 + \sigma_t r_e^2\int_{a_0}^{h}\frac{h - r_t}{r_t^2}dr = \sigma_t\frac{h^2}{2\cos^2\varphi_0} \tag{2.28}$$

整理得

$$q_m = \frac{\sigma_t h}{r_e}\cdot\frac{1}{2\cos(\alpha + \beta')k\cos\varphi_0\sin\varphi_2}$$

设 $\dfrac{1}{2k\cos\varphi_0\sin\varphi_2} = K$，则

$$q_m = \frac{\sigma_t h}{r_e}\frac{K}{\cos(\alpha + \beta')} \tag{2.29}$$

将式（2.29）代入式（2.26）得

$$q' = K\frac{\sigma_t h}{r_e}\left[1 + \frac{2}{\pi}\left(\frac{\sin\alpha}{\sin(\alpha + \beta_0)} - 1\right)\varphi\right] \tag{2.30}$$

2.2.3　不同楔入角的截割力模型

1. $\beta_0 = 0$ 时截齿的受力

平面直线截割的镐形截齿力学模型如图 2.12 所示。单截齿轴向剖面示意图中将齿尖看成一个圆锥，对截齿进行受力分析，假设圆锥表面应力均达到 $2\sigma_t h/r_c$ 时，煤岩发生横向断裂。

取圆锥截面 DE 为研究对象，则其表面上的微元面积为 $dA = r_i d\varphi dl$，其中 r_i 为截圆半径 CD，$d\varphi$ 为微元弧所对应的夹角，dl 是厚度微元，力的微元表达式为

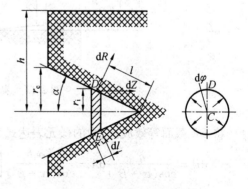

图 2.12　镐形截齿力学模型

$$dR = \frac{q}{\cos\alpha} \cdot dA = \frac{2\sigma_t h}{\cos\alpha} \cdot \frac{1}{r_i} r_i d\varphi dl = \frac{2\sigma_t h}{\cos\alpha} d\varphi dl \qquad (2.31)$$

式中　$r_i = l\sin\alpha$，r_i 的取值为 $0 \sim r_c$；

　　　$dr_i = dl \cdot \sin\alpha$。

故，水平分力 dZ 为

$$dZ = dR \cdot \sin\alpha = \frac{2\sigma_t h}{\cos\alpha} d\varphi dr$$

作用在圆锥形表面的总水平压力为

$$Z = \int dZ = \frac{2\sigma_t h}{\cos\alpha} \int_0^{2\pi} d\varphi \int_0^{r_c} dr = \frac{4\pi r_c \sigma_t h}{\cos\alpha} \qquad (2.32)$$

由于 Z 必须克服齿尖附近煤岩的抗压强度，即

$$r_c = \sqrt{\frac{Z}{\pi\sigma_y}} \qquad (2.33)$$

将式(2.33)代入式(2.32)中，得齿尖上的基本截割阻力为

$$Z = \frac{16\pi\sigma_t^2 h^2}{\sigma_y \cos^2\alpha} \qquad (2.34)$$

2. $\beta_0 \neq 0$ 时截齿的受力

假设煤岩各向同性，且不考虑其固有的裂隙缺陷、压酥效应、层理节理特性及顶底板压力，研究 $\alpha < \beta_0$，且 $\alpha + \beta_0 < 90°$ 时截齿的受力情况，按照图 2.13 所示的单截齿轴向剖面示意进行推导，假设圆锥表面各部分所受应力均达到 q' 时，煤岩发生横向断裂，半径用等效半径 r_e 代替。

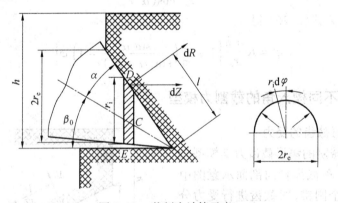

图 2.13　截割力计算示意

将 DE 截面等效成圆，力的微元表达式为

$$dR = \frac{q}{\cos(\alpha+\beta'')} dA = \frac{K\sigma_t h}{\cos(\alpha+\beta'')} \left[1 + \frac{2}{\pi}\left(\frac{\sin\alpha}{\sin(\alpha+\beta_0)} - 1\right)\varphi\right] \frac{1}{r_i} r_i d\varphi dl$$

式中　dA——截齿表面微元面积，$dA = rd\varphi dl$，mm^2；

　　　r_i——截圆半径，$r_i = l\sin(\alpha+\beta'')$，$dr_i = dl \cdot \sin(\alpha+\beta'')$；

　　　$d\varphi$——微元弧所对应的夹角；

$\mathrm{d}l$——厚度微元，$\mathrm{d}l = \mathrm{d}r_i / \sin(\alpha + \beta'')$；

β''——截齿齿尖圆周 $0 \sim \pi/2$ 范围内等效倾斜角度，$\beta'' = \varphi_2\beta_0/\varphi_0$，$(°)$。

故，水平分力 $\mathrm{d}Z$ 为

$$\mathrm{d}Z = \mathrm{d}R \cdot \sin(\alpha + \beta'') = \frac{K\sigma_t h}{\cos(\alpha + \varphi_2\beta_0/\varphi_0)} \left[1 + \frac{2}{\pi}\left(\frac{\sin\alpha}{\sin(\alpha + \beta_0)} - 1 \right)\varphi \right] \mathrm{d}\varphi\mathrm{d}r_i$$

作用在圆锥形表面的总水平压力为

$$Z = \int \mathrm{d}Z = \frac{K\sigma_t h}{\cos(\alpha + \varphi_2\beta_0/\varphi_0)} \cdot 2 \int_0^{\frac{\pi}{2}} \left[1 + \frac{2}{\pi}\left(\frac{\sin\alpha}{\sin(\alpha + \beta_0)} - 1 \right)\varphi \right] \mathrm{d}\varphi \int_0^{a_0} \mathrm{d}r_i$$

即

$$Z = \frac{K\sigma_t h}{\cos(\alpha + \varphi_2\beta_0/\varphi_0)} \cdot \frac{\pi}{2} \cdot \left[1 + \frac{\sin\alpha}{\sin(\alpha + \beta_0)} \right] r_e \tag{2.35}$$

由于 Z 必须克服齿尖附近煤岩的抗压强度 σ_y，可近似表达为

$$Z = \pi r_e^2 \sigma_y / 2 \tag{2.36}$$

将式 (2.36) 解出的 r_e 代入式 (2.35)，可得在 $\alpha < \beta_0$ 且 $\alpha + \beta_0 < 90°$ 条件下，齿尖上的截割力

$$Z = \frac{K^2\sigma_t^2 h^2\pi}{2\sigma_y\cos^2(\alpha + \varphi_2\beta_0/\varphi_0)} \left(1 + \frac{\sin\alpha}{\sin(\alpha + \beta_0)} \right)^2 \tag{2.37}$$

将式 (2.37) 进行整理，获得截割力随楔入角和半锥角的变化规律

$$\overline{Z} = \frac{K^2}{\cos^2(\alpha + \varphi_2\beta_0/\varphi_0)} \left(1 + \frac{\sin\alpha}{\sin(\alpha + \beta_0)} \right)^2 \tag{2.38}$$

截割力随崩落角的变化关系为

$$\overline{Z} = \frac{K^2}{\cos^2(\alpha + \varphi_2\beta_0/\varphi_0)} \tag{2.39}$$

假设截齿圆锥表面的压应力近似呈梯形分布，根据分布重心求合力作用点，从而求解 φ_2，如图 2.14 所示。

由图 2.14 及破落煤岩体的应力模型可知，当 $\varphi = 0$ 时，$q'_m = q_m\cos(\alpha + \beta_0)$，当 $\varphi = \varphi_0$ 时，$q_{\varphi_0} = \left(1 + \frac{2}{\pi}\left(\frac{\sin\alpha}{\sin(\alpha + \beta_0)} - 1 \right)\varphi_0 \right) q_m\cos\left(\alpha + \frac{\pi/2 - \varphi_0}{\pi/2}\beta_0 \right)$。

根据梯形重心公式得

$$\varphi_2 = \frac{2q'_m + q_{\varphi_0}}{3(q'_m + q_{\varphi_0})}\varphi_0 \tag{2.40}$$

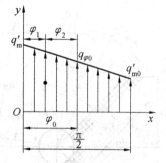

图 2.14　截齿齿尖半圆周
与煤岩作用的应力分布

则

$$\cos(\alpha + \beta_0)(2\varphi_0 - 3\varphi_2) = \left(1 + \frac{2}{\pi}\left(\frac{\sin\alpha}{\sin(\alpha + \beta_0)} - 1 \right)\varphi_0 \right)\cos\left(\alpha + \frac{\pi/2 - \varphi_0}{\pi/2}\beta_0 \right)(3\varphi_2 - \varphi_0)$$

$$\tag{2.41}$$

2.2.4 非对称截槽的截割力模型

I. Evans 给出镐形截齿的力学模型是在理想的单齿平面截割且截槽对称条件下推导出来的。然而,截齿在截割过程中两侧截槽并不对称,截齿圆锥左右两侧的压应力 q_1、q_1 产生的合力 R_1、R_2 均大于 AD、BC 处拉应力的合力时,两侧煤岩呈 φ_1、φ_2 角度崩裂,β'_0 为左、右煤岩体的偏离角,非对称截槽崩落的条件为应力应同时达到截槽两侧的 AD 和 BC 崩落线,如图 2.15 所示。

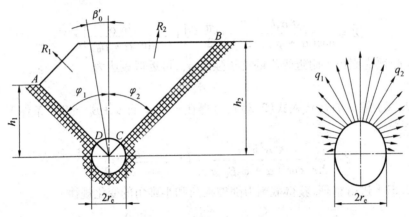

图 2.15   多截齿排列重复截割的破煤机理

在破落煤岩的力学模型中,以截齿轴线作为受力分离体[33,34]。左右两侧非对称的 V 形崩落体模型,如图 2.16 所示。

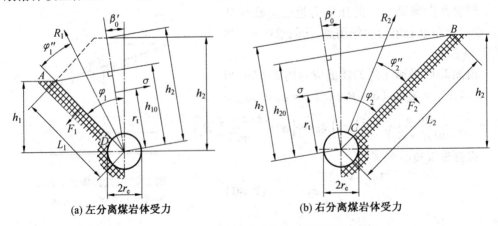

(a) 左分离煤岩体受力   (b) 右分离煤岩体受力

图 2.16   截齿左右两侧非对称的 V 形崩落体模型

分别研究极限受力状态下左、右煤岩体的分离体,分别对 A、B 两点取矩,得 V 形分离体受力的力矩平衡方程为

$$R_1 \frac{h_1}{\cos \varphi_1} \sin \varphi''_1 + \sigma_t r_e^2 \int_{a_0}^{h_2} \frac{h_{10} - r_t}{r_t} dr_t = F_1 \frac{h_1}{2\cos \varphi_1} \tag{2.42}$$

$$R_2 \frac{h_2}{\cos \varphi_2} \sin \varphi''_2 + \sigma_t r_e^2 \int_{a_0}^{h_2} \frac{h_{20} - r_t}{r_t} dr_t = F_2 \frac{h_2}{2\cos \varphi_2} \tag{2.43}$$

F_1、F_2 为作用在 AD、BC 崩落面上的拉力,方向垂直于煤岩崩落线,其大小与崩落线长度上的煤岩的抗拉强度 σ_t 有关,其大小可由下式近似得出:

$$\left. \begin{array}{l} F_1 = \sigma_t \left(\dfrac{h_1}{\cos \varphi_1} - r_a \right) \approx \sigma_t \dfrac{h_1}{\cos \varphi_1} \\[3mm] F_2 = \sigma_t \left(\dfrac{h_2}{\cos \varphi_2} - r_a \right) \approx \sigma_t \dfrac{h_2}{\cos \varphi_2} \end{array} \right\} \tag{2.44}$$

σ 为作用在左右分界面上的拉应力,弹性应力方程为

$$\sigma = \sigma_t \frac{r_a^2}{r_t^2}$$

$$h_{10} = h_1 \frac{\cos(\varphi_1 - \beta'_0)}{\cos \varphi_1}$$

$$h_{20} = h_2 \frac{\cos(\varphi_2 + \beta'_0)}{\cos \varphi_2}$$

沿半径方向的爆破力为

$$\left. \begin{array}{l} R_1 = \displaystyle\int_{-\frac{\varphi_1 - \beta'_0}{2}}^{\frac{\varphi_1 - \beta'_0}{2}} q_1 r_a \cos \alpha \, d\alpha = 2q_1 r_a \sin \dfrac{\varphi_1 - \beta'_0}{2} \\[5mm] R_2 = \displaystyle\int_{-\frac{\varphi_2 - \beta'_0}{2}}^{\frac{\varphi_2 + \beta'_0}{2}} q_2 r_a \cos \alpha \, d\alpha = 2q_2 r_a \sin \dfrac{\varphi_2 + \beta'_0}{2} \end{array} \right\}$$

综合以上各式,可得崩落煤体受力方程为

$$2q_1 a h_1 \frac{\sin^2 \dfrac{\varphi_1 - \beta'}{2}}{\cos \varphi_1} + \varepsilon r_a^2 \left[\frac{h_1(h_2 - r_a)\cos(\varphi_1 - \beta'_0)}{a h_2 \cos \varphi_1} - \ln \frac{h_2}{r_a} \right] = \frac{\varepsilon h_1^2}{2 \cos^2 \varphi_1} \tag{2.45}$$

$$2q_2 a h_2 \frac{\sin^2 \dfrac{\varphi_2 + \beta'}{2}}{\cos \varphi_2} + \varepsilon a^2 \left[\frac{(h_2 - r_a)\cos(\varphi_2 + \beta'_0)}{a \cos \varphi_2} - \ln \frac{h_2}{r_a} \right] = \frac{\varepsilon h_2^2}{2 \cos^2 \varphi_2} \tag{2.46}$$

由图 2.16 可见,R_1、R_2 方向与截槽左右两侧崩落线的夹角分别为 φ''_1、φ''_2,煤岩两侧的崩落角分别为 φ_1 和 φ_2(可由实验进行单齿截割测得),左右部分的爆破力可表示为

$$R_1 = R'_1 + R''_1$$
$$= r_e q_m \cos(\alpha + \beta') \left[\sin \varphi'_1 + \sin \varphi''_1 + \frac{2}{\pi} \left(\frac{\sin \alpha}{\sin(\alpha + \beta_0)} - 1 \right) (\cos \varphi''_1 - \cos \varphi'_1 + \varphi_1 \sin \varphi''_1) \right]$$

$$R_2 = R'_2 + R''_2$$
$$= r_e q_m \cos(\alpha + \beta') \left[\sin \varphi'_2 + \sin \varphi''_2 + \frac{2}{\pi} \left(\frac{\sin \alpha}{\sin(\alpha + \beta_0)} - 1 \right) (\cos \varphi''_2 - \cos \varphi'_2 + \varphi_2 \sin \varphi''_2) \right]$$

设 $\left[\sin \varphi'_1 + \sin \varphi''_1 + \dfrac{2}{\pi}\left(\dfrac{\sin \alpha}{\sin(\alpha + \beta_0)} - 1\right)(\cos \varphi''_1 - \cos \varphi'_1 + \varphi_1 \sin \varphi''_1)\right] = k_1$,

则

$$R_1 = k_1 r_e q_m \cos(\alpha + \beta')$$

设 $\left[\sin \varphi'_2 + \sin \varphi''_2 + \dfrac{2}{\pi}\left(\dfrac{\sin \alpha}{\sin(\alpha + \beta_0)} - 1\right)(\cos\varphi''_2 - \cos \varphi'_2 + \varphi_2 \sin \varphi''_2)\right] = k_2$, 则

$$R_2 = k_2 r_e q_m \cos(\alpha + \beta')$$

则爆破合力为

$$R = R_1 + R_2 = (k_1 + k_2)r_e q_m \cos(\alpha + \beta'_0)$$

一般截齿齿尖楔入煤岩的锥体截圆半径较小,即 $a_0 < (5 \sim 6) \times 10^{-3}$ m,它对 β_0 的影响很小,截割的煤岩深度较截圆半径大得多,故经简化整理得

$$q_1 = K_1 \frac{\sigma_t h_1}{r_e}\left[1 + \frac{2}{\pi}\left(\frac{\sin \alpha}{\sin(\alpha + \beta_0)} - 1\right)\varphi\right] \tag{2.47}$$

$$q_2 = K_2 \frac{\sigma_t h_2}{r_e}\left[1 + \frac{2}{\pi}\left(\frac{\sin \alpha}{\sin(\alpha + \beta_0)} - 1\right)\varphi\right] \tag{2.48}$$

式中　$K_1 = \dfrac{1}{2k_1 \cos \varphi_1 \sin \varphi''_1}$;

$K_2 = \dfrac{1}{2k_2 \cos \varphi_2 \sin \varphi''_2}$。

研究 $\alpha < \beta_0$,且 $\alpha + \beta_0 < 90°$ 时截齿的受力情况,按照 2.2.3 节中采用的理论计算方法,可得左右两侧齿尖产生的截割阻力为

$$Z_1 = \frac{K_1^2 \sigma_t^2 h_1^2 \pi}{4\sigma_y \cos^2(\alpha + \varphi''_1 \beta_0/\varphi_1)}\left(1 + \frac{\sin \alpha}{\sin(\alpha + \beta_0)}\right)^2 \tag{2.49}$$

$$Z_2 = \frac{K_2^2 \sigma_t^2 h_2^2 \pi}{4\sigma_y \cos^2(\alpha + \varphi''_2 \beta_0/\varphi_2)}\left(1 + \frac{\sin \alpha}{\sin(\alpha + \beta_0)}\right)^2 \tag{2.50}$$

整理可得非对称截槽条件下齿尖上的截割阻力为

$$Z = Z_1 + Z_2 = \frac{\sigma_t^2 \pi}{4\sigma_y}\left(1 + \frac{\sin \alpha}{\sin(\alpha + \beta_0)}\right)^2\left(\frac{K_1^2 h_1^2}{\cos^2(\alpha + \varphi''_1 \beta_0/\varphi_1)} + \frac{K_2^2 h_2^2}{\cos^2(\alpha + \varphi''_2 \beta_0/\varphi_2)}\right)$$

$$\tag{2.51}$$

假设截齿圆锥表面的压应力近似呈梯形分布,根据分布重心求合力作用点,从而求出 φ''_1 和 φ''_2。则

$$\cos(\alpha + \beta_0)(2\varphi_1 - 3\varphi''_1)$$
$$= \left(1 + \frac{2}{\pi}\left(\frac{\sin \alpha}{\sin(\alpha + \beta_0)} - 1\right)\varphi_1\right)\cos\left(\alpha + \frac{\pi/2 - \varphi_1}{\pi/2}\beta_0\right)(3\varphi''_1 - \varphi_1) \tag{2.52}$$

$$\cos(\alpha + \beta_0)(2\varphi_2 - 3\varphi''_2)$$
$$= \left(1 + \frac{2}{\pi}\left(\frac{\sin \alpha}{\sin(\alpha + \beta_0)} - 1\right)\varphi_2\right)\cos\left(\alpha + \frac{\pi/2 - \varphi_2}{\pi/2}\beta_0\right)(3\varphi''_2 - \varphi_2) \tag{2.53}$$

对建立的截割力数学模型进行仿真,得出截割阻力随楔入角、截齿半锥角和崩落角的变化规律,如图 2.17 所示。图 2.17(a) 为 $\bar{Z}$、α、β_0 的三维关系,2.17(b) 给出了半锥角为 30°、崩落角为 60°、楔入角为 40° ~ 50° 时 $\bar{Z}$ 随 β_0 的变化规律,2.17(c) 给出了楔入角为 40°、崩落角为 60°、半锥角为 30° ~ 40° 时 $\bar{Z}$ 随 α 的变化规律,2.17(d) 给出了半锥角为 30°、楔入角为 40°、崩落角为 50° ~ 70° 时 $\bar{Z}$ 随 φ_0 的变化规律。

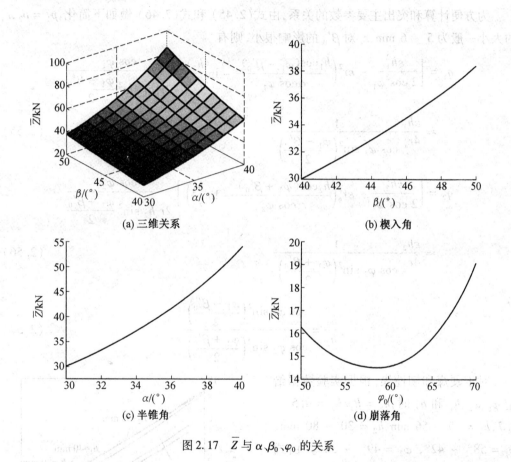

(a) 三维关系　　(b) 楔入角

(c) 半锥角　　(d) 崩落角

图 2.17　$\bar{Z}$ 与 α、β_0、φ_0 的关系

从图 2.17 可以看出,在其他参数条件不变的情况下,随着楔入角和截齿半锥角的增大,截割阻力均呈非线性增大趋势;随着崩落角的增大,截割阻力呈先减小后增大趋势。

2.2.5　煤岩分离体的偏离角与崩裂角

1. 偏离角与截槽参数的关系

假设在圆孔周围作用的崩落压应力 $p_1 = p_2 = p$,由式(2.45) 和式(2.46) 消去 q,整理得 β'_0 的隐函数方程为

$$A = B\cos(\varphi_2 + \beta'_0) + C\cos(\varphi_1 - \beta'_0) \tag{2.54}$$

式中　$A = \left(\dfrac{h_2}{\cos \varphi_2} - \dfrac{h_1}{\cos \varphi_1} \right)\left(\dfrac{1}{2} - \dfrac{r_a^2 \cos \varphi_1 \cos \varphi_2}{h_1 h_2}\ln \dfrac{h_2}{r_a} \right)$；

$B = r_a \dfrac{h_2 - r_a}{h_2} - \dfrac{h_1}{2\cos \varphi_1} - \dfrac{r_a^2 \cos \varphi_1}{h_1}\ln \dfrac{h_2}{r_a}$；

$C = \dfrac{h_2}{2\cos \varphi_2} + \dfrac{r_a \cos \varphi_2}{h_2}\ln \dfrac{h_2}{r_a} - r_a \dfrac{h_2 - r_a}{h_2}$。

为方便计算和突出主要参数的关系，由式（2.45）和式（2.46）做如下简化，$p_1 = p_2$，r_a 的大小一般为 5 ～ 6 mm，r_a 对 β'_0 的影响很小，则有

$$q_1 = \left[\frac{\varepsilon h_1^2}{2\cos^2 \varphi_1} - \varepsilon r_a^2\left(\frac{h_1 \cos(\varphi_1 - \beta'_0)}{\alpha \cos \varphi_1} - \ln \frac{h_2}{r_a^2} \right) \right] \frac{\cos \varphi_1}{2r_a^2 h_1 \sin^2 \dfrac{\varphi_1 - \beta'_0}{2}}$$

$$\approx \frac{\varepsilon h_1}{4r_a} \frac{1}{\cos \varphi_1 \sin^2\left(\dfrac{\varphi_1 - \beta'_0}{2} \right)} \qquad (2.55)$$

$$q_2 = \left[\frac{\varepsilon h_2^2}{2\cos^2 \varphi_2} - \varepsilon r_a^2\left(\frac{h_2 \cos(\varphi_2 + \beta'_0)}{r_a \cos \varphi_2} - \ln \frac{h_2}{r_a} \right) \right] \frac{\cos \varphi_2}{2r_a h_2 \sin^2 \dfrac{\varphi_2 + \beta'_0}{2}}$$

$$\approx \frac{\varepsilon h_2}{4r_a} \frac{1}{\cos \varphi_2 \sin^2\left(\dfrac{\varphi_2 + \beta'_0}{2} \right)} \qquad (2.56)$$

$$\frac{h_1}{h_2} = \frac{\cos \varphi_1 \sin^2\left(\dfrac{\varphi_1 - \beta'_0}{2} \right)}{\cos \varphi_2 \sin^2\left(\dfrac{\varphi_2 + \beta'_0}{2} \right)} \qquad (2.57)$$

对于硬煤和韧性煤，根据实验数据给定 φ_1、φ_2、h_1 和 h_2 时，$k_h = h_1/h_2 = 0.5$ ～ 0.7，$h_1 = 15$ ～ 56 mm，$h_2 = 30$ ～ 80 mm，$\varphi_1 = 58° \sim 42°$，$\varphi_2 = 49° \sim 38°$。由式（2.56）和式（2.57）求得的 β'_0 非常接近，当 h_1/h_2 基本确定时，如 $h_1/h_2 = 0.5$，β'_0 的变化范围很小，其规律如图2.18 所示，$\beta'_0 \approx 10° \sim 11°$。

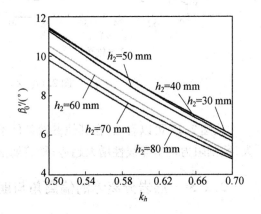

图2.18　β'_0 与截槽参数的变化规律

2. 崩落角与截槽参数的关系

对于先给定的 φ_1 和 φ_2（单截割实验测试数据）是按最小能量断裂原理给出的 φ_1 和 φ_2，在发生断裂时，产生的径向位移所消耗的能量最小原则（产生压力 P 和发生位移时需要的能量），此时能量是压力和位移的乘积，由弹性理论可知，位移与压力成比例，断裂

的能量与 P^2 成正比,当 $\partial p^2/\partial\varphi = 2P(\partial q/\partial\varphi) = 0$,因 $P \neq 0$,即 $\partial P/\partial\varphi = 0$ 时有最小值,即可求得断裂时 φ_1 和 φ_2,由式(2.55)式(2.56)得

$$\frac{\partial q_1}{\partial \varphi_1} = \left[\sin\left(\frac{\varphi_1 - \beta'_0}{2}\right) \cos\left(\frac{\varphi_1 - \beta'_0}{2}\right) \cos\varphi_1 - \sin\varphi_1 \sin^2\left(\frac{\varphi_1 - \beta'_0}{2}\right) \right] = 0 \quad (2.58)$$

$$\frac{\partial q_2}{\partial \varphi_2} = \left[\sin\left(\frac{\varphi_2 + \beta'_0}{2}\right) \cos\left(\frac{\varphi_2 + \beta'_0}{2}\right) \cos\varphi_2 - \sin\varphi_2 \sin^2\left(\frac{\varphi_2 + \beta'_0}{2}\right) \right] = 0 \quad (2.59)$$

则

$$\sin\left(\frac{\varphi_1 - \beta'_0}{2}\right) \cos\left(\frac{3\varphi_1 - \beta'_0}{2}\right) = 0 \quad\quad\quad (2.60)$$

$$\cos\left(\frac{3\varphi_1 - \beta'_0}{2}\right) = 0, \quad \varphi_1 = \frac{180° + \beta'_0}{3}$$

$$\sin\left(\frac{\varphi_2 + \beta'_0}{2}\right) \cos\left(\frac{3\varphi_2 + \beta'_0}{2}\right) = 0$$

$$\cos\left(\frac{3\varphi_2 + \beta'_0}{2}\right) = 0, \quad \varphi_2 = \frac{180° - \beta'_0}{3}$$

由式(2.57)得

$$\frac{h_1}{h_2} = \frac{\cos\left(60° + \frac{\beta'_0}{3}\right) \sin^2\left(30° - \frac{\beta'_0}{3}\right)}{\cos\left(60° - \frac{\beta'_0}{3}\right) \sin^2\left(30° + \frac{\beta'_0}{3}\right)} \quad (2.61)$$

$h_1/h_2 = 0.5 \sim 1.0$ 时,φ_1 和 φ_2 的变化规律如图 2.19 所示,当 $h_1/h_2 = 1.0$ 时,$\beta'_0 = 0$,$\varphi_1 = \varphi_2 = 60°$;当 $h_1/h_2 = 0.5$ 时,$\beta'_0 = 11.4°$,$\varphi_1 = 64°$,$\varphi_2 = 56°$,显然 $\varphi_1 + \varphi_2 = 120°$。

在多齿重复截割、截槽非对称条件下,建立的截割力学模型与单齿平面截割、截槽对称条件下有明显的不同,力学模型不仅与煤质和截齿有关,而且还与截齿排列有关(截槽两侧截深不同)。理论上给出 β'_0 的精确、简化计算公式,β'_0 随 h_1/h_2 的

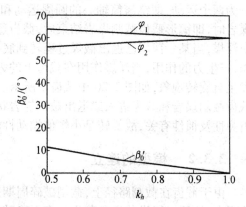

图 2.19 最小能量断裂原理下 φ_1 和 φ_2 的理论值

比值不同而不同,而与 h_1、h_2 大小的不同变化关系不大,通常 $h_1/h_2 = 0.5 \sim 0.7$,设计计算时 β'_0 可考虑的取值范围为 $\beta'_0 = 10° \sim 5°$。φ_1 和 φ_2 崩落角与截割深度有关,其数值一是来源于给定不同截割深度的单齿截割实验数据,是目前理论分析计算常用的方法;二是给出了按破碎能量最小原理的理论计算方法。

2.3   截齿自旋转力学模型

2.3.1   截割工况

煤岩体是截齿的主要工作对象，破煤过程是把煤岩从煤壁上分离下来的过程。以滚筒上某一截齿为研究对象，从截齿与煤岩体的作用关系来看，截齿所处状态有两种，即截割煤岩状态和非截割煤岩状态，如图2.20所示。

在截割煤岩状态中，采煤机以牵引速度 v_q 前移，螺旋滚筒以角速度 ω 旋转。由图2.20可见，采煤机的牵引速度与螺旋滚筒角速度旋转形成了截齿的截割切向速度 v_j。截齿1楔入

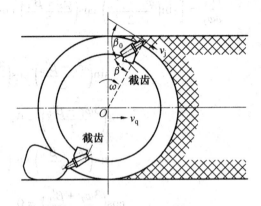

图 2.20   截齿与煤岩的接触状态

煤岩时，以较大能量挤压煤岩，煤岩逐渐被粉碎，当煤岩体爆破力足够大时，煤岩体以一定厚度的扇形体被剥落下来。在此过程中，煤岩体对截齿作用的不平衡反力会是截齿可能自旋转的动力源。

滚筒式采煤机截割煤岩体过程中，随着滚筒的旋转，截齿做平面运动，此平面运动可分为两个运动，即绕滚筒轴心的圆周运动和沿采煤机牵引方向的直线运动[35,36]。未截割煤岩时，即镐形截齿截割煤岩结束后，截齿逐渐离开煤岩体，假设滚筒装煤后遗留下较大块浮煤，当某一截齿已退出截煤过程转到底板回程时，遇到大块浮煤，浮煤与截齿相互碰撞，产生力的作用，当浮煤作用在截齿上的力满足一定条件时，可能会导致截齿在齿座内发生自旋转现象，如图2.20中截齿2所示。另外，截齿截割过程中，冲击载荷突变作用下截齿截割煤岩和截齿进入或退出截割煤岩状态均是截齿自旋转的因素，但这种旋转与截齿弹性及惯性有关，故旋转是小幅值蠕动性的。

2.3.2   模型的建立

由于截齿在截割路径上，截割破碎周期短，其前后截割状态、环境和主要物理条件变化不大，故可以假设截齿负荷为一个平稳随机过程。截齿在截割煤岩时，截齿有规律地重复截割，形成非对称截槽，其两侧崩落角度和两侧崩落线长度不同，截割阻力与截槽两侧崩落线大小成正比，截槽的非对称面产生侧向力，因此，在建立单个截齿截割煤岩体的力学模型时，可假设镐形截齿切向倾斜布置沿直线截割，即截齿轴线与水平方向切向成一定角度楔入煤岩体；切削煤岩体的厚度不变；忽略截齿的自身重力对截齿自旋转的影响；截齿与截槽不发生干涉现象，即满足

$$\beta > \alpha \neq 0, \quad \beta + \alpha \leqslant \frac{\pi}{2} \text{且} \frac{1}{\tan\alpha} \geqslant \sqrt{\cot^2\beta + \frac{1}{\sin\beta\tan\varphi}}, \quad \beta = 90° - \beta_0$$

(2.62)

以 R_1 所在方向为 A—A 剖面、R_2 所在方向为 B—B 剖面、R_3 所在方向为 C—C 剖面。如图 2.21 所示，R_1f、R_2f、R_3f 分别为煤岩体对截齿的作用力 R_1、R_2 及 R_3 所产生的摩擦阻力，f 为煤岩体与截齿的摩擦因数。R_1f、R_2f 均与运动方向相反，为简化计算，假设 R_1f、R_2f 作用方向分别在 B—B 剖面和 A—A 剖面上。在 R_k 作用下引起的齿座对截齿的支反力为 $N_{ij}(i = A,B,C,j = 1,2,3)$，即为 $N_j(j = 1,2,3)$。

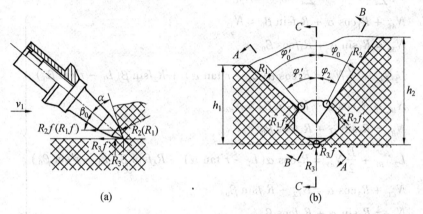

图 2.21　截齿截割煤岩体状态

分别在 A—A 剖面、B—B 剖面及 C—C 剖面上对截齿进行受力分析，不同剖面上截齿所受支反力简图如图 2.22(a) ~ (c) 所示，各支反力的径向面受力简图如图 2.22(d) 所示，图 2.22(e) 为截齿分别在各截面的总支反力[37,38]。

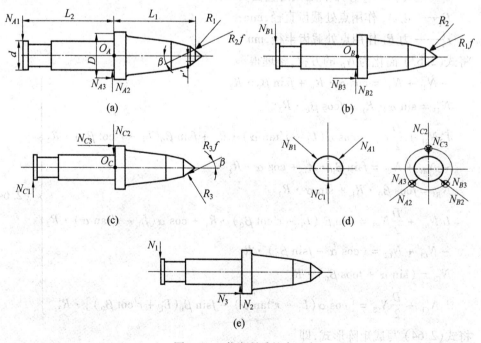

图 2.22　截齿所受的支反力

在图 2.22 中，L_1、L_2 为各作用力之间轴向距离，$L_1 + L_2 = L$，mm；d、D 为截齿齿柄直径和截齿台间直径，mm；r' 为煤岩反力作用点处截齿齿尖半径，mm。$R_k(k = 1,2,3)$ 均垂直于截齿齿尖表面；$R_k f$ 与截齿轴线成楔入角 β_0。

在三个剖面内，截齿分别处于极限平衡状态，由此，建立镐形截齿的力及力矩平衡方程 $\sum F_y = 0$、$\sum F_x = 0$ 和 $\sum M_{O_i} = 0$，即

$$
\left.
\begin{aligned}
& N_{A1} + R_1\cos\alpha + R_2 f\sin\beta_0 = N_{A2} \\
& N_{A3} = R_1\sin\alpha + R_2 f\cos\beta_0 \\
& L_2 N_{A1} + \frac{D}{2}N_{A3} = R_1\cos\alpha(L_1 - r'\tan\alpha) + R_2 f\sin\beta(L_1 - r'\cot\beta_0) \\
& N_{B1} + R_2\cos\alpha + R_1 f\sin\beta_0 = N_{B2} \\
& N_{B3} = R_2\sin\alpha + R_1 f\cos\beta_0 \\
& L_2 N_{B1} + \frac{D}{2}N_{B3} = R_2\cos\alpha(L_1 - r'\tan\alpha) + R_1 f\sin\beta_0(L_1 - r'\cot\beta_0) \\
& N_{C1} + R_3\cos\alpha = N_{C2} + R_3 f\sin\beta_0 \\
& N_{C3} = R_3\sin\alpha + R_3 f\cos\beta_0 \\
& L_2 N_{C1} + \frac{D}{2}N_{C3} + R_3 f\sin\beta_0(L_1 + r'\cot\beta_0) = R_3\cos\alpha(L_1 - r'\tan\alpha)
\end{aligned}
\right\}
\quad (2.63)
$$

式中 L_1——力 N_{i2} 与 R_k 之间的轴向距离，mm；

L_2——力 N_1、N_2 的作用点之间的轴向距离，mm；

d——力 N_1、N_2 作用点处截齿直径，mm；

D——力 N_3 作用点处截齿直径，mm；

r'——力 R_k 作用点处截齿半径，mm。

将式(2.63)简化为 N_{ij} 的方程，整理得

$$
\left.
\begin{aligned}
& -N_{A1} + N_{A2} = \cos\alpha \cdot R_1 + f\sin\beta_0 \cdot R_2 \\
& N_{A3} = \sin\alpha \cdot R_1 + f\cos\beta_0 \cdot R_2 \\
& L_2 N_{A1} + \frac{D}{2}N_{A3} = \cos\alpha(L_1 - r'\tan\alpha)\cdot R_1 + f\sin\beta_0(L_1 - r'\cot\beta_0)\cdot R_2 \\
& -N_{B1} + N_{B2} = f\sin\beta_0 \cdot R_1 + \cos\alpha \cdot R_2 \\
& N_{B3} = f\cos\beta_0 \cdot R_1 + \sin\alpha \cdot R_2 \\
& L_2 N_{B1} + \frac{D}{2}N_{B3} = f\sin\beta_0(L_1 - r'\cot\beta_0)\cdot R_1 + \cos\alpha(L_1 - r'\tan\alpha)\cdot R_2 \\
& -N_{C1} + N_{C2} = (\cos\alpha - f\sin\beta_0)\cdot R_3 \\
& N_{C3} = (\sin\alpha + f\cos\beta_0)\cdot R_3 \\
& L_2 N_{C1} + \frac{D}{2}N_{C3} = [\cos\alpha(L_1 - r'\tan\alpha) - f\sin\beta_0(L_1 + r'\cot\beta_0)]\cdot R_3
\end{aligned}
\right\}
\quad (2.64)
$$

将式(2.64)写成矩阵形式，即

$$
\boldsymbol{A}N_{ij} = \boldsymbol{B}R_k
$$

式中 $N_{ij} = \begin{bmatrix} N_{A1} & N_{A2} & N_{A3} & N_{B1} & N_{B2} & N_{B3} & N_{C1} & N_{C2} & N_{C3} \end{bmatrix}^{\mathrm{T}}$

$$R_k = \begin{bmatrix} R_1 \\ R_2 \\ R_3 \end{bmatrix}$$

设 $C = \begin{bmatrix} -1 & 1 & 0 \\ 0 & 0 & 1 \\ L_2 & 0 & \dfrac{D}{2} \end{bmatrix}$, $D = \begin{bmatrix} \cos\alpha \\ \sin\alpha \\ \cos\alpha(L_1 - r'\tan\alpha) \end{bmatrix}$, $E = \begin{bmatrix} f\sin\beta_0 \\ f\cos\beta_0 \\ f\sin\beta_0(L_1 - r'\cot\beta_0) \end{bmatrix}$

$$F = \begin{bmatrix} \cos\alpha - f\sin\beta_0 \\ \sin\alpha + f\cos\beta_0 \\ \cos\alpha(L_1 - r'\tan\alpha) - f\sin\beta_0(L_1 + r'\cot\beta_0) \end{bmatrix}$$

$$A = \begin{bmatrix} -1 & 1 & 0 & 0 & 0 & 0 & 0 & 0 & 0 \\ 0 & 0 & 1 & 0 & 0 & 0 & 0 & 0 & 0 \\ L_2 & 0 & \dfrac{D}{2} & 0 & 0 & 0 & 0 & 0 & 0 \\ 0 & 0 & 0 & -1 & 1 & 0 & 0 & 0 & 0 \\ 0 & 0 & 0 & 0 & 0 & 1 & 0 & 0 & 0 \\ 0 & 0 & 0 & L_2 & 0 & \dfrac{D}{2} & 0 & 0 & 0 \\ 0 & 0 & 0 & 0 & 0 & 0 & -1 & 1 & 0 \\ 0 & 0 & 0 & 0 & 0 & 0 & 0 & 0 & 1 \\ 0 & 0 & 0 & 0 & 0 & 0 & L_2 & 0 & \dfrac{D}{2} \end{bmatrix}$$

$$B = \begin{bmatrix} \cos\alpha & f\sin\beta_0 & 0 \\ \sin\alpha & f\cos\beta_0 & 0 \\ \cos\alpha(L_1 - r'\tan\alpha) & f\sin\beta(L_1 - r'\cot\beta_0) & 0 \\ f\sin\beta_0 & \cos\alpha & 0 \\ f\cos\beta_0 & \sin\alpha & 0 \\ f\sin\beta_0(L_1 - r'\cot\beta_0) & \cos\alpha(L_1 - r'\tan\alpha) & 0 \\ 0 & 0 & \cos\alpha - f\sin\beta_0 \\ 0 & 0 & \sin\alpha + f\cos\beta_0 \\ 0 & 0 & \cos\alpha(L_1 - r'\tan\alpha) - f\sin\beta_0(L_1 + r'\cot\beta_0) \end{bmatrix}$$

则有 $A = \begin{bmatrix} C & 0 & 0 \\ 0 & C & 0 \\ 0 & 0 & C \end{bmatrix}$, $B = \begin{bmatrix} D & E & 0 \\ E & D & 0 \\ 0 & 0 & F \end{bmatrix}$

解矩阵可得以 R_k 为自变量所表示的截齿与齿座之间的作用力 N_{ij} 的矩阵表达式,即

$$N_{ij} = A^{-1}BR_k = \begin{bmatrix} C^{-1} & 0 & 0 \\ 0 & C^{-1} & 0 \\ 0 & 0 & C^{-1} \end{bmatrix} \begin{bmatrix} D & E & 0 \\ E & D & 0 \\ 0 & 0 & F \end{bmatrix} R_k \tag{2.65}$$

$$设 G = \begin{bmatrix} \dfrac{2L_1\cos\alpha - (2r' + D)\sin\alpha}{2L_2} \\ \dfrac{2(L_1 + L_2)\cos\alpha - (2r' + D)\sin\alpha}{2L_2} \\ \sin\alpha \end{bmatrix}$$

$$H = \begin{bmatrix} f\left[\dfrac{2L_1\sin\beta_0 - (2r' + D)\cos\beta_0}{2L_2}\right] \\ f\left[\dfrac{2(L_1 + L_2)\sin\beta_0 - (2r' + D)\cos\beta_0}{2L_2}\right] \\ f\cos\beta_0 \end{bmatrix}$$

$$I = \begin{bmatrix} \dfrac{2L_1(\cos\alpha - f\sin\beta_0) - (2r' + D)(\sin\alpha + f\cos\beta_0)}{2L_2} \\ \dfrac{2(L_1 + L_2)(\cos\alpha - f\sin\beta_0) - (2r' + D)(\sin\alpha + f\cos\beta_0)}{2L_2} \\ \sin\alpha + f\cos\beta_0 \end{bmatrix}$$

则有

$$N_{ij} = \begin{bmatrix} G & H & 0 \\ H & G & 0 \\ 0 & 0 & I \end{bmatrix} R_k \tag{2.66}$$

为便于分析，假设煤岩体作用力 R_1 与 R_2 之间夹角为 $90°$，由图 2.22(d) 即可得出各截面的总支反力，如图 2.22(e) 所示。

$$\left. \begin{aligned} N_1 &= \sqrt{{N_{A1}}^2 + {N_{B1}}^2} - N_{C1} \\ N_2 &= \sqrt{{N_{A2}}^2 + {N_{B2}}^2} - N_{C2} \\ N_3 &= N_{A3} + N_{B3} + N_{C3} \end{aligned} \right\} \tag{2.67}$$

若截齿齿尖与作用力 N_2 间的轴向距离为 L_3，则由图 2.22 可见：$L_1 = L_3 - r'\cot\alpha$。在此假设

$$a_1 = \frac{2L_1\cos\alpha - (2r' + D)\sin\alpha}{2L_2} = \frac{2(L_3 - r'\cot\alpha)\cos\alpha - (2r' + D)\sin\alpha}{2L_2}$$

$$a_2 = f\left[\frac{2L_1\sin\beta_0 - (2r' + D)\cos\beta_0}{2L_2}\right] = f\left[\frac{2(L_3 - r'\cot\alpha)\sin\beta_0 - (2r' + D)\cos\beta_0}{2L_2}\right]$$

$$a_3 = \frac{2L_1(\cos\alpha - f\sin\beta_0) - (2r' + D)(\sin\alpha + f\cos\beta_0)}{2L_2}$$

$$= \frac{2(L_3 - r'\cot\alpha)(\cos\alpha - f\sin\beta_0) - (2r' + D)(\sin\alpha + f\cos\beta_0)}{2L_2}$$

$$b_1 = \frac{2(L_1 + L_2)\cos\alpha - (2r' + D)\sin\alpha}{2L_2}$$

$$= \frac{2(L_3 - r'\cot\alpha + L_2)\cos\alpha - (2r' + D)\sin\alpha}{2L_2}$$

$$b_2 = f\left[\frac{2(L_1 + L_2)\sin\beta_0 - (2r' + D)\cos\beta_0}{2L_2}\right]$$

$$= f\left[\frac{2(L_3 - r'\cot\alpha + L_2)\sin\beta_0 - (2r' + D)\cos\beta_0}{2L_2}\right]$$

$$b_3 = \frac{2(L_1 + L_2)(\cos\alpha - f\sin\beta_0) - (2r' + D)(\sin\alpha + f\cos\beta_0)}{2L_2}$$

$$= \frac{2(L_2 + L_3 - r'\cot\alpha)(\cos\alpha - f\sin\beta_0) - (2r' + D)(\sin\alpha + f\cos\beta_0)}{2L_2}$$

则有

$$\begin{bmatrix} N_1 \\ N_2 \\ N_3 \end{bmatrix} = \begin{bmatrix} \sqrt{(a_1^2 + a_2^2)(R_1^2 + R_2^2) + 4a_1 a_2 R_1 R_2} - a_3 R_3 \\ \sqrt{(b_1^2 + b_2^2)(R_1^2 + R_2^2) + 4b_1 b_2 R_1 R_2} - b_3 R_3 \\ (\sin\alpha + f\cos\beta_0)(R_1 + R_2 + R_3) \end{bmatrix} \tag{2.68}$$

由此可以得出,在 R_1、R_2 和 R_3 作用下,齿座对截齿的支反力 $N_{ij}(i = A, B, C; j = 1, 2, 3)$ 的数学模型。

2.3.3 可转性分析

截齿工作过程中,能够发生自旋转的条件是作用于截齿上的驱动力矩 M_1 与阻力矩 M_2 之差大于零,即 $M_1 - M_2 > 0$,且 $M_1 > 0$,$M_2 > 0$。因煤岩体具有各处物理性质不同、非均质和各向异性等特点,令 $R_2 > R_1$,如图 2.21 所示,则截齿齿尖受到煤岩体作用力 R 而产生的摩擦力,形成截齿旋转的驱动力矩为

$$M_1 = r'(R_2 - R_1)f\sin\beta_0 \tag{2.69}$$

齿座对截齿的支反力综合作用下,产生的截齿旋转的阻力矩为

$$M_2 = \frac{f'}{2}(dN_1 + dN_2 + DN_3) \tag{2.70}$$

式中 f'—— 截齿与齿座之间的摩擦因数。

可转性的条件为

$$M_1 - M_2 > 0 \big|_{R_1 > 0, R_2 > 0} \tag{2.71}$$

即

$$r'(R_2 - R_1)f\sin\beta_0 > \frac{d}{2}f'N_1 + \frac{d}{2}f'N_2 + \frac{D}{2}f'N_3 \tag{2.72}$$

镐形截齿截割煤岩体过程中,截槽两侧的煤岩截割阻力为

$$Z_1 = \frac{k^2 \sigma_t^2 h_1^2 \pi}{2\sigma_y \cos^2\left(\alpha + \frac{\varphi'_2 \beta_0}{\varphi'_0}\right)} \cdot \left[1 + \frac{\sin\alpha}{\sin(\alpha + \beta_0)}\right]^2$$

$$Z_2 = \frac{k^2 \sigma_t^2 h_2^2 \pi}{2\sigma_y \cos^2\left(\alpha + \dfrac{\varphi''_2 \beta_0}{\varphi''_0}\right)} \cdot \left[1 + \frac{\sin \alpha}{\sin(\alpha + \beta_0)}\right]^2$$

由图 2.21 可见

$$R_1 = \frac{Z_1}{\sin\left(\alpha + \dfrac{\varphi'_2 \beta_0}{\varphi'_0}\right)}$$

$$R_2 = \frac{Z_2}{\sin\left(\alpha + \dfrac{\varphi''_2 \beta_0}{\varphi''_0}\right)}$$

在此假设 $\varphi_2 / \varphi_0 = \varphi'_2 / \varphi'_0 = 1/2$，则有

$$Z_1(Z_2) = \frac{k^2 \sigma_t^2 h_1^2(h_2^2) \pi}{2\sigma_y \cos^2\left(\alpha + \dfrac{1}{2}\beta_0\right)} \cdot \left[1 + \frac{\sin \alpha}{\sin(\alpha + \beta_0)}\right]^2$$

式中　k——与煤岩崩落角有关的常数，随着切削厚度的增加而减小。

R_3 与 R_1、R_2 有关，文中取 $R_3 = k_0(R_1 + R_2)$。将 R_1、R_2、R_3、Z_1 和 Z_2 分别代入式(2.72) 即可得出各参数的截齿自旋转条件的函数关系式，即

$$H_1 r'(h_2^2 - h_1^2) > \sqrt{H_2(h_1^4 + h_2^4) + H_3 h_1^2 h_2^2} +$$
$$\sqrt{H_4(h_1^4 + h_2^4) + H_5 h_1^2 h_2^2} + H_6 h_1^2 + H_7 h_2^2 \qquad (2.73)$$

式中　$H_1 = f\sin \beta_0$；

$H_2 = \dfrac{d^2 f'^2(a_1^2 + a_2^2)}{4}$；

$H_3 = d^2 f'^2 a_1 a_2$；

$H_4 = \dfrac{d^2 f'^2(b_1^2 + b_2^2)}{4}$；

$H_5 = d^2 f'^2 b_1 b_2$；

$H_6 = \dfrac{D}{2} f'(\sin \alpha + f\cos \beta_0)$；

$H_7 = \dfrac{f'}{2} D(\sin \alpha + f\cos \beta_0)(1 + k_0) - f' dk_0(a_3 + b_3)$。

以某矿截齿为例，$L_2 = 85$ mm，$L_3 = 70$ mm，$\alpha = 30° \sim 40°$，$d = 30$ mm，$D = 40$ mm，取 $\beta_0 = 35° \sim 50°$，$f' = 0.1$，$f = 0.35 \sim 0.84$，$r' = 0 \sim 10$ mm，$k_0 = 0.2 \sim 0.4$，代入式(2.71)，分析截齿自旋转的可能性。计算得出 $M_1 - M_2 < 0$，则可知当截槽两侧煤岩体同时呈现 V 形崩落体崩落的情况下，无论取何值，主动力矩均小于阻力矩，说明在这种工况下，截齿不会发生自旋转现象。

2.3.4　数值模拟与结果

通过上述对截齿在截割过程中的理论分析可知，影响其旋转的因素有：截齿的结构参

数 d、D、L_2、L_3、α、β_0；煤岩体的相关参数 f、f'、r' 等；截齿排列的关联参数 h_1、h_2 等。各个参数对截齿自旋转的影响是不同的，在截槽两侧非对称、非同时 V 形崩落工况下，重点要研究煤岩体的性质(r'、f)和截齿的结构参数(α、β_0)的影响程度和范围。为此，选取 r'、f、α、β_0 为研究对象，进行四因素三水平的正交实验，各参数取值见表 2.1。参考指标是力矩差

$$\overline{\Delta M_1} = (M_1 - M_2) \cdot \frac{2\sigma_y}{k^2 \sigma_t^2 \pi h_2^2}。$$

表 2.1 因素水平

参数	r'/mm	f	α/(°)	β_0/(°)
1	2	0.35	30	35
2	6.5	0.65	35	45
3	10	0.84	40	50

以上述实际截齿为例，构造四因素三水平的正交实验的正交表 $L_9(3^4)$，方案及结果见表 2.2。

表 2.2 正交实验结果

编号	r'/mm	f	α/(°)	β_0/(°)	$\overline{\Delta M_2}$/(N·mm)
1	2	0.35	30	50	21.773 6
2	2	0.65	40	45	42.104 9
3	2	0.84	35	35	29.177 6
4	6.5	0.35	35	45	14.255 9
5	6.5	0.65	30	35	8.424 4
6	6.5	0.84	40	50	0.303 8
7	10	0.35	40	35	10.501 8
8	10	0.65	35	50	7.090
9	10	0.84	30	45	6.519

运用直接分析法分析上述数据，通过实验结果，计算得出第 j 个因素各水平综合平均值的极差 $R_{aj} = \max\{\overline{I_j}, \overline{II_j}, \overline{III_j}\} - \min\{\overline{I_j}, \overline{II_j}, \overline{III_j}\}$ $(j = 1,2,3)$，得 $R_{a1} = 32.1$、$R_{a2} = 8.1$、$R_{a3} = 9.5$ 和 $R_{a4} = 11.8$。$\overline{I_j}$、$\overline{II_j}$、$\overline{III_j}$ 分别为第 j 个因素第 1、2 和 3 水平所对应数据之和的平均值。通过极差可以看出，上述四个因素中，煤岩反力作用点处截齿齿尖半径是最主要影响因素。

1. 截槽两侧同时崩落

在镐形截齿破碎煤岩体过程中，假设截槽两侧同时 V 形崩落，对截齿自旋转力学模型进行仿真分析，仿真结果如图 2.23 所示。当截槽两侧煤岩体同时呈现 V 形崩落体崩落的情况下，无论取何值 $\overline{\Delta M_1} < 0$，即主动力矩均小于阻力矩，说明在这种工况下，截齿不会发生自旋转现象。

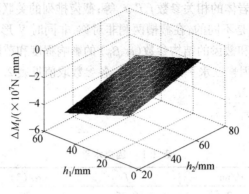

图 2.23　力矩差仿真结果

2. 截槽两侧非同时崩落

在截齿破碎煤岩过程中,假设截槽两侧非对称、非同时 V 形崩落。煤岩体形成过程中,沉积物质、炭化程度、成分构成、层理节理以及地质构造等均存在差异,故煤岩层各处的物理力学性能都不同,表现出非均质性和各向异性,因此,截齿截割过程中,煤岩 V 形崩落体左右两侧存在非同时崩落,即 V 形崩落体的一侧先崩落下来,此时,截齿仅受到 V 形崩落体的另一侧力的作用,驱动截齿产生蠕动性的自旋转。

设 V 形崩落体的左半部先崩落下来,则 $R_1 = 0$。此时截齿自旋转条件为

$$M_1 - M_2 > 0 \big|_{R_1 = 0, R_2 > 0}$$

$$(2.74)$$

此时,驱动力矩和阻力矩分别为

$$M_1 = r'R_2 f\sin \beta_0$$

$$(2.75)$$

$$M_2 = \frac{f'}{2}R_2 \big[d(\sqrt{a_1^2 + a_2^2} + \sqrt{b_1^2 + b_2^2}) -$$
$$k_0 d(a_3 + b_3) + (1 + k_0)(\sin \alpha + f\cos \beta_0)D \big]$$

$$(2.76)$$

式(2.75)所表示的截槽两侧非对称、非同时 V 形崩落自旋转条件要比式(2.76)所表示的截槽两侧同时 V 形崩落的自旋转条件更易满足,即自旋转的可能性更大。

截槽两侧非对称、非同时 V 形崩落工况进行仿真分析,仿真结果如图 2.24 所示。图 2.24 中,纵坐标为 $\overline{\Delta M_2} = (M_1 - M_2) \cdot \dfrac{2\sigma_y}{k^2 \sigma_t^2 \pi h_2^2}$。在煤岩体 V 形崩落体非同时崩落的工况下,在可变范围内,各参数越大越有利于截齿自转,当 $8.5 \text{ mm} \leqslant r' \leqslant 10 \text{ mm}, 38.9° \leqslant \beta_0 \leqslant 50°, 0.6 \leqslant f \leqslant 0.84, 32° \leqslant \alpha \leqslant 40°$ 时截齿最易自旋转。研究结果表明:滚筒零度截齿的自旋转在理论上是存在的,当截齿和煤岩的各项参数满足一定的条件时,截齿可能产生自旋转。但在目前零度截齿的结构尺寸下,正常截割煤岩时很难满足自旋转条件。研究的重要性在于,从力学定量分析的角度阐述了自旋转的可能程度,给出的力学模型及研究方法,为研究复杂工况下滚筒端盘角度截齿的自旋转条件提供理论参考。

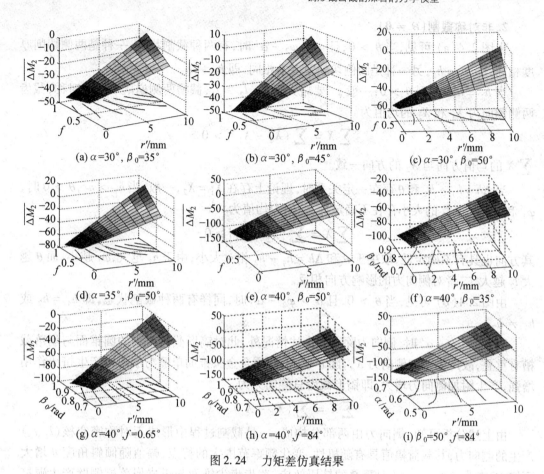

图 2.24　力矩差仿真结果

2.4　截齿三向载荷数学模型

2.4.1　不同截割状态的侧向力

1. 对称截割($\theta = 0$)

由图 2.3 可见,当 $h_1 = h_2$、$\alpha' < \varphi$ 时,即对称截割工况,其特点:两侧截槽崩落基本对称,$\varphi_1 = \varphi_2$ 和 $l_1 = l_2$,假设工作面煤岩的压出效应对截齿两侧煤岩的截割阻抗影响可以忽略不计,则侧向力均值(数学期望)为

$$\sum X = \sum (X_1 - X_2) \approx 0$$

当 $h_1 > h_2$、$\varphi_1 \leqslant \varphi_2$、$\alpha' < \varphi$ 时,截槽两侧崩落不完全对称,略有差别,则 $l_1 \geqslant l_2$,$X_1 \geqslant X_2$,侧向力均值为

$$\sum X = \sum (X_1 - X_2) \geqslant 0$$

其 $\sum X$ 均值的方向与 X_1 相同。

2. 非对称截割($\theta \neq 0$)

由图 2.4(a) 可见,当 $\theta > 0$,且 $\theta \leqslant \varphi_2 - \alpha'$ 时,有两种截割状态,一种是两侧切削厚度相同,即 $h_1 = h_2$;另一种是两侧切削厚度不相同,即 $h_1 \neq h_2$。

当 $h_1 = h_2$ 时,因 $\theta > 0$,一般 φ_1 要略大于 φ_2,$l_2 \geqslant l_1$,截槽两侧崩落一般不对称,截齿两侧侧向力 X_1 和 X_2 的均值为

$$\sum X = \sum (X_2 - X_1) > 0$$

$\sum X$ 的均值方向与 X_2 的方向一致。

当 $\Delta h = h_1 - h_2$ 和 θ 存在一定关系时,理论上存在 $X_1 = X_2$,一般,当 $h_1 > h_2$,$\theta > 0$ 时,φ_1 和 φ_2、l_1 和 l_2 的大小存在不确定性,侧向力均值为

$$\sum X = \sum |X_2 - X_1| \geqslant 0$$

其方向也具有不确定性,取决于 θ 和 $\Delta h = h_1 - h_2$ 相对大小,由于 h_1 越大,φ_1 越小,而 θ 越大 l_2 越大,二者对侧向力的影响方向相反。

由图 2.4(b) 可见,当 $\theta > 0$,且 $\theta > \varphi_2 - \alpha'$ 时,同样有两种截割状态,即 $h_1 = h_2$ 或 $h_1 \neq h_2$。

当 $\theta > \varphi_2 - \alpha'$ 时,侧向力除存在上述情况外,此时镐形截齿齿尖的圆锥面与崩落截槽有重叠,故产生附加侧向力 X_σ,随 θ 增大,硬质合金头锥面单侧与崩落槽产生挤压作用增强,产生附加侧向力增大,即镐形截齿总侧向力为

$$\sum X = \sum (X_2 - X_1) + X_\sigma$$

由上述分析可知,侧向力由两部分构成,一是截割过程中形成不对称密实核(l_1、l_2)产生的侧向力,其载荷幅值具有随机性、变化频率范围大的特点,幅值随倾斜角度 θ 增大而增大;二是 $\theta > \varphi - \alpha'$ 时重叠的挤压效应,截齿齿尖锥面与煤岩崩落槽侧壁产生碾挤压,侧向力呈现稳态特征(零频、稳态值为主),即附加稳态侧向力。

2.4.2　截齿的截割三向载荷

由上述对不同截割工况的分析,可知截割三向载荷是截齿在截割过程中,截齿齿尖挤压煤岩形成不对称密实核产生的。依据力学原理和破碎理论,假设破碎载荷的大小决定于 a_0 范围内煤岩均达到抗压强度时的作用力,推导出三向载荷的数学模型,利用截割实验的载荷谱修正模型中的关联性系数,三向载荷计算简图如图 2.25 所示。

1. $\theta = 0$ 与 $h_1 = h_2$ 的截割三向载荷

在实验条件下,当 $\theta = 0$、$h_1 = h_2 = h_0$ 时,由图 2.25 可见,作用在截齿齿尖单元

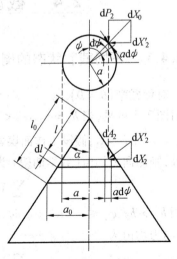

图 2.25　侧向力计算示意

锥弧面积 $a \mathrm{d}\psi \cdot \mathrm{d}l$ 上的力为

$$\mathrm{d}X_0 = \sigma_y \cdot a \mathrm{d}\psi \cdot \mathrm{d}l$$

齿尖两侧作用于煤岩体区域锥线长度与镐形截齿齿尖在煤岩体上张应力区等效圆半径和齿尖半锥角的关系为

$$l_0 = \frac{a_0}{\sin \alpha}$$

$$l = \frac{a}{\sin \alpha}$$

$$\mathrm{d}X'_2 = \mathrm{d}X_0 \cdot \sin \psi$$

则截齿截割侧向力为

$$\mathrm{d}X_2 = \mathrm{d}X'_2 \cdot \cos \alpha = \sigma_y \cdot \cos \alpha \cdot \sin \alpha \cdot l \cdot \sin \psi \cdot \mathrm{d}\psi \cdot \mathrm{d}l$$

考虑镐形截齿在实际楔入煤岩时,存在楔入角 β_0,而通常 $\beta_0 > \alpha$,根据镐形截齿截割破岩机理可知,截割破碎煤岩的截割力正比于 $0 \sim \pi/2$ 范围截齿接触面积,在作用张应力区圆半径 a_0 范围内,进行积分可得

$$X_2 \propto \iint \mathrm{d}X_2 = \sigma_y \cos \alpha \cdot \sin \alpha \int_0^{\frac{\pi}{2}} \sin \psi \mathrm{d}\psi \int_0^{l_0} l \mathrm{d}l$$

$$= \sigma_y a_0^2 \frac{\cos \alpha}{\sin \alpha} \tag{2.77}$$

当 $\theta = 0$ 时,不计煤岩压张效应,两侧的侧向力的均值近似相等,即 $X_1 = X_2$,且均值方向相反,$X = X_1 - X_2 \approx 0$。

同理,截割轴向力与侧向力的关系为

$$\mathrm{d}A_2 = \mathrm{d}X'_2 \cdot \sin \alpha = \mathrm{d}X_0 \cdot \sin \psi \cdot \sin \alpha$$

$$= \sigma_y \cdot \sin^2 \alpha \cdot l \cdot \sin \psi \cdot \mathrm{d}\psi \cdot \mathrm{d}l$$

$$A_2 \propto \iint \mathrm{d}A_2 = \sigma_y \sin^2 \alpha \cdot \int_0^{\frac{\pi}{2}} \sin \psi \mathrm{d}\psi \int_0^{l_0} l \mathrm{d}l = \sigma_y a_0^2 \tag{2.78}$$

同理,截割径向力与侧向力的关系为

$$\mathrm{d}P_2 = \mathrm{d}X_0 \cdot \cos \psi \cdot \cos \alpha = \sigma_y \cdot \sin \alpha \cdot \cos \alpha \cdot l \cdot \cos \psi \cdot \mathrm{d}\psi \cdot \mathrm{d}l \tag{2.79}$$

当 $\beta_0 > \alpha$ 时,

$$P_2 \propto \iint \mathrm{d}P_2 = \sigma_y \cdot \sin \alpha \cdot \cos \alpha \int_0^{\frac{\pi}{2}} \cdot \cos \psi \cdot \mathrm{d}\psi \int_0^{l_0} l \cdot \mathrm{d}l$$

$$= \sigma_y \cdot \sin \alpha \cdot \cos \alpha \cdot \frac{a_0^2}{2} \cdot \frac{1}{\sin \alpha^2}$$

$$= \frac{a_0^2 \sigma_y}{2 \tan \alpha}$$

当 $\beta_0 = 0$ 时,上下对称,故

$$P_2 \propto \iint \mathrm{d}P_2 = \sigma_y \cdot \sin \alpha \cdot \cos \alpha \int_0^{\pi} \cdot \cos \psi \cdot \mathrm{d}\psi \int_0^{l_0} l \cdot \mathrm{d}l = 0$$

2. $\theta \neq 0$ 与 $h_1 = h_2$ 的截割三向载荷模型

当 $\theta \neq 0$、$h_1 = h_2$ 时,截齿齿尖作用圆发生变化,如图 2.26 所示。由图 2.26 的几何关

系,可求出 a_0 的等效值 $a_0\{a_1,a_2\}$。

由图 2.26 可见,a_1、a'_1、a''_1 与 a_2、a'_2、a''_2 的
关系分别为

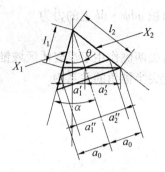

图 2.26　轴向倾斜齿尖状态

$$a_1 = \frac{a''_1 \cos \alpha}{\cos(\alpha - \theta)}$$

$$a''_1 = a''_2$$

$$a'_2 = \frac{a_0}{\cos \theta}$$

$$a''_2 = a_0(1 - \tan \theta \tan \alpha)$$

$$a_1 = \frac{a'_1 + a''_1}{2}$$

$$a_2 = \frac{a'_2 + a''_2}{2}$$

即

$$a_1 = \frac{a_0}{2}(1 - \tan \theta \tan \alpha)\left(1 + \frac{\cos \alpha}{\cos(\alpha - \theta)}\right)$$

$$a_2 = \frac{a_0}{2}\left(\frac{1}{\cos \theta} + 1 - \tan \theta \tan \alpha\right)$$

故由式(2.77)可得截齿两侧侧向力为

$$X_1 \propto \frac{1}{2}\sigma_y a_1^2 \frac{\cos \alpha}{\sin \alpha}$$

$$X_2 \propto \frac{1}{2}\sigma_y a_2^2 \frac{\cos \alpha}{\sin \alpha}$$

则侧向力合力为

$$X = X_2 - X_1 \propto \sigma_y \frac{\cos \alpha}{\sin \alpha} \cdot \frac{a_0^2}{4} \cdot \left[k\left(\frac{1}{\cos \theta} + 1 - \tan \theta \tan \alpha\right)^2 - \right.$$

$$\left. (1 - \tan \theta \tan \alpha)^2\left(1 + \frac{\cos \alpha}{\cos(\alpha - \theta)}\right)^2\right] \tag{2.80}$$

计算轴向力和径向力等效值 $a_0\{a_1,a_2\}$ 时,$a_1 = \frac{a_0}{2}\left[1 + \frac{\cos \alpha}{\cos(\alpha + \theta)}\right]$,$a_2 = \frac{a_0}{2}\left[1 + \frac{\cos \alpha}{\cos(\alpha - \theta)}\right]$。

故由式(2.78)可得截齿两侧轴向力为

$$A_1 \propto \frac{1}{2}\sigma_y a_1^2$$

$$A_2 \propto \frac{1}{2}\sigma_y a_2^2$$

则轴向力合力为

$$A = A_2 + A_1 \propto \frac{1}{4} \cdot \sigma_y \cdot a_0^2 \cdot \left[k'\left(1 + \frac{\cos \alpha}{\cos(\alpha + \theta)}\right)^2 + \left(1 + \frac{\cos \alpha}{\cos(\alpha - \theta)}\right)^2\right]$$

$$\tag{2.81}$$

故由式(2.79)可得截齿两侧径向力:当 $\theta > 0, \beta_0 > 0$,通常 $\beta_0 > \alpha$ 时,有

$$P_2 \propto \frac{1}{2}\iint \mathrm{d}P_2 = \sigma_y \cdot \sin\alpha \cdot \cos\alpha \int_0^{\frac{\pi}{2}} \cdot \cos\psi \cdot \mathrm{d}\psi \cdot \int_0^{l_0} l \cdot \mathrm{d}l$$

$$= \frac{1}{2}\sigma_y a_2^2 \frac{\cos\alpha}{\sin\alpha}$$

$$P_1 = \frac{1}{2}\sigma_y a_1^2 \frac{\cos\alpha}{\sin\alpha}$$

则径向力合力为

$$P = P_2 + P_1 \propto \frac{1}{8}\sigma_y \cdot a_0^2 \cdot \cos\alpha \left[k''\left(1 + \frac{\cos\alpha}{\cos(\alpha+\theta)}\right)^2 + \left(1 + \frac{\cos\alpha}{\cos(\alpha-\theta)}\right)^2 \right] \tag{2.82}$$

3. $\theta = 0$、$h_1 = h_2 = h_0$ 和 $\beta_0 > 0$ 的截割三向载荷模型

在实验条件下,当考虑到 $\beta_0 > 0$ 时,则有等效的作用圆,$a_{\beta_0} = a_0/\cos\beta_0$,$a_{\beta_0}$ 与 β_0 的大小有关,β_0 增大 a_0 增大,$a_{\beta_0} < r$(截齿硬质合金头直径) 则:

侧向力为

$$X \propto \frac{\sigma_y \cdot \cos\alpha \cdot a_0^2}{8\sin\alpha\cos^2\beta_0} \left[k\left(\frac{1}{\cos\theta} + 1 - \tan\theta\tan\alpha\right)^2 - \right.$$

$$\left. (1 - \tan\theta\tan\alpha)^2 \left(1 + \frac{\cos\alpha}{\cos(\alpha-\theta)}\right)^2 \right] \tag{2.83}$$

轴向力为

$$A \propto \frac{\sigma_y \cdot a_0^2}{8\cos^2\beta_0} \left[k'\left(1 + \frac{\cos\alpha}{\cos(\alpha+\theta)}\right)^2 + \left(1 + \frac{\cos\alpha}{\cos(\alpha-\theta)}\right)^2 \right] \tag{2.84}$$

径向力为

$$P \propto \frac{\sigma_y \cdot k^2 a_0^2 \cdot \cos\alpha}{8\sin\alpha\cos^2\beta_0} \left[k''\left(1 + \frac{\cos\alpha}{\cos(\alpha+\theta)}\right)^2 + \left(1 + \frac{\cos\alpha}{\cos(\alpha-\theta)}\right)^2 \right] \tag{2.85}$$

4. $\theta \neq 0$ 与 $h_1 \neq h_2$ 的截割三向载荷模型

当 $\theta \neq 0$、$h_1 \neq h_2$ 时,通过实验分析,三向载荷与截割阻抗 $A(\sigma_y)$ 成正比,与切削厚度基本成正比,由此,得截割三向载荷的一般形式:

侧向力为

$$X \propto \frac{\sigma_y \cdot \cos\alpha \cdot a_0^2}{8\sin\alpha\cos^2\beta_0} \left[k\left(\frac{1}{\cos\theta} + 1 - \tan\theta\tan\alpha\right)^2 \frac{h_2}{h_0} - \right.$$

$$\left. (1 - \tan\theta\tan\alpha)^2 \left(1 + \frac{\cos\alpha}{\cos(\alpha-\theta)}\right)^2 \frac{h_1}{h_0} \right] \tag{2.86}$$

轴向力为

$$A \propto \frac{\sigma_y \cdot a_0^2}{8\cos^2\beta_0} \left[k'\left(1 + \frac{\cos\alpha}{\cos(\alpha+\theta)}\right)^2 \frac{h_2}{h_0} + \left(1 + \frac{\cos\alpha}{\cos(\alpha-\theta)}\right)^2 \frac{h_1}{h_0} \right] \tag{2.87}$$

径向力为

$$P \propto \frac{\sigma_y \cdot a_0^2 \cdot \cos \alpha}{8 \sin \alpha \cos^2 \beta_0} \left[k'' \left(1 + \frac{\cos \alpha}{\cos (\alpha + \theta)} \right)^2 \frac{h_2}{h_0} + \left(1 + \frac{\cos \alpha}{\cos (\alpha - \theta)} \right)^2 \frac{h_1}{h_0} \right]$$

$$(2.88)$$

2.4.3　附加碾挤压作用的三向载荷

当 $\theta > \varphi_2 - \alpha'$ 时,如图 2.27 所示,附加碾挤压力 $\varphi_\sigma(\theta)$ 的大小来源于截齿硬质合金刀头锥面线与煤岩崩落截槽产生重叠挤压结果,由于存在挤压效应,必存在摩擦阻力,$\varphi_\sigma(\theta)$ 与重叠面积 S、煤岩抗压强度 σ_y 成正比,则

$$\varphi_\sigma(\theta) = \sigma_y \cdot S$$

式中　　S—— 齿尖锥体与崩裂槽重叠面积,$S \approx 0.5 L_z^2 (\alpha' + \theta - \varphi_2)$,$m^2$。

由于截齿锥面与截槽面产生挤压,且方向与截齿楔入煤岩的线速度方向相反,假设不考虑摩擦力,且令挤压形成的径向挤压力和侧向挤压力相等,即 $X_S = X_r$,则

$$X_S^2 + X_r^2 = \varphi_\sigma^2(\theta)$$

$$X_S = \frac{1}{2\sqrt{2}} L_z^2 (\alpha' + \theta - \varphi_2) \cdot \sigma_y$$

垂直截齿轴线方向的侧向力为

$$X_\sigma = X_S \cos \alpha$$

即

$$X_\sigma \propto \frac{\sigma_y}{2\sqrt{2}} L_z^2 (\alpha' + \theta - \varphi_2) \cos \alpha$$

$$(2.89)$$

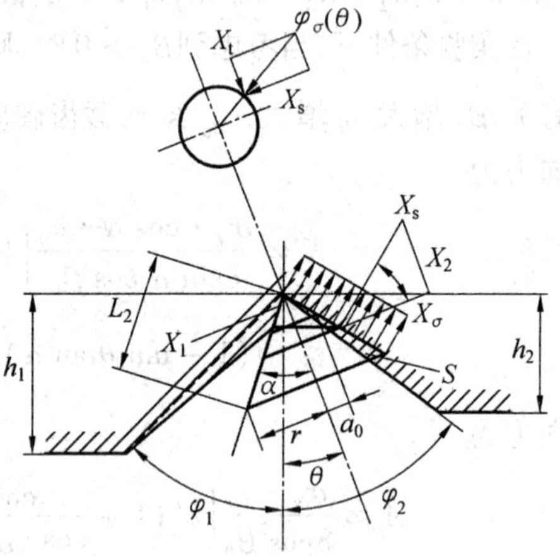

图 2.27　附加侧向力

同理,考虑摩擦因素 f,可得附加轴向力为

$$A_\sigma \approx X \sin \alpha + X_S f \sin \alpha$$

即

$$A_\sigma = \frac{\sigma_y}{2\sqrt{2}} L_z^2 (\alpha' + \theta - \varphi_2) (1 + f) \sin \alpha \qquad (2.90)$$

同理,可得附加径向力:考虑摩擦因数 f,且 $X_r = X_S$,则有

$$P_\sigma \propto X_r \cdot \cos \alpha + f \cdot X_S \cdot \cos \alpha = \frac{\sigma_y}{2\sqrt{2}} L_z^2 (\alpha' + \theta - \varphi_2) (f + 1) \cos \alpha \qquad (2.91)$$

附加三向载荷方向指向截齿倾斜方向,θ 越小,φ 越大,α' 越小,则附加侧向力越小。

截齿总侧向力由两部分构成,截割侧向力和碾挤压附加侧向力,在特定条件下叠加则有侧向力。当 $\theta \leqslant \varphi_2 - \alpha'$ 时,如式(2.86) ~ (2.88),当 $\theta > \varphi_2 - \alpha'$,由式

（2.89）～（2.91）分别可得侧向力、轴向力和径向力：

侧向力为

$$
X \propto \frac{\sigma_y \cdot \cos \alpha \cdot a_0^2}{8 \sin \alpha \cos^2 \beta_0} \Big[k \Big(\frac{1}{\cos \theta} + 1 - \tan \theta \tan \alpha \Big)^2 \frac{h_2}{h_0} -
$$

$$
\Big(1 - \tan \theta \tan \alpha \Big)^2 \Big(1 + \frac{\cos \alpha}{\cos(\alpha - \theta)} \Big)^2 \frac{h_1}{h_0} \Big] +
$$

$$
\frac{\sigma_y}{2\sqrt{2}} L_z^2 (\alpha' + \theta - \varphi_2) \cos \alpha \tag{2.92}
$$

轴向力为

$$
A \propto \frac{\sigma_y \cdot a_0^2}{8 \cos^2 \beta_0} \Big[k' \Big(1 + \frac{\cos \alpha}{\cos(\alpha + \theta)} \Big)^2 \frac{h_2}{h_0} + \Big(1 + \frac{\cos \alpha}{\cos(\alpha - \theta)} \Big)^2 \frac{h_1}{h_0} \Big] +
$$

$$
\frac{\sigma_y}{2\sqrt{2}} L_z^2 (\alpha' + \theta - \varphi_2)(1 + f) \sin \alpha \tag{2.93}
$$

径向力为

$$
P \propto \frac{\sigma_y \cdot a_0^2 \cdot \cos \alpha}{8 \cos^2 \beta_0 \sin \alpha} \Big[k'' \Big(1 + \frac{\cos \alpha}{\cos(\alpha + \theta)} \Big)^2 \frac{h_2}{h_0} + \Big(1 + \frac{\cos \alpha}{\cos(\alpha - \theta)} \Big)^2 \frac{h_1}{h_0} \Big] +
$$

$$
\frac{\sigma_y}{2\sqrt{2}} L_z^2 (\alpha' + \theta - \varphi_2)(f + 1) \cos \alpha \tag{2.94}
$$

2.4.4　不同截割状态的三向载荷模型

$\sigma_y \cdot r^2$ 反映了截割力大小，研究结果表明[6] 截割力与截割阻抗和齿尖当量接触面积成正比，令 $\sigma_y \cdot r^2 \approx K_A \cdot A$，并令 $a_0 = K \cdot r$，$K < 1$，而 $L_z = r/\sin \alpha$，其中，K_A、K'_A、K''_A、K、K'、K'' 可根据在实验条件下，得到的截割载荷谱进行确定。其各关系代入式（2.92）～（2.94）中，可得：

侧向力为

$$
X = \begin{cases}
\dfrac{AK_A}{8\tan \alpha} \dfrac{K^2}{\cos^2 \beta_0} \Big[k \Big(\dfrac{1}{\cos \theta} + 1 - \tan \theta \tan \alpha \Big)^2 \dfrac{h_2}{h_0} - \\
\quad \Big(1 - \tan \theta \tan \alpha \Big)^2 \Big(1 + \dfrac{\cos \alpha}{\cos(\alpha - \theta)} \Big)^2 \dfrac{h_1}{h_0} \Big], \quad \theta \leqslant \varphi_2 - \alpha' \\[4mm]
\dfrac{AK_A}{2\tan \alpha} \Big\{ \dfrac{K^2}{4\cos^2 \beta_0} \Big[k \Big(\dfrac{1}{\cos \theta} + 1 - \tan \theta \tan \alpha \Big)^2 \dfrac{h_2}{h_0} - \\
\quad \Big(1 - \tan \theta \tan \alpha \Big)^2 \Big(1 + \dfrac{\cos \alpha}{\cos(\alpha - \theta)} \Big)^2 \dfrac{h_1}{h_0} \Big] + \dfrac{\alpha' + \theta - \varphi_2}{\sqrt{2} \sin \alpha} \Big\}, \quad \theta > \varphi_2 - \alpha'
\end{cases} \tag{2.95}
$$

轴向力为

$$A = \begin{cases} \dfrac{AK'_A K'^2}{8\cos^2\beta_0}\left[k'\left(1+\dfrac{\cos\alpha}{\cos(\alpha+\theta)}\right)^2\dfrac{h_2}{h_0}+\left(1+\dfrac{\cos\alpha}{\cos(\alpha-\theta)}\right)^2\dfrac{h_1}{h_0}\right], & \theta \leqslant \varphi_2 - \alpha' \\[3mm] \dfrac{AK'_A}{2}\left\{\dfrac{K'^2}{4\cos^2\beta_0}\left[k'\left(1+\dfrac{\cos\alpha}{\cos(\alpha+\theta)}\right)^2\dfrac{h_2}{h_0}+\left(1+\dfrac{\cos\alpha}{\cos(\alpha-\theta)}\right)^2\dfrac{h_1}{h_0}\right] + \right. \\[3mm] \left. \dfrac{\alpha'+\theta-\varphi_2}{\sqrt{2}\sin\alpha}\right\}, & \theta > \varphi_2 - \alpha' \end{cases}$$

(2.96)

径向力为

$$P = \begin{cases} \dfrac{AK''_A}{8}\dfrac{\cos\alpha K''^2}{\cos^2\beta_0}\left[k''\left(1+\dfrac{\cos\alpha}{\cos(\alpha+\theta)}\right)^2\dfrac{h_2}{h_0}+\left(1+\dfrac{\cos\alpha}{\cos(\alpha-\theta)}\right)^2\dfrac{h_1}{h_0}\right], & \theta \leqslant \varphi_2 - \alpha' \\[3mm] \dfrac{AK''_A\cos\alpha}{2\sin\alpha}\left\{\dfrac{K''^2}{4\cos^2\beta_0}\left[k''\left(1+\dfrac{\cos\alpha}{\cos(\alpha+\theta)}\right)^2\dfrac{h_2}{h_0}+\left(1+\dfrac{\cos\alpha}{\cos(\alpha-\theta)}\right)^2\dfrac{h_1}{h_0}\right] + \right. \\[3mm] \left. \dfrac{\alpha'+\theta-\varphi_2}{\sqrt{2}\sin\alpha}(f+1)\right\}, & \theta > \varphi_2 - \alpha' \end{cases}$$

(2.97)

本书中将在第 7 章根据实验载荷谱,确定 K_A、K'_A、K''_A、K'、K 和 K'',以及 k、k' 和 k'',并给出侧向力 X、轴向力 A 和径向力 P 的求解方法。

第3章　镐形截齿截割煤岩的数值模拟

截齿的工况比较复杂,其受截割阻力、推进阻力和侧向力三向随机波动载荷,为了使截齿高效破碎煤岩,避免齿体和齿座参与截割,截齿在安装过程中需要选择合适的角度。本章采用数值模拟的方法通过合理地选择参数,获取截齿截割煤岩过程中截齿的截割阻力及相关的力学参数,利用 ABAQUS 软件模拟不同工况下截齿截割煤岩的动态过程,获得不同工作和结构参数对截齿截割性能的影响。

3.1　煤岩的本构模型

3.1.1　弹性本构模型

采用线弹性模型给出空间的表达函数,应变分量为 ε_x、ε_y、ε_z、γ_{yz}、γ_{zx}、γ_{xy},应力分量为 σ_x、σ_y、σ_z、$\tau_{yz} = \tau_{zy}$、$\tau_{zx} = \tau_{xz}$、$\tau_{xy} = \tau_{yx}$,位移分量为 μ、υ、w。

本构方程

$$\left.\begin{aligned}
\varepsilon_x &= \frac{1}{E}\left[\sigma_x - \upsilon(\sigma_y + \sigma_z)\right] \\
\varepsilon_y &= \frac{1}{E}\left[\sigma_y - \upsilon(\sigma_z + \sigma_x)\right] \\
\varepsilon_z &= \frac{1}{E}\left[\sigma_z - \upsilon(\sigma_x + \sigma_y)\right] \\
\gamma_{yz} &= \frac{2(1+\upsilon)}{E}\tau_{yz} \\
\gamma_{zx} &= \frac{2(1+\upsilon)}{E}\tau_{zx} \\
\gamma_{xy} &= \frac{2(1+\upsilon)}{E}\tau_{xy}
\end{aligned}\right\} \tag{3.1}$$

平衡微分方程

$$\left.\begin{aligned}
\frac{\partial \sigma_x}{\partial x} + \frac{\partial \tau_{yx}}{\partial y} + \frac{\partial \tau_{zx}}{\partial z} + X &= 0 \\
\frac{\partial \sigma_y}{\partial y} + \frac{\partial \tau_{zy}}{\partial z} + \frac{\partial \tau_{xy}}{\partial x} + Y &= 0 \\
\frac{\partial \sigma_z}{\partial z} + \frac{\partial \tau_{xz}}{\partial x} + \frac{\partial \tau_{yz}}{\partial y} + Z &= 0
\end{aligned}\right\} \tag{3.2}$$

几何方程

$$\left.\begin{array}{l}\varepsilon_x = \dfrac{\partial u}{\partial x}, \quad \varepsilon_y = \dfrac{\partial v}{\partial y}, \quad \varepsilon_z = \dfrac{\partial w}{\partial z} \\[3mm] \gamma_{yz} = \dfrac{\partial w}{\partial y} + \dfrac{\partial v}{\partial z}, \quad \gamma_{zx} = \dfrac{\partial u}{\partial z} + \dfrac{\partial w}{\partial x}, \quad \gamma_{yz} = \dfrac{\partial v}{\partial x} + \dfrac{\partial u}{\partial y}\end{array}\right\} \qquad (3.3)$$

3.1.2 塑性本构模型

根据镐形截齿破碎煤岩的方式,以煤岩的结构特征、力学性能为基础,建立扩展的线性 Drucker – Prager 塑性本构模拟煤岩。

1. 屈服准则

当满足如图 3.1 所示的应力条件时,煤岩进入塑性阶段。

屈服条件为

$$F_q = \tau_0 - \sigma \tan\beta_m - d = 0 \qquad (3.4)$$

$$\tau = \frac{q_d}{2}\left[1 + \frac{1}{K_b} - \left(1 - \frac{1}{K_b}\right)\left(\frac{r_p}{q_d}\right)^3\right] \qquad (3.5)$$

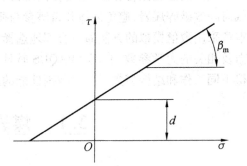

图 3.1 $\sigma - \tau$ 关系曲线

式中 β_m——σ 和 τ 面上的斜率,通常指内摩擦角,(°);

     K_b—— 三轴拉／压实验中的屈服应力比;

     q_d——Mises 等效应力,MPa;

     r_p—— 偏应力第三不变量,MPa;

     d—— 黏聚力,MPa;

     τ_0—— 抗剪强度,MPa。

扩展的线性 Drucker – Prager 模型在 π 平面上的屈服面不是圆形,如图 3.2 所示。 当 $K_b = 1$、$t_p = q$ 时,π 平面中屈服面为 Mises 圆,三轴拉／压屈服应力相等。 由于实际工况下的屈服面向外凸,故 $0.778 \leqslant K_b \leqslant 1.0$, 单 轴 压 缩 条 件 下,$d = (1 - \tan\beta_m/3)\sigma_c$,其中 σ_c 为单轴压缩屈服应力。

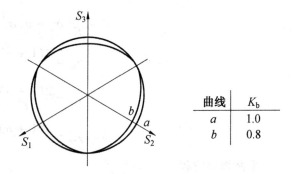

曲线	K_b
a	1.0
b	0.8

图 3.2   线性 Drucker – Prager 模型
在 π 平面上的屈服面

2. 硬化准则

煤岩屈服后,应变继续增加,其进展规律即为硬化准则所描述的内容,包含等向硬化准则和随动硬化准则。等向硬化是指屈服面以塑性功为基础进行幅值调整和扩张,随动硬化是假设屈服面幅值不变,方向改变[39]。

扩展线性 Drucker – Prager 模型以等向硬化准则为基础,发展规律由等效应力 $\bar{\sigma}$ 确定。单轴压缩屈服应力定义硬化时,$\bar{\sigma} = \sigma_c(\bar{\varepsilon}^{pl}, \dot{\bar{\varepsilon}}^{pl})$,$\dot{\bar{\varepsilon}}^{pl}$ 为等效塑性应变率;$\dot{\bar{\varepsilon}}^{pl} = |\dot{\varepsilon}_{11}^{pl}|$,$\bar{\varepsilon}^{pl}$ 为等效塑性应变,$\bar{\varepsilon}^{pl} = \int_0^1 \dot{\bar{\varepsilon}}^{pl} dt$。

3. 流动准则

塑性应变的方向由流动准则描述,定义了单个塑性应变分量的发展规律,包括相关流动准则和不相关流动准则。

建立应变增量与应力增量间的关系,假定应变可表示为

$$d\varepsilon_{ij} = d\varepsilon_{ij}^e + \varepsilon_{ij}^p \tag{3.6}$$

则塑性流动法则的表达式为

$$d\varepsilon_{ij}^p = \lambda \frac{\partial Q_h}{\partial \sigma_{ij}} \tag{3.7}$$

式中　　λ——待定量,取正值;

　　　　Q_h——塑性应变和应力状态的函数。

线性 Drucker – Prager 模型塑性流动准则可表述为

$$d\varepsilon^{pl} = \frac{d\bar{\varepsilon}^{pl}}{c} \frac{\partial G}{\partial \sigma} \tag{3.8}$$

单轴压缩实验确定硬化模型:$c = \left(1 - \frac{1}{3}\tan \psi_p\right)$,$d\bar{\varepsilon}^{pl} = |d\varepsilon_{11}^{pl}|$。

式中　　G——塑性势函数,$G = \tau - \sigma \tan \psi_p$;

　　　　ψ_p——σ 和 τ 面的膨胀角,(°),ψ_p 的定义如图 3.3 所示。

对于煤岩材料采用不相关流动法则,假定非塑性流与 π 平面内的屈服面垂直,并与 τ 轴成 ψ_p 角,$\psi_p > 0$ 时,材料产生膨胀现象。

3.1.3　煤岩的破坏准则

煤岩破坏主要是剪切破坏,煤岩强度是黏结力与摩擦力之和[40],其中黏结力是由煤岩自身抗剪切摩擦产生,摩擦力是由剪切面上法向力产生。

平面剪切强度准则可表示为

$$|\tau| = d + \tan \beta_m \tag{3.9}$$

式中　　τ——剪切面上的剪切力,MPa。

1. 初始破坏准则

假定 $\bar{\varepsilon}_s^{pl}(\theta_s, \dot{\bar{\varepsilon}}^{pl})$ 是与剪切应力率 θ_s 和塑性应变率 $\dot{\bar{\varepsilon}}^{pl}$ 相关的函数,则

$$\theta_s = (q_d + k_s p)/\tau_{max} \tag{3.10}$$

式中　　τ_{max}——最大剪应力,MPa;

　　　　k_s——材料参数。

当满足下式时,煤岩材料开始破坏:

$$\omega_s = \int \frac{d\bar{\varepsilon}^{pl}}{\bar{\varepsilon}_s^{pl}(\theta_s, \dot{\bar{\varepsilon}}^{pl})} = 1 \tag{3.11}$$

式中　ω_s——状态变量。

2. 破坏进展准则

煤岩的破碎演化是能量累积的过程,演化过程中,煤岩材料硬度的降低导致破碎,如图 3.4 所示,煤岩破坏形式主要表现为屈服应力软化和弹性下降。图 3.4 中 σ_{y0} 为初始屈服应力,$\bar{\varepsilon}_0^{pl}$、$\bar{\varepsilon}_f^{pl}$ 分别为初始破坏应变及破坏终止应变,D 为整体破坏变量。

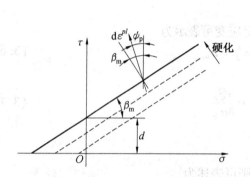

图 3.3　$\sigma - \tau$ 面上硬化和塑性流动　　图 3.4　破碎过程中煤岩的应力 - 应变关系

破坏进展准则由等效应变位移 $\bar{u}^{pl}$ 和破碎耗散能 G_f 来确定。定义与积分点有关的长度指标 L,破碎能量 G_f 可表示为

$$G_f = \int_{\bar{\varepsilon}_0^{pl}}^{\bar{\varepsilon}_f^{pl}} L\sigma_y \, \dot{\bar{\varepsilon}}^{pl} = \int_0^{\bar{u}_f^{pl}} \sigma_y \, \dot{\bar{u}}^{pl} \tag{3.12}$$

式中　$\bar{u}^{pl}$——塑性位移等效值,初始 $\dot{\bar{u}}^{pl} = 0$,破碎后 $\dot{\bar{u}}^{pl} = L\dot{\bar{\varepsilon}}^{pl}$;

　　　L——单元长度,值为积分点体积的立方根。

初始破坏准则与进展破坏准则相对应,用 $\bar{u}^{pl}$ 或 G_f 来表征,均需考虑 L,因为 L 与最终释放的网格单元密切相关。

3. 塑性位移

初始破碎时,$\bar{u}^{pl}$ 满足

$$\dot{\bar{u}}^{pl} = L\dot{\bar{\varepsilon}}^{pl} \tag{3.13}$$

塑性位移量与进展破坏量间的关系有列表形式、线性形式和指数形式,如图 3.5 所示。

塑性位移等效值的列表形式函数为 $s = s(\bar{u}^{pl})$。给定完全破碎时的 $\bar{u}_f^{pl}$,则线性形式破坏变量的增加函数为 $\dot{s} = L\dot{\bar{\varepsilon}}^{pl}/\bar{u}_f^{pl} = \dot{\bar{u}}^{pl}/\bar{u}_f^{pl}$,当 $\bar{u}^{pl} = \bar{u}$ 时,$s = 1$,此时材料硬度最低,给定完全破碎时的 $\bar{u}_f^{pl}$ 和指数 α_z,则指数形式破坏变量为

$$s = \frac{1 - e^{-\alpha_z(\bar{u}^{pl}/\bar{u}_f^{pl})}}{1 - e^{-\alpha_z}}$$

4. 能量耗散效应

设消耗单位区域所需的破碎能为 G_f,则

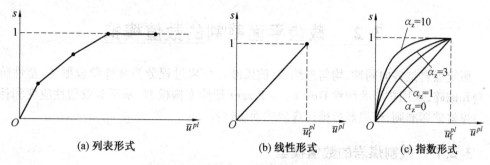

图 3.5   塑性位移与进展破坏量的关系

$$G_f = \frac{W(K_y - 1)}{VK_y} \tag{3.14}$$

式中 K_y—— 塑性参数;

　　　　W—— 破碎功,mJ;

　　　　V—— 破碎体积,mm^3。

线性形式的表达式为

$$\dot{s} = L \, \dot{\bar{\varepsilon}}^{pl} / \bar{u}_f^{pl} = \dot{\bar{u}}^{pl} / \bar{u}_f^{pl} \tag{3.15}$$

完全破碎时的等效塑性位移为

$$\bar{u}_f^{pl} = 2G_f / \sigma_{y0}$$

指数形式如图 3.6 所示。

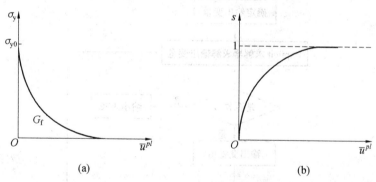

图 3.6   能量耗散破坏准则指数形式

令指数破坏进展变量为

$$s = 1 - \exp\left(- \int_0^{\bar{u}^{pl}} \frac{\bar{\sigma}_y \, \dot{\bar{u}}^{pl}}{G_f} \right) \tag{3.16}$$

破坏过程中的能量耗散为 G_f,如图 3.6(a) 所示。理论上,当 $\bar{u}^{pl}$ 无限增大时,s 趋近于 1,如图 3.6(b) 所示。通过指定上限值 D_{max} 可控制单元失效,选择删除单元,达 D_{max} 的煤岩硬度消失从而被破坏。

3.2　截齿平面截割的数值模拟

假定煤岩是各向同性、均匀连续的,截齿破碎煤岩过程分为弹性阶段形变、塑性阶段形变和破碎,采用扩展的线性 Drucker – Prager 塑性本构模型,基于等效塑性应变和耗散能的煤岩破坏准则,模拟截齿破碎煤岩的动态过程。

3.2.1　截割煤岩的数值模型

根据煤岩力学、煤岩破碎学及有限元理论[41],采用 ABAQUS/Explicit 研究截齿截割煤岩过程的力学特性,分析过程包括前处理、分析计算和后处理三部分,数值模拟流程如图 3.7 所示。

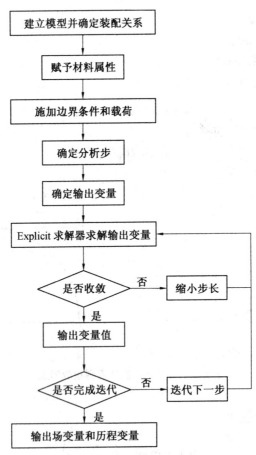

图 3.7　数值模拟流程

1. 模型的建立

截齿的硬质合金刀头由碳化钨和钴合成,硬度较高且耐磨性强,能经受高冲击负载。在 Pro/E 5.0 中建立截齿的三维实体模型,保存为.stp 格式而后导入 ABAQUS。截齿总长度为 154 mm,合金头直径为 18 mm,大端直径为 50 mm,齿体直径为 30 mm,锥角为 70°～

76°。在 Part 模块中切分截齿模型,Property 模块中分别赋予硬质合金头和齿体不同的材料属性:齿体材料为 42CrMo 钢,密度为 7 800 kg/m³,泊松比为 0.3,弹性模量为 207 GPa;合金头材料为 YG11C,密度为 14 600 kg/m³,泊松比为 0.22,弹性模量为 600 GPa,ABAQUS 中建立截齿有限元模型[42],如图 3.8 所示。

在 ABAQUS/CAE 中建立煤岩模型,截面长 200 mm,宽 130 mm,厚 100 mm。将与截齿相作用区域的煤岩进行分割,划分出 50 mm × 130 mm × 50 mm 的立方体,以便进行局部加密种子得到细化的网格。煤岩材料密度为 1 500 kg/m³,弹性模量为 1 400 MPa,泊松比为 0.3,抗压强度为 20 MPa,三维模型如图 3.9 所示。

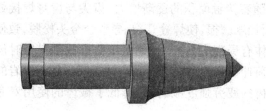   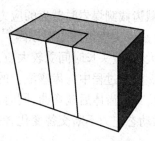

图 3.8　截齿有限元模型　　　　　　　图 3.9　煤岩有限元三维模型

2. 模型参数的设定

在 Assembly 装配模块中,创建截齿、煤岩的非独立部件实体,采用 Translate 命令定位截齿与煤岩,使截齿的切削厚度为 15 mm,运用 Rotate 命令旋转截齿使其安装角为 40° ~ 45°。在 Step 分析步模块中建立 2.65 s 的显式分析步,设置相应的场变量和历程变量。在 Interaction 接触模块中将滚筒中心点与齿座相接触的齿体面进行耦合约束,在 Load 载荷模块中设置固定煤岩的边界条件,仅留截齿截割煤岩时的自由面,同时约束截齿的转动自由度,以及沿 Y/Z 轴平移的自由度,给定截齿水平方向的截割速度为 50 mm/s。以指定边单元数目的方式,对截齿合金头和相接触的煤岩进行种子加密,通过扫略和结构化网格划分技术对截齿与煤岩划分单元类型为 C3D8R 的六面体网格,有限元模型如图 3.10 所示。

图 3.10　截齿直线截割煤岩的有限元模型

根据截齿安装角和齿尖锥角不同,建立四种有限元模型,以截割时截齿所受三向载荷截割阻力 P_z、推进阻力 P_y 和侧向阻力 X_o 大小的影响为标准研究截齿的截割性能,其中截割阻力、推进阻力和侧向阻力是与滚筒上截齿实际所受载荷的性质一致的,而 2.4 节中的侧向力、径向力和轴向力是截齿在实验室测的其与滚筒实际工况的受力存在一定的转换关系,在 7.4 节中进行了阐述。截齿结构参数见表 3.1。

表 3.1　截齿结构参数

编号	长度 /mm	合金头直径 /mm	$\theta_1/(°)$	$\beta/(°)$	齿柄直径 /mm
No. 1	154	18	70	40	30
No. 2	154	18	70	45	30
No. 3	154	18	76	40	30
No. 4	154	18	76	45	30

3.2.2　数值模拟分析

镐形截齿截割煤岩时截齿的应力云图如图 3.11 所示。截割瞬间合金头顶端产生应力集中,这是齿尖磨钝的主要原因[43]。随着接触面积的逐渐增大,齿尖与齿身焊接处应力明显增大,合金头长时间受较大应力而加剧磨损,使焊缝开裂,导致合金头松脱,致使合金头丢失。截割过程中与齿座配合的齿体有局部应力产生,是由于截齿截割煤岩时齿尖受波动载荷致使齿体后端弯曲,同时,载荷冲击强烈可能会导致齿体折断。随着煤岩的崩落,截齿的动态应力不断交替变化,使截齿的疲劳强度减弱,故降低了截齿的使用寿命和可靠性。

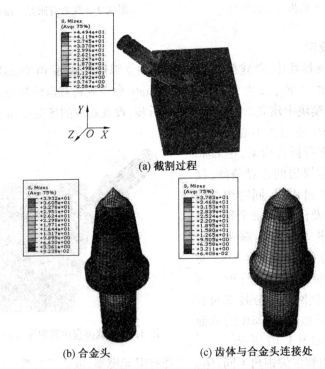

(a) 截割过程

(b) 合金头　　　　　　(c) 齿体与合金头连接处

图 3.11　截齿截割煤岩时截齿的应力云图

3.2.3　数值模拟与理论值的对比

在以齿尖建立三维坐标系中,以输出截齿的三向载荷来反映截齿受载情况,其中截割阻力沿截尖运动轨迹的切线方向,推进阻力沿齿尖运动轨迹的法线方向,侧向力则沿截槽横截面方向,截割煤岩过程的三向载荷谱(截齿参数与表3.1对应) 可按照式(2.37)计算求得理论截割阻力,如图 3.12 所示。

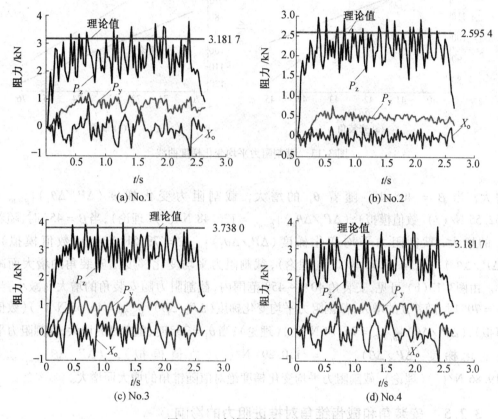

图 3.12　直线截割的三向载荷谱

　　从图 3.12 可以看出,截齿截割煤岩过程中的三向载荷均呈现出不规则的波动变化趋势,截割阻力波动较为剧烈,呈现一定的随机性。截割阻力 Z 的变化频率与煤岩的崩落频率相一致,随着煤岩的剥落,截割阻力突然减小,截齿继续进给,截割阻力又增大,直到又发生小块煤岩剥落,又使截割阻力下降。截割阻力的增大减小是重复交替出现的,与截齿的几何形状、煤岩性质及切削厚度有关。侧向阻力 X 沿 y 轴正、负半轴波动,这是由于截齿侧面与煤岩接触时发生强烈挤压,两侧煤岩不同时崩落,使截齿两侧受力不等,产生侧向阻力差值及方向交变现象。截割阻力峰值点的平均值与理论模型分析计算所得的截割阻力值进行比较,数值模拟值与理论计算值有较好的吻合度,误差精度在 10% 以内。

3.2.4　安装角和截齿锥角对截割阻力的影响

　　为获得安装角 β 和截齿锥角 θ_1 对截割阻力 P_z 的影响规律,引入截割阻力平均变化梯度 $\eta_1 = \Delta P_z / \Delta \beta$ 和 $\eta_2 = \Delta P_z / \Delta \theta_1$,理论和数值模拟结果如图 3.13 所示。

　　由图 3.13(a)可见,截齿锥角 $\theta_1(2\alpha)$ 在 70° ~ 76° 范围内,截割阻力随锥角的增大而

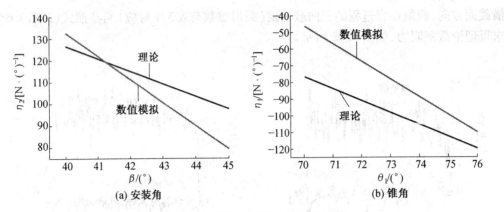

图 3.13　截割阻力平均变化梯度曲线

增大，当 $\beta = 40°$ 时，随着 θ_1 的增大，截割阻力变化梯度 $(\Delta P_z / \Delta \theta_1)|_{\beta=40°} =$
132.55 N/(°)（数值模拟），$(\Delta P_z / \Delta \theta_1)|_{\beta=40°} = 126.48$ N/(°)（理论）；当 $\beta = 45°$ 时，随着
θ_1 的增大，截割阻力平均变化梯度 $(\Delta P_z / \Delta \theta_1)|_{\beta=45°} = 79.51$ N/(°)（数值模拟），
$(\Delta P_z / \Delta \theta_1)|_{\beta=45°} = 97.72$ N/(°)（理论），截割阻力平均变化梯度随安装角的增大而减
小。由图3.13(b)可见，安装角40°～45°范围内，截割阻力随安装角的增大而减小，当
$\theta_1 = 70°$ 时，随着 β 的增大，截割阻力平均变化梯度 $(\Delta P_z / \Delta \beta)|_{\theta_1=70°} = 46.65$ N/(°)（数值
模拟），$(\Delta P_z / \Delta \beta)|_{\theta_1=70°} = 76.74$ N/(°)（理论）；当 $\theta_1 = 76°$ 时，随着 β 的增大，截割阻力平
均变化梯度 $(\Delta P_z / \Delta \beta)|_{\theta_1=76°} = 110.29$ N/(°)（数值模拟），$(\Delta P_z / \Delta \beta)|_{\theta_1=76°} =$
119.86 N/(°)（理论），截割阻力平均变化梯度绝对值随锥角的增大而增大。

3.2.5　安装角和截齿锥角对推进阻力的影响

为获取安装角 β 和截齿锥角 θ_1 对推进阻力 P_y 的影响，令 $\eta_3 = \Delta P_y / \Delta \beta$ 和 $\eta_4 =$
$\Delta P_y / \Delta \theta_1$，推进阻力平均变化梯度曲线如图 3.14 所示。

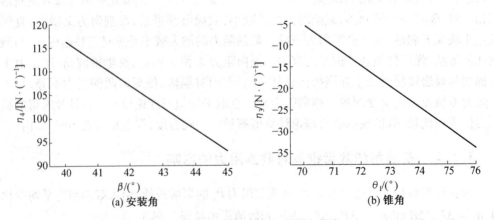

图 3.14　推进阻力平均变化梯度曲线

由图 3.14 可见,推进阻力随锥角的增大幅值明显增大,当 $\beta = 40°$ 时,随着 θ_1 的增大,推进阻力平均变化梯度 $(\Delta P_y / \Delta \theta_1)\big|_{\beta=40°} = 116.23$ N/(°);当 $\beta = 45°$ 时,随着 θ_1 的增大,推进阻力平均变化梯度 $(\Delta P_y / \Delta \theta_1)\big|_{\beta=45°} = 92.79$ N/(°),推进阻力平均变化梯度随安装角的增大而减小。推进阻力随安装角的增大而减小,安装角对推进阻力的大小影响不明显。当 $\theta_1 = 70°$ 时,随着 β 的增大,推进阻力平均变化梯度 $(\Delta P_y / \Delta \beta)\big|_{\theta_1=70°} = 5.67$ N/(°);当 $\theta_1 = 76°$ 时,随着 β 的增大,推进阻力平均变化梯度 $(\Delta P_y / \Delta \beta)\big|_{\theta_1=76°} = 33.81$ N/(°),推进阻力平均变化梯度绝对值随锥角的增大而增大。

推进阻力与截割阻力的比值 k' 随安装角和锥角的变化规律,实验研究范围内,k' 取值范围为 $0.18 \sim 0.34$,且 k' 随安装角和锥角的增大而增大,且平均变化梯度均呈减小趋势,$(\Delta k' / \Delta \theta_1)\big|_{\beta=40°} = 0.025/(°)^{-1}$,$(\Delta k' / \Delta \theta_1)\big|_{\beta=45°} = 0.024/(°)^{-1}$;$(\Delta k' / \Delta \beta)\big|_{\theta_1=70°} = 0.0022/(°)^{-1}$,$(\Delta k' / \Delta \beta)\big|_{\theta_1=76°} = 0.0008/(°)^{-1}$。比值较小的原因是数值模拟中设定的截割速度较小,仅为 50 mm/s,这种缓慢的推进不足以使截齿积累足够的推进阻力,往往是截齿磨煤岩。

3.2.6　安装角和截齿锥角对侧向阻力的影响

安装角 β 和截齿锥角 θ_1 对侧向阻力 X_o 的影响规律,如图 3.15 所示。其中可令 $\eta_5 = \Delta X_o / \Delta \alpha'$ 和 $\eta_6 = \Delta X_o / \Delta \beta'$。由图 3.15 可见,侧向阻力随锥角的增大而增大,当 $\beta = 40°$ 时,随着 θ_1 的增大,侧向阻力平均变化梯度 $(\Delta X_o / \Delta \theta_1)\big|_{\beta=40°} = 41.98$ N/(°);当 $\beta = 45°$ 时,随着 θ_1 的增大,侧向阻力平均变化梯度 $(\Delta X_o / \Delta \theta_1)\big|_{\beta=45°} = 56.17$ N/(°),平均变化梯度随安装角的增大而增大。侧向阻力随安装角的增大而减小,当 $\theta_1 = 70°$ 时,随着 β 的增大,侧向阻力平均变化梯度 $(\Delta X_o / \Delta \beta)\big|_{\theta_1=70°} = 28.09$ N/(°);当 $\theta_1 = 76°$ 时,随着 β 的增大,侧向阻力平均变化梯度 $(\Delta X_o / \Delta \beta)\big|_{\theta_1=76°} = 11.06$ N/(°),平均变化梯度绝对值随锥角的增大而减小。

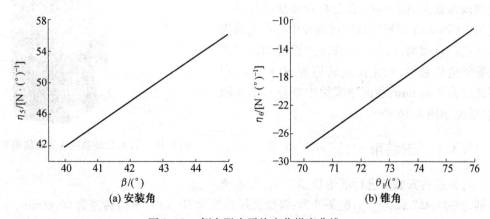

(a) 安装角　　　　　　(b) 锥角

图 3.15　侧向阻力平均变化梯度曲线

对截齿三向载荷进行统计分析,结果见表3.2。由表3.2可知,截齿截割过程中所受的截割阻力均值和峰值最大,推进阻力次之,侧向阻力最小。随着 β 的增大(由40°增至45°),截割阻力和推进阻力均值减小,而侧向阻力波动幅值明显减小;截割阻力、推进阻力和侧向阻力的均方差均减小。随着截齿锥角的增大(由70°增至76°),三向载荷的均值均方差均增大,截割阻力和推进阻力幅值随之增大。

表3.2　截齿三向载荷统计值

编号	统计值	P_z/N	P_y/N	X_o/N
No. 1	最大值	3 290.47	1 196.27	886.74
$\beta = 40°$	均　值	2 273.63	713.87	0.81
$\theta_1 = 70°$	均方差	576.92	178.66	192.05
No. 2	最大值	2 969.89	768.69	255.64
$\beta = 45°$	均　值	2 090.41	429.02	7.48
$\theta_1 = 70°$	均方差	542.63	161.30	125.40
No. 3	最大值	3 907.16	1 306.29	1 359.49
$\beta = 40°$	均　值	2 738.54	821.39	17.69
$\theta_1 = 76°$	均方差	734.61	314.41	327.89
No. 4	最大值	3 800.14	1 235.70	924.53
$\beta = 45°$	均　值	2 356.03	766.59	37.15
$\theta_1 = 76°$	均方差	705.63	265.38	318.49

3.3　截齿旋转截割煤岩的数值模拟

借鉴平面截割有限元模型参数的选取及建模方法,建立截齿旋转截割煤岩的数值模拟模型[43],其中锥角为80°,煤岩截面沿截割轨迹方向曲线弧长为202 mm。在分析步模块中设置时间为0.076 s,在接触模块中将滚筒中心点与截齿齿体进行点面耦合,在载荷模块中设置固定煤岩位置的边界条件,给定滚筒转速为60 r/min,牵引速度为2 m/min,在网格模块中划分六面体网格,模型如图3.16所示。

图3.16　截齿旋转截割煤岩数值模型

3.3.1　安装角

对截齿的安装角进行数值模拟研究,安装角分别为40°、45°和50°,实验条件为:煤壁抗压强度为30 MPa,滚筒转速为60 r/min,牵引速度初始值为2.0 m/min,截齿锥角为80°,切削厚度为10 mm。不同截齿安装角的三向载荷时域曲线(三向载荷的方向定义同直线截割)如图3.17所示。

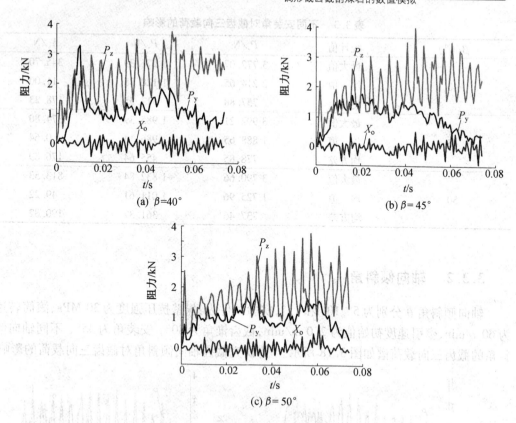

图 3.17   不同安装角的三向载荷谱

对截齿的三向载荷模拟值进行统计分析,不同安装角对截齿三向载荷的影响见表3.3。从图3.17可以看出,截齿截割煤岩过程中的三向载荷均呈现出不规则的波动变化趋势,并伴有明显的纵向振动。随着加载时间的增大,截割阻力值先逐渐增大而后减小,这是因为截齿截割过程中,截齿的运动轨迹类似于摆线,切削厚度由小变大而后再变小。安装角40°时推进阻力P_y在0.01 s时达到最大值3 276 N,而后幅值降低,说明此时推进煤岩的横向力较大;侧向阻力X_o沿y轴正向、负向波动,这与截割时截齿两侧煤岩不同时崩落产生的侧向阻力差值有关。

从表3.3可知,截齿截割阻力均大于推进阻力和侧向力。截割阻力最大,其次是推进阻力,侧向力最小。在数值模拟研究40°~50°范围内,截割阻力均值随安装角的增大而减小,对于安装角越大其均值减小越不显著;推进阻力均值随安装角的增大先增大后减小,安装角越大均值变化越不明显;侧向力最大值、均值随安装角的增大而增大,安装角越小幅值变化越不显著。综上分析,安装角取45°~50°时,截齿的截割效率最高,载荷波动最小,楔入煤岩的纵向力与推进煤岩的横向力分配合理,可提高煤岩破碎的能力,同时增大煤岩剥落的概率。

表 3.3 不同安装角对截齿三向载荷的影响

$\beta/(°)$	统计值	P_z/N	P_y/N	X_o/N
	最大值	3 772.07	3 276.39	345.70
40	均 值	2 214.65	1 120.38	11.00
	均方差	757.88	517.55	178.23
	最大值	3 992.21	1 985.39	374.80
45	均 值	1 888.65	986.14	0.64
	均方差	778.85	455.64	176.89
	最大值	3 790.66	1 832.84	813.53
50	均 值	1 725.96	1 011.61	49.22
	均方差	737.46	361.37	190.82

3.3.2 轴向倾斜角

轴向倾斜角 θ 分别为 5°、10° 和 15°,实验条件为:煤壁抗压强度为 30 MPa,滚筒转速为 60 r/min,牵引速度初始值为 2.0 m/min,截齿锥角为 80°,安装角为 45°,不同轴向倾斜角的截齿三向载荷谱如图 3.18 所示。 为研究截齿轴向倾斜角对截齿三向载荷的影响

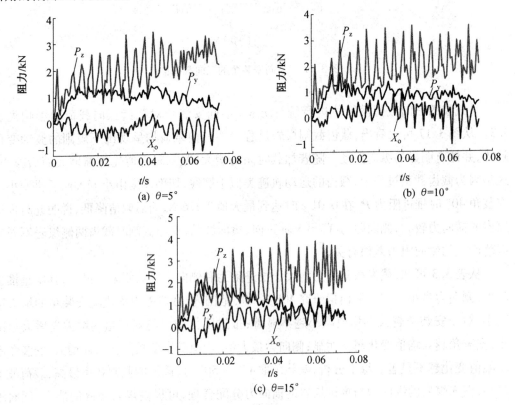

(a) $\theta=5°$ (b) $\theta=10°$ (c) $\theta=15°$

图 3.18 不同轴向倾斜角的截齿三向载荷谱

及其相互关系,三向载荷经统计分析,其结果见表3.4。从图3.18和表3.4可以看出,随着轴向倾斜角的增大,截齿截割阻力和推进阻力的幅值略有变化,均值变化不大,而最大值随之增大相对明显;随着轴向倾斜角度的增大,侧向阻力的最大值和均值随之增大,说明截割时截齿两侧煤岩不同时崩落,产生了侧向阻力差值,轴向倾斜角越大,截齿侧向阻力越不平衡,截齿单侧受力现象明显。轴向倾斜角的改变对侧向阻力的影响较大,侧向阻力最大值、均值、均方差均随着截齿轴向倾斜角的增大而增大,随着角度的增大,侧向阻力波动越来越剧烈。

表 3.4　不同轴向倾斜角的截齿三向载荷统计值

$\theta/(°)$	统计值	P_z/N	P_y/N	X_o/N
	最大值	3 409.55	1 439.50	352.69
5	均　值	1 962.80	937.46	205.88
	均方差	733.29	302.33	290.06
	最大值	3 552.69	1 792.64	1 149.89
10	均　值	1 907.05	954.96	266.63
	均方差	738.28	281.74	347.37
	最大值	4 179.60	2 122.27	1 236.03
15	均　值	1 954.41	1 034.85	366.12
	均方差	905.43	462.10	412.33

3.3.3　二次旋转角

二次旋转角 β_3 分别为 0° 和 5°,实验条件为:煤壁抗压强度为 30 MPa,滚筒转速为 60 r/min,牵引速度初始值为 2.0 m/min,截齿锥角为 80°,安装角为 45°,轴向倾斜角为 20°,0° 和 5° 时二次旋转角的三向载荷谱如图 3.19 所示。从图 3.19 可以看出,截齿截割阻力波动变化不规则,呈现一定的随机性。推进阻力在 0.012 6 s(0°)、0.015 5 s(5°) 时

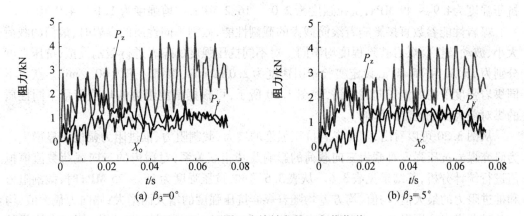

(a) $\beta_3=0°$　　　　　　　　(b) $\beta_3=5°$

图 3.19　不同二次旋转角的三向载荷谱

分别达到最大值2 680.5 N和2 585.2 N,截齿接触煤岩瞬间侧向阻力沿y轴正向、负向波动,0.012 s后均沿着y轴正向波动,说明截齿截割煤岩时,一侧煤岩崩落容易,另一侧崩落困难,截齿受单侧力现象明显。

为研究截齿二次旋转角对截齿三向载荷的影响及其相互关系,三向载荷经统计分析,其结果见表3.5。

表3.5　不同二次旋转角的截齿三向载荷统计值

$\beta_3/(°)$	统计值	P_z/N	P_y/N	X_o/N
	最大值	4 522.83	2 680.53	1 606.93
0	均　值	2 247.27	1 193.29	672.81
	均方差	993.63	471.05	349.03
	最大值	4 306.23	2 585.25	1 770.70
5	均　值	2 294.29	1 384.00	814.91
	均方差	894.07	438.71	470.44

从表3.5可知,截齿截割阻力均大于推进阻力和侧向力。截割阻力最大,其次是推进阻力,侧向力最小。在数值模拟研究0° ~ 5°范围内,截割阻力最大值、均方差均随着截齿二次旋转角的增大而减小,变化不明显,幅值变化为2.1%;推进阻力最大值、均方差均随着截齿二次旋转角的增大而减小,推进阻力均值随着截齿二次旋转角的增大而增大,其幅值的大小变化不显著;侧向力最大值、均值、均方差均随着截齿二次旋转角的增大而增大。

3.3.4　煤岩强度

煤岩强度是指外载作用下煤岩抵抗破坏的能力,煤岩的抗压强度σ_y最大,其次是抗剪强度τ_k,抗拉强度σ_t最小,三者之间的比例关系大致为$\sigma_y : \tau_k : \sigma_t = 1 : (0.1 ~ 0.4) : (0.03 ~ 0.1)$。煤岩作为各向异性、非均质的脆性材料,由于受到地区和矿层的影响,强度差异很大。即使是同一煤岩体,不同方向上的强度也不尽相同,其单轴抗压强度为4.9 ~ 49 MPa,抗拉强度为2.0 ~ 16.2 MPa,抗剪强度为1.1 ~ 4.9 MPa。

煤岩性能参数直接影响着滚筒截齿的截割性能,截割不同性质的煤岩时,滚筒的载荷大小、波动特性及煤岩破碎程度均不同。对不同抗压强度的煤岩进行截割模拟,抗压强度分别为15、20和25 MPa,设定实验牵引速度为2.0 m/min,滚筒转速为60 r/min。获得不同煤岩强度下的截齿三向载荷谱,如图3.20所示,可根据截割阻力的均值衡量不同性质的煤对截齿截割性能的影响。

从图3.20可以看出,随着煤岩抗压强度的增大,截割阻力、推进阻力幅值明显增大。为研究煤岩抗压强度对截齿三向载荷的影响及其相互关系,对截齿的三向载荷数值模拟值进行统计分析,其结果见表3.6。从表3.6可知,抗压强度为15 ~ 25 MPa时,截割阻力和推进阻力的最大值、均值、均方差均随着煤岩抗压强度的增大而增大;侧向力最大值、均方差随着煤岩抗压强度的增大先增大后减小,在15 MPa时二者有极小值,侧向力均值随抗压强度的增大变化不是很显著。

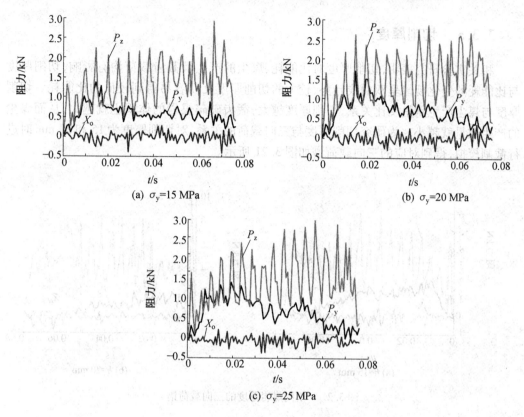

(a) $\sigma_y = 15$ MPa

(b) $\sigma_y = 20$ MPa

(c) $\sigma_y = 25$ MPa

图 3.20   不同抗压强度的三向载荷谱

表 3.6   不同抗压强度的截齿三向载荷统计值

σ_y/MPa	统计值	P_z/N	P_y/N	X_o/N
	最大值	2 831.16	1 379.50	280.55
15	均 值	1 276.28	582.40	6.50
	均方差	559.97	232.81	120.81
	最大值	2 869.15	1 692.92	363.32
20	均 值	1 471.78	671.24	9.85
	均方差	634.72	313.79	135.03
	最大值	3 551.55	1 702.78	320.95
25	均 值	1 688.55	824.02	2.58
	均方差	751.39	406.44	132.06

3.3.5　切削厚度

相关实验研究表明,切削厚度对比能耗、煤尘的产生及截齿载荷均有影响,切削厚度与比能耗的变化规律呈双曲线趋势,较大的切削厚度反而容易得到较低的比能耗。切削厚度与煤尘产生量呈反比关系,切削厚度越大,截齿破碎煤岩的体积也就越大,从而煤尘的产生数量就越小。为研究切削厚度与三向载荷的关系,对切削厚度为 15 和 20 mm 时进行截割模拟,得到对应的三向载荷谱如图 3.21 所示。

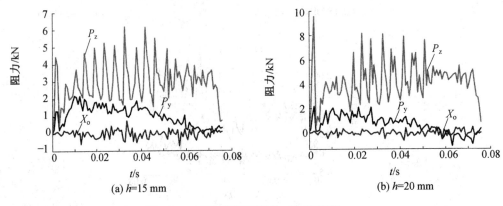

图 3.21　不同煤岩厚度的三向载荷谱

从图 3.21 可以看出,随着切削厚度的增大,截割阻力和推进阻力的幅值明显增大,且崩落的煤岩块度变大,随着切削厚度的增大,截割的块煤增大,过大的切削厚度会导致截齿截割阻力的过度增大从而造成截齿的磨损,合理地选择切削厚度以期达到低比能耗高效的截割。

三向载荷经统计分析,其结果见表 3.7。从表 3.6 和表 3.7 可以看出,切削厚度为 15 ~ 20 mm 时,截割阻力和推进阻力最大值、均值和均方差均随着截割煤岩厚度的增大而增大;侧向阻力最大波动值随着切削厚度的增大而减小趋于平稳,侧向阻力均值和均方差随着截割煤岩厚度的增大基本不变化。

表 3.7　不同切削厚度的截齿三向载荷统计值

h/mm	统计值	P_z/N	P_y/N	X_o/N
15	最大值	6 180.29	2 200.65	755.91
	均　值	2 947.60	1 039.14	14.33
	均方差	1 155.34	587.26	241.51
20	最大值	9 529.27	2 203.73	472.72
	均　值	4 142.01	1 096.44	16.78
	均方差	1 632.97	735.21	214.96

3.3.6　工作参数

滚筒工作参数包括滚筒转速和牵引速度,其参数的合理选择,对滚筒截割的平稳运行、块煤率、煤尘产生、装煤效果和截割比能耗等指标均有影响[44],滚筒转速作为采煤机的重要参数,其转速确定的合理性对截割块煤率及提高采煤机的装煤效率起到至关重要的作用。现研究滚筒转速对截齿截割性能的影响,对不同滚筒转速进行截割模拟,煤壁抗压强度为 30 MPa,在切削厚度相同的条件下,安装角为 45°,转速分别为 50、60 和70 r/min,得到对应的三向载荷谱,如图 3.22 所示。

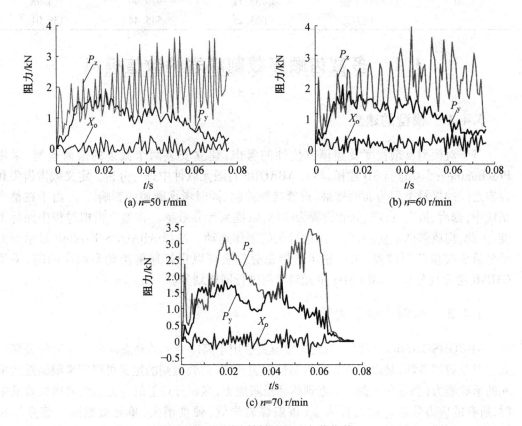

图 3.22　不同滚筒转速的三向载荷谱

从图 3.22 可以看出,随着时间的增大,截割阻力均呈现出先增大后减小的波动变化趋势,随着滚筒转速的增大,截割阻力和推进阻力幅值变化不大。

为研究滚筒转速对截齿三向载荷的影响及其相互关系,三向载荷数值经统计分析,其结果见表 3.8。从表 3.8 可知,滚筒转速为 50 ~ 70 r/min 时,随着滚筒转速的增大,截割阻力和牵引力均值先增大后减小,其均值差别不大;侧向阻力最大值、均方差随着滚筒转速的增大先增大后减小,侧向阻力均值随着滚筒转速的增大而减小,转速较高时,侧向阻力均值变化不大。

表 3.8 不同滚筒转速的截齿三向载荷统计值

$n/(\text{r} \cdot \text{min}^{-1})$	统计值	P_z/N	P_y/N	X_o/N
	最大值	3 649.76	1 935.28	502.41
50	均值	1 823.00	950.21	24.27
	均方差	805.00	441.62	157.25
	最大值	4 002.59	1 772.87	538.47
60	均值	1 920.14	996.57	3.32
	均方差	757.72	437.51	204.55
	最大值	3 428.35	1 886.38	439.40
70	均值	1 755.12	979.90	4.98
	均方差	1 003.28	545.44	139.01

3.4 多截齿顺序截割煤岩的数值模拟

3.4.1 模型的建立

基于对模型复杂程度及建模方便性的考虑,建立安装两个截齿的滚筒模型,采用 Pro/Engineer 5.0 进行 3D 建模,导入 ABAQUS 有限元软件中进行分析。定义截齿齿尖和煤岩之间的接触类型为面面接触,设置接触控制,同时考虑摩擦的影响[45]。由于在整个系统中,截齿、齿套、齿座、筒毂设置为刚体,以提高计算效率。在整个模拟过程中保持不变,因此,构成部件不变形,但可以进行大的刚体运动。选择 ABAQUS/Explicit 显示动力学分析步模拟截割过程,采用显示直接积分算法可以很好地解决动态响应问题,采用 C3D8R 单元划分煤岩,用 C3D4 单元对滚筒进行网格划分。

3.4.2 材料失效及去除

ABAQUS/Explicit 提供的单元失效模式适用于高应变率的动态问题。煤岩的破坏形式主要是剪切破坏,是由于煤岩材料塑性屈服所致,失效准则的定义可以用来限制随后单元的承载能力(删除单元的点)直到达到极限应力,当积分点上的应力达到剪切失效准则时,所有的应力分量将被设置为零,该点煤岩失效,硬度消失,单元被删除。建立弧长 530 mm、高 500 mm、宽 200 mm 的圆弧形煤岩和安装两个截齿的滚筒模型,材料参数如前所述,截齿锥角为 80°,有限元模型如图 3.23 所示。

3.4.3 模拟结果与分析

两个截齿的三向载荷谱如图 3.24 所示。其中图 3.24(a)为两个截齿的截割阻力曲线,图 3.24(b)为两截齿的推进阻力曲线,图 3.24(c)为两截齿的侧向阻力曲线。

由图 3.24 可见,三向载荷均呈现不规则的波动形式,所有力都是非常短的脉冲力,这意味着每个接触力(截割阻力和推进阻力)在截齿齿尖下方及周围的煤岩单元失效之前,在很短的时间内达到峰值。煤岩破坏后,截齿和煤岩之间的接触力很快减小到零,直到截齿截割其他煤岩单元之前仍为零。在截齿 A 接触煤岩的瞬间,滚筒的截割阻力和推进阻力不停起伏,截齿 A 的截割阻力和推进阻力均逐渐增大,直至截齿 A 脱离煤岩接触力降至零点。截齿 B 未接触煤岩时受力为零,截割煤岩时的截割阻力和推进阻力均小于截齿A。这是因为截齿 A 沿着滚筒前进方向截割煤岩,煤岩经过截齿 A 的预先截割,当截齿 B 进行截割时有些区域的煤岩单元已经消失接触不到。当截齿 B 脱离煤岩时,接触力又降低至零点。

图 3.23　滚筒与煤岩作用的数值模型

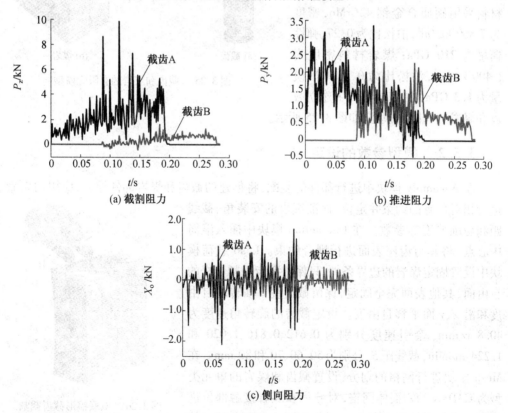

(a) 截割阻力

(b) 推进阻力

(c) 侧向阻力

图 3.24　两个截齿的三向载荷谱

本节所采用的模拟方法,可用于研究不同截割参数下(如截线距等),多截齿组合截割的力学特性。

3.5   双联截齿截割煤岩的数值模拟

3.5.1   模型的建立

ABAQUS 中数值模拟模型主要包括截齿和截割煤岩两个部分。首先在 Pro/E 软件中绘制截齿的三维模型,然后将其导入 ABAQUS/Explicit 的 Part 模块。模型中截齿长度为 155 mm,齿体直径为 30mm,合金头长度为 14 mm,截齿大端直径为 50 mm,截齿锥角为 85°,煤岩尺寸:220 mm × 100 mm × 228 mm;在 Part 模块对截齿进行分区,Property 模块分别定义截齿齿体材料属性,合金头材料属性为 YG11C 钨钢,密度为 14 600 kg/m³,泊松比为 0.22,弹性模量为 610 GPa,齿体材料采用硬质合金钢 42CrMo,密度为 7 800 kg/m³,泊松比为 0.27,弹性模量为 210 GPa;煤岩材料密度为 1 400 kg/m³,泊松比为 0.3,弹性模量为 1.3 GPa,在 ABAQUS 中建立截齿和煤岩的有限元模型,如图 3.25 所示。

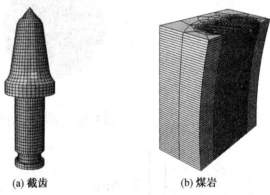

(a) 截齿   (b) 煤岩

图 3.25   截齿和煤岩的有限元模型

3.5.2   模型参数的设定

在 Assembly 模块中进行部件的装配,将创建的截齿和煤岩部件导入,应用约束命令进行相对位置的约束并定位,保证截齿的安装角、截线距和切削厚度等参数。在 Interaction 模块中插入滚筒中心点,将其与齿座表面进行耦合约束。Load 载荷模块中设置固定煤岩的边界条件,只保留截齿截割煤岩的自由面,其他表面完全固定,保留截齿绕 z 轴转动自由度和沿 x、y 面平移自由度。设定截齿的旋转角速度为 40.8 r/min,牵引速度分别为 0.612、0.816、1.020 和 1.224 m/min,截线距 S_j 分别为 50、60、70 和 80 mm。在 Mesh 模块进行网格的划分,设置截齿和煤岩的单元类型为 C3D8R 的六面体网格,对截齿和煤岩接触部位进行网格的加密处理。在 Step 模块中建立 0.073 53 s 的显式分析步,有限元模型如图 3.26 所示。

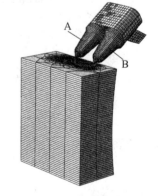

图 3.26   双联镐形截齿截割煤岩的有限元模型

3.5.3 截割状态

双齿同步作用截割煤岩主要有三种状态,即过相关

状态、定相关状态和欠相关状态。对于双联镐形截齿,将同一齿座的两个截齿轴线间距离称为截线距,当切削厚度一定时,煤岩破碎形式如图 3.27(a) 所示。当截齿的截线距较小时,截齿截割形成的微裂纹大量延伸至相邻两截齿的截槽处,两齿产生应力过度叠加,导致形成的煤岩块度较小,粉煤量的增多,此时的截割为过相关截割状态;当截齿截割过程所形成的微裂纹刚好与相邻截齿形成的微裂纹能够有效连通互相影响,双截齿之间的截割存在协同效应,相邻截齿的裂纹互相交错叠加影响,裂纹相对发展使应力重新分布,互相贯通后形成煤块,这时截割为定相关状态;当双齿的截线距较大时,截齿在截割过程中形成的微裂纹无法有效扩展到相邻截齿的截槽处,煤岩主要以和截齿发生挤压破坏的形式从煤岩体剥落,无法形成大块度煤岩,这种截割状态称为欠相关状态。

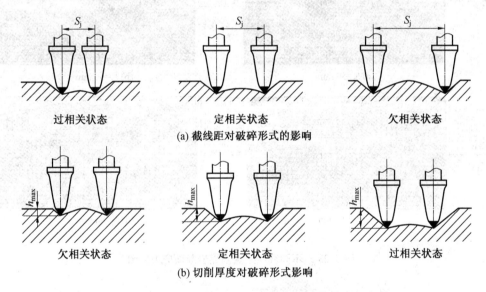

图 3.27 双截齿同步作用煤岩的破碎形式

如图 3.27(b) 所示,当截线距一定时,在切削厚度较小的条件下,截割过程形成的微裂纹无法有效扩展到相邻截齿的截槽处,截齿作用的煤岩区域应力无法耦合,此时的截割为欠相关截割状态;随着切削厚度的增大,煤岩形成的微裂纹刚好与相邻截齿的微裂纹互相连通,这时截割为定相关状态;当切削厚度继续增大时,截齿作用的煤岩应力耦合区域继续增大,使得煤岩块度较小,粉煤量增多。

3.5.4　截线距对截割性能的影响

当切削厚度一定时,通过改变截齿的截线距,分析不同工况下双齿同步作用的破碎煤岩的力学性能,分析截线距对截割性能的影响[46]。数值模拟的切削厚度为 15 mm,截线距 S_j 分别为 50、60、70 和 80 mm,滚筒转速为 40.8 r/min,牵引速度为 0.612 m/min,安装角为 45°,二次旋转角为 0°。截割过程中煤岩断面应力云图如图 3.28 所示。实验得到截齿A 和截齿 B 的截割阻力时域曲线如图 3.29 所示。

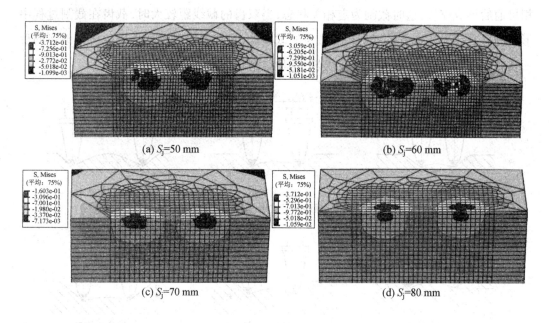

(a) S_j=50 mm

(b) S_j=60 mm

(c) S_j=70 mm

(d) S_j=80 mm

图 3.28　不同截线距截割煤岩断面应力云图

当截线距为 50 mm 时,由于截齿破碎煤岩的微裂纹区域发生重叠,使煤岩破碎程度更加剧烈;随着切削厚度的增大,截齿 A 截割过程所形成的微裂纹能够和相邻的截齿 B 形成的微裂纹连通互相影响,使得两截齿间的煤岩易于崩落,形成较大块度的煤岩;随着截线距的增大,截齿 A 形成的裂纹区域无法与截齿 B 的裂纹区域相互连通作用,截割状态相当于单齿截割。

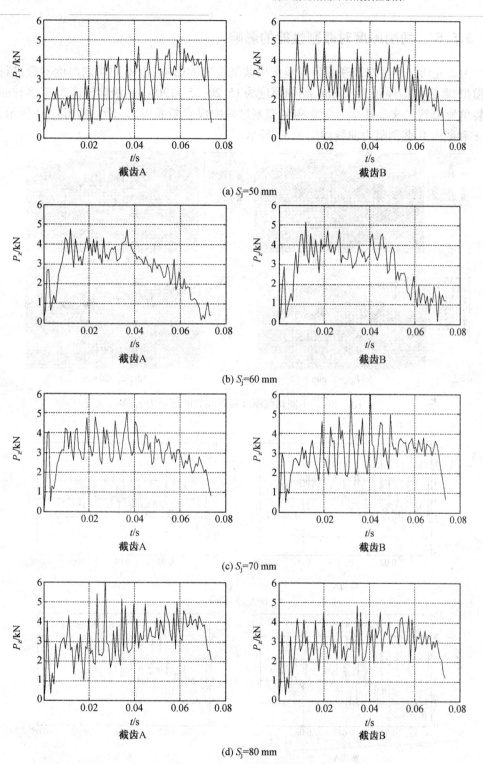

(a) S_j=50 mm

(b) S_j=60 mm

(c) S_j=70 mm

(d) S_j=80 mm

图 3.29   不同截线距的截割阻力

3.5.5　切削厚度对截割性能的影响

为研究切削厚度对双联截齿同步作用截割性能的影响,以不同切削厚度参数进行截割模拟,截齿的截线距为 80 mm,切削厚度为 15、20、25 和 30 mm,滚筒转速为 40.8 r/min,安装角为 45°,二次旋转角为 0°。得到截割过程中煤岩断面应力云图,如图3.30 所示,截齿 A 和截齿 B 截割阻力曲线如图 3.31 所示。

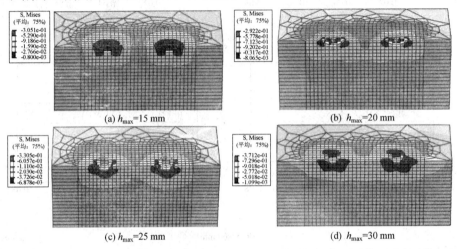

(a) h_{max}=15 mm　　　　　　　　(b) h_{max}=20 mm

(c) h_{max}=25 mm　　　　　　　　(d) h_{max}=30 mm

图 3.30　不同切削厚度截割煤岩断面应力云图

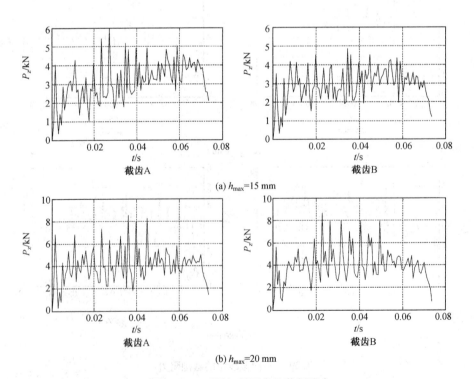

截齿A　　　　　　　　　　　　截齿B

(a) h_{max}=15 mm

截齿A　　　　　　　　　　　　截齿B

(b) h_{max}=20 mm

图 3.31　不同切削厚度的截割阻力

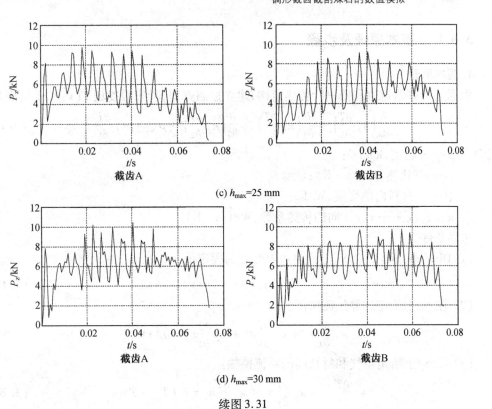

(c) $h_{max} = 25$ mm

(d) $h_{max} = 30$ mm

续图 3.31

当截线距为 80 mm 时,切削厚度较小时,双齿同步作用截割煤岩产生的微裂纹未扩展到相邻截齿,截割煤岩区域并未互相影响,由于切削厚度较小,截割产生的粉煤量也相对偏多;随着切削厚度的增大,煤岩产生的微裂纹区域逐渐增大,截齿 A 与截齿 B 的区域相互影响使煤岩更易于剥落,此时截割处于定相关的状态,当截线距 $S_j = 80$ mm 时,最佳切削厚度 $h_{max} = 23$ mm,此时 $S_j = 3.5 h_{max}$;当切削厚度继续增大时,截齿截割形成的微裂纹大量延伸至相邻两截齿的截槽处,形成的煤岩块度较小。从不同截线距和切削厚度参数组合的截割模拟应力云图可以看出,双联截齿应力及相互影响的区域为确定最佳截割参数提供一种有效的方法。

3.6　热应力的数值模拟

截齿磨损是采煤效率降低的原因之一,截割煤岩过程中产生的热是截齿磨损的一个主要因素。截割阻力和截割过程中产生的温度是影响刀具的两个重要参数。截割阻力会产生截割热,引起截齿磨损和变形,进而直接影响截齿的耐用度。温度是截齿截割煤岩的一个重要参数指标,对截齿使用寿命有很大影响。采用有限元方法综合考虑截齿的几何形状以及材料性能等因素的影响,通过设定刀具材料、几何参数、截割参数和换热系数等参数,获得截齿的温度场和截割阻力的分布状况。

3.6.1　基本原理及步骤

1. 基本原理

根据能量守恒定律和傅里叶传热定律,建立控制方程,瞬态温度场 $T(x,y,z)$ 应满足

$$\frac{\partial}{\partial x}\left(\kappa_x\frac{\partial T}{\partial x}\right) + \frac{\partial}{\partial y}\left(\kappa_y\frac{\partial T}{\partial y}\right) + \frac{\partial}{\partial z}\left(\kappa_z\frac{\partial T}{\partial z}\right) + \rho Q = \rho c_T\frac{\partial T}{\partial t} \tag{3.17}$$

式中　　ρ——密度,kg/m^3;

　　　　c_T——比热,$J/(kg \cdot K)$;

　　　　Q——材料内热强度,W/kg;

　　　　κ_x、κ_y、κ_z——x、y、z 向的传热系数,$W/(m \cdot K)$。

边界条件为:

(1)Dirichlet 条件,在 S_1 上给定边界温度为固定值:

$$T(x,y,z,t) = \bar{T}(t) \tag{3.18}$$

(2) 在 S_2 上给定边界热流密度:

$$\kappa_x\frac{\partial T}{\partial x}n_x + \kappa_y\frac{\partial T}{\partial y}n_y + \kappa_z\frac{\partial T}{\partial z}n_z = \bar{q}_f(t) \tag{3.19}$$

(3) 在 S_3 上给定空气和材料间的对流换热:

$$\kappa_x\frac{\partial T}{\partial x}n_x + \kappa_y\frac{\partial T}{\partial y}n_y + \kappa_z\frac{\partial T}{\partial z}n_z = \bar{h}_c(T_\infty - T) \tag{3.20}$$

式中　　n_x、n_y、n_z——方向余弦;

　　　　$\bar{T}(t)$——S_1 上的温度,℃;

　　　　T_∞——环境温度,℃;

　　　　$\bar{q}_f(t)$——边界 S_2 上的热流密度,W/m^2;

　　　　$\bar{h}_c$——对流换热系数,$W/(m^2 \cdot K)$。

若初始条件为

$$T(x,y,z,t=0) = \bar{T}(x,y,z) \tag{3.21}$$

满足边值条件的温度泛函取最小值,即

$$T \in \left\{ BC(S_1,S_2,S_3) \right\}_{IC}^{\min} I$$
$$= \frac{1}{2}\iiint_\Omega \left[\kappa_x\left(\frac{\partial T}{\partial x}\right)^2 + \kappa_y\left(\frac{\partial T}{\partial y}\right)^2 + \kappa_z\left(\frac{\partial T}{\partial z}\right)^2 - 2\left(\rho Q - \rho c_T\frac{\partial T}{\partial t}\right)T \right] d\Omega \tag{3.22}$$

式中　　$\Omega = S_1 + S_2 + S_3$。

将 S_2 和 S_3 耦合到式(3.22)的泛函数中,即

$$T \in \left\{ BC(S_1) \right\}_{IC}^{\min} I = \frac{1}{2}\iiint_\Omega \left[\kappa_x\left(\frac{\partial T}{\partial x}\right)^2 + \kappa_y\left(\frac{\partial T}{\partial y}\right)^2 + \kappa_z\left(\frac{\partial T}{\partial z}\right)^2 - 2\left(\rho Q - \rho c_T\frac{\partial T}{\partial t}\right)T \right] d\Omega -$$
$$\int_{S_2}\bar{q}_f T dA + \frac{1}{2}\int_{S_3}\bar{h}_c (T_\infty - T)^2 dA \tag{3.23}$$

瞬态传热问题的单元温度场随时间变化,即

$$T^e(x,y,z,t) = N(x,y,z) \cdot q_T^e(t) \tag{3.24}$$

式中　$N(x,y,z)$——形状函数矩阵；

$q_T^e(t)$——节点温度列阵，$q_T^e(t) = [T_1 T_2 \cdots T_n]^{\mathrm{T}}$；

T_n——节点温度。

节点温度 $q_T^e(t)$ 是随时间变化的，即

$$q_T^e(t) = [T_1(t) T_2(t) \cdots T_n(t)]^{\mathrm{T}} \tag{3.25}$$

将式（3.24）代入式（3.23）中，并对 $q_T^e(t)$ 求变分极值，得

$$C_T^e \dot{q}_T^e + K_T^e q_T^e = P_T^e \tag{3.26}$$

式中　$C_T^e = \int_{\Omega^e} \rho c_T N^{\mathrm{T}} N \mathrm{d}\Omega$；

$$\dot{q}_T^e = \frac{\mathrm{d}}{\mathrm{d}t} q_T^e = \left[\frac{\mathrm{d}T_1}{\mathrm{d}t} \quad \frac{\mathrm{d}T_2}{\mathrm{d}t} \quad \cdots \quad \frac{\mathrm{d}T_n}{\mathrm{d}t} \right]^{\mathrm{T}}。$$

2. 基本步骤

ABAQUS 热分析的步骤与其他分析类型相似，可按 ABAQUS/CAE 提供的分析模块顺序进行分析：

①Part 模块建立热分析的几何模型或由第三方软件导入模型。

②Property 模块定义材料的热性能参数：热传导率、热膨胀系数、比热、生热率等。

③Assembly 模块创建部件实例。

④Step 模块创建热传导分析步。

⑤Load 模块施加边界条件和载荷并根据需要定义接触作用。

⑥Mesh 模块划分网格，选择单元类型。

⑦Job 模块定义作业并提交进行计算。

⑧Visualization 模块进行结果后处理。

3. 截齿表面的热通量

在温度位移耦合分析中，η 被定义为摩擦能转化为热能的系数。产生的热分别传递到第一和第二表面，即 $\int 1$ 和 $\int 2$。温度－位移耦合分析中考虑传热能，热系数 η 决定了摩擦滑动作为热量进入接触体时能量的比例，瞬间传入接触体中的热取决于 $\int 1$ 和 $\int 2$ 值，截齿表面产生的热通量表示为

$$q_{\mathrm{g}} = \eta \tau_{\mathrm{m}} \frac{\Delta s}{\Delta t} = \frac{k_c A}{\Delta x}(\theta_3 - \theta_4) \tag{3.27}$$

式中　τ_{m}——截齿表面与煤岩之间的摩擦剪应力，Pa；

Δs——滑动增量；

Δt——时间增量，s；

k_c——导热系数，W/(m·K)；

Δx——材料的厚度，m；

θ_3, θ_4——齿体温度，℃。

3.6.2 锥角对温度的影响

截齿的几何形状对产热起着至关重要的作用,在模拟中考虑截齿不同锥角对产生温度的影响,在截割煤岩的过程中截齿的楔入使煤岩断裂,截齿齿体将与煤岩接触,接触面积的增加会导致截割阻力增大,产生的力将被用于克服摩擦力,因而在能量传递过程中在齿体上产生热量。采煤机用截齿主要可分为两部分,即齿尖和齿体,截齿截割煤岩时角度参数有前角、锥角、后角和楔入角,如图 3.32 所示。

前角定义为平行于切割面的假想面与前刀面的夹角。锥角指截齿齿尖圆锥角度。后角是平行于煤岩面的假想面与后刀面的夹角,后角使截齿更容易截割煤岩材料,截齿以一定角度放置,使截齿锥面不与煤岩材料表面摩擦。楔入角被定义为一条穿过截齿的假想轴线与截割滚筒切线所成的角度,如图 3.33 所示。

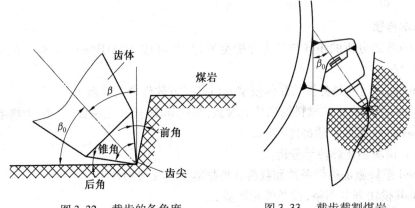

图 3.32 截齿的各角度   图 3.33 截齿截割煤岩

齿体用来支撑和固定齿尖,齿体比齿尖的横截面积大,当齿体与煤岩材料相互作用时,为了克服齿体与煤岩材料的摩擦阻力会产生更高的截割阻力,从而产生较多的粉尘。

对不同锥角的截齿进行截割模拟,实验条件为:煤壁抗压强度为 30 MPa,滚筒旋转速度和牵引速度分别为 60 和 2 m/min,截齿安装角为 45°,锥角分别为 75°、80° 和 85°。数值模型中使用的材料属性[47] 见表 3.9。

表 3.9   数值模型中使用的材料属性

材料	$\rho/(\mathrm{kg \cdot m^{-3}})$	E/GPa	μ	$\lambda/[\mathrm{W \cdot (m \cdot K)^{-1}}]$	$c/[\mathrm{J \cdot (kg \cdot K)^{-1}}]$	$\alpha_\mathrm{L}/\mathrm{K^{-1}}$
齿尖	14 600	600	0.22	75.4	220	4.5×10^6
齿体	7 800	207	0.30	42.7	477	1.6×10^5
煤岩	1 500	1.4	0.30	4.35	1 260	1.0×10^7

改变截齿刀尖锥角进行截割煤岩的有限元模拟,比较不同锥角的齿尖温度分布情况,图 3.34(a) ~ 3.34(c) 是截割达到稳定情况时截齿温度场分布的云图。

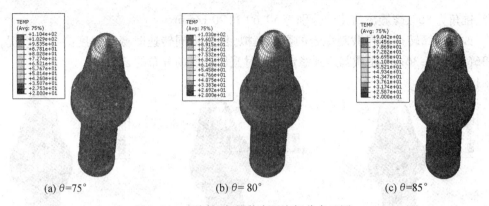

(a) $\theta=75°$ (b) $\theta=80°$ (c) $\theta=85°$

图 3.34   不同锥角的截齿温度场分布云图

由图 3.34 可见,截割过程中截齿合金头温度分布呈月牙形。在实验研究 75° ~ 85°,且锥角小于崩落角范围内,截割温度随着齿尖锥角的增大略有降低的趋势,随着齿尖锥角的增大高温区域增多、面积增大(75° 时,高温区面积为 22.98 mm²;80° 时,高温区面积为 23.79 mm²;85° 时,高温区面积为 57.73 mm²)且位置下移,从图 3.34(c)可以看出,齿体部位温度较高,说明锥角的增大导致磨损带增大。这是因为大的锥角增大了齿体与煤岩相接触的概率,从而导致齿体温度升高。截齿温度值最高点位于合金头与截齿齿体的连接处,说明该处受应力较大,易加剧磨损,从而使焊缝开裂,使硬质合金头松脱,致使合金头丢失。这是由于在截割煤岩时,截割温度的升高主要是由齿岩摩擦功形成的热及煤岩的塑性变形功转换成热引起,截割温度的数量级主要受齿岩界面间的摩擦影响,且摩擦热沿着刀具前刀面不断增大。

在后处理模块中输出截齿刀尖点的温度变化曲线如图 3.35 所示。

从图 3.35 可以看出,随着时间的增长,截齿截割煤岩过程中刀尖点温度逐渐增大后渐趋稳定。这是因为截割过程中产生的热量比耗散的热高很多。当温度升高时,由于对流和传导散热也随之增大,最终等同于因摩擦产生的热量。由于产生热量的速度保持不变,机器的运行参数不变,截割一段时间后齿岩系统的温度趋于稳定。同时可以看出,截割未达稳定状态前,锥角越大,温度上升的梯度越大,而截割达到稳定状态后,刀具温度随着锥角的增大略有降低。这是因为,锥角越小刀头散热面积和容热体积越小。

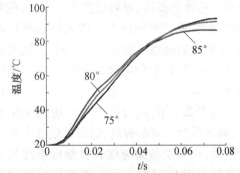

图 3.35   不同锥角截齿刀尖点的温度变化曲线

3.6.3   滚筒转速对温度的影响

为获得截割速度与温升问题、截割阻力和动载荷之间的关系,对不同滚筒转速的截齿进行截割模拟,实验条件:煤壁抗压强度为 30 MPa,牵引速度为 2 m/min,截齿安装角为

45°,锥角为80°,螺旋滚筒速度分别为50、60 和 70 r/min。

改变滚筒转速进行截割煤岩的数值模拟,比较不同转速时截齿温度的分布情况,图 3.36(a) ~ 3.36(c) 是截割达到稳定情况时截齿温度场分布的云图。

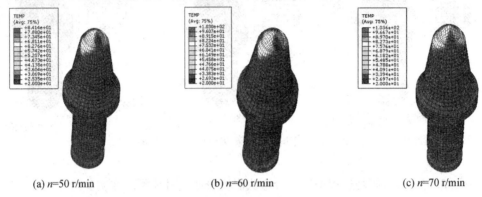

(a) n=50 r/min　　　　　　(b) n=60 r/min　　　　　　(c) n=70 r/min

图 3.36　不同转速的截齿温度场分布云图

由图 3.36 可见,在实验研究范围内,截割温度随着滚筒转速的增大而升高,但增幅减小。这是因为滚筒转速的增大使得截割速度增大,单位时间截割过程所消耗的能量增大,截割热随之增大。单位时间里由破碎煤岩带走的截割热都随着滚筒旋转速度的增大而增大,而由刀具带走的截割热变化不大。

在截割煤岩过程中,大量的截割热是由煤岩塑性变形以及齿岩间的摩擦产生的。随着截割速度的提高,煤岩塑性变形增加,截割做功增大,单位时间内产生的截割热相应增加,导致齿岩接触区温度上升。同时,随着截割速度的提高,单位时间内截齿与煤岩之间的摩擦热增加,也会引起截齿与煤岩接触区温度的升高。但是当截割速度达到一定值后,随着截割速度的提高,煤岩的塑性变形程度减缓,从而使截齿与煤岩接触区温度增长率降低。截齿刀尖点的温度变化曲线如图 3.37 所示。

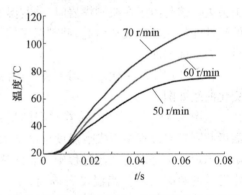

图 3.37　不同转速的截齿刀尖点的温度变化曲线

从图 3.37 可以看出,转速变化为 50 ~ 70 r/min 时,在截割的初始阶段,温度迅速上升,随着截割的进行,逐渐进入稳定状态。刀尖点的温度随滚筒转速的增大明显上升,原因是当破碎煤岩沿截齿前刀面崩落时,摩擦热一边生成一边向煤岩内部和截齿内部传导。若滚筒转速提高,则摩擦热生成的时间极短,而截割热向煤岩内部和刀具内部传导都需要一定时间。因此,提高滚筒速度的结果是摩擦热大量聚积在煤岩表面,从而使截割温度升高。

第4章　镐形截齿截割煤岩的实验

截齿截割载荷是采煤机设计的依据,而截割载荷谱具有不确定性,其波形上的每一波峰都对应一次能量释放,使相应粒度的煤块分离,煤块粒度分布的不均匀性与载荷谱的不规则性有着内在的联系,其是截齿截割煤岩机理的一种反映。截齿截割煤岩过程复杂,很难在现场测试一系列截割载荷谱,为了获得截割载荷谱研究截齿截割煤岩的性能,本章通过研究煤岩力学特性参数,获取其抗压强度与模拟煤岩材料配比的定量关系,以自行设计的平面截割实验台和多截齿参数可调式旋转截割实验台为基础,进行单截齿和多截齿的平面截割和旋转截割实验,研究截齿实际旋转截割煤岩工况下的破煤载荷谱,分析截齿安装角、切削厚度和不同类型截齿对截割载荷的影响及其变化规律。

4.1　煤岩的力学特性

4.1.1　试样的制备

煤层内部存在层理、节理及空洞,较难捕获与原煤相似材料的全部特征,为获得与原煤特性相似的截割材料强度特性,以单向抗压强度为参考量,研制煤样。实验煤岩材料配比见表4.1,其中水泥型号为425#。

表4.1　煤岩材料配比

序号	煤粉	水泥	水	石膏粉
1	10.5	7.3	3.1	—
	10.5	7.3	3.1	—
2	11.0	7.3	4.0	—
	11.0	7.3	4.0	—
3	11.0	6.5	3.5	—
	11.0	6.5	3.5	—
4	10.0	5.5	3.4	—
	10.0	5.5	3.4	—
5	11.0	5.5	3.3	—
	11.0	5.5	3.3	—
6	10.5	7.0	4.4	2.2
	10.5	7.0	4.4	2.2
7	10.5	7.0	4.4	1.5
	10.5	7.0	4.4	1.5
8	10.5	7.0	4.0	0.73
	10.5	7.0	4.0	0.73

在制作标准煤样过程中,采用ZS－100型煤岩钻孔机取芯,如图4.1所示。煤样经过切割、打磨等工序,制作成高度为100 mm、直径为50 mm圆柱体煤岩试样。为避免煤样混淆,在加工完成的煤样表面标上序号,如图4.1所示。

(a) 煤岩试样 　　　　　　　　　　　　　(b) 取芯

(c) 标准煤样 　　　　　　　　　　　　　(d) 残煤

图4.1　煤样制备过程

4.1.2　加载实验

实验采用TAW－2 000 kN微机控制电液伺服煤岩单轴实验系统,与煤岩试样连接的引申仪可以在140 MPa高压及200 ℃高温的条件下使用,其可在高压和高温环境下,开展煤岩试样的应力－应变的精确测量实验[48],加载速度可根据需要进行自动选择及调整。

针对八组煤样进行实验,加载速度设置为0.05 mm/min,煤岩的单向抗压强度及最大负荷的变化值见表4.2。

表4.2　煤样力学参数

序号	σ_y/MPa	F_M/kN	序号	σ_y/MPa	F_M/kN
1	22.000	43.192	5	9.000	18.000
	23.818	46.766		11.000	21.000
2	16.900	33.249	6	3.751	7.365
	16.400	32.261		6.449	12.665
3	16.000	31.000	7	15.548	30.529
	14.000	28.000		7.158	14.055
4	16.000	27.500	8	11.000	21.569
	12.000	24.000		14.000	27.533

为了进一步判别煤岩体类型,按照煤岩体在开采中被破坏的难易程度,将其分为六个等级,各煤岩体坚固性系数见表4.3。

表4.3　各煤岩体坚固性系数

软煤	中硬煤	硬煤	软岩	中硬岩	硬岩
≤ 1.5	1.5 ~ 3.0	≥ 3.0	≤ 4.0	4.0 ~ 8.0	8.0 ~ 20.0

抗压强度 σ_y 与坚固性系数 f 的关系为

$$\sigma_y = 10f \tag{4.1}$$

根据表4.3和式(4.1),结合单轴实验测力学参数,可得第1组、第2组和第3组试样煤岩类型为中硬煤,其余煤岩类型属于软煤,根据实验获得单向抗压强度判别煤岩类型,从而确定煤岩材料的配比。

4.1.3　煤岩的强度特征

为获得不同材料配比煤岩与抗压强度之间的定量关系,分析煤岩参数特性,确定不同材料配比下的煤岩强度特征,根据煤岩试样的配比结果,应用 Matlab 软件,得到煤岩抗压强度与材料配比及石膏粉之间的拟合关系,如图4.2所示。

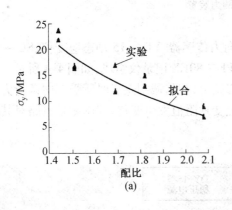
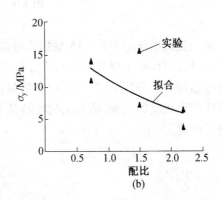

图4.2　强度特征

根据图4.2(a),给出煤粉、水泥配比与抗压强度的拟合关系式:

$$\sigma_y = 92.124e^{-1.0969\xi} \tag{4.2}$$

从式(4.2)可知,煤岩抗压强度与煤粉和水泥配比呈指数下降关系。由图4.2(b)可见,在煤粉与水泥配比为1.5的实验条件下,添加石膏粉能够降低煤岩的抗压强度,从而达到预期模拟煤壁力学特性的目的。

4.2 平面截割实验

4.2.1 实验系统

截割煤岩实验台由实验台和测试系统组成,其实验台包括框架、找平刀具、压电传感器、力传感器、测力刀具和油缸六部分,如图4.3所示,其中刀架左右移动距离为0.7 m,刀架前后移动距离为0.85 m。

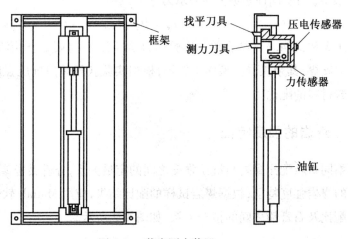

图4.3 截齿测力装置

实验测试系统由DY – 15型稳压电源、三向力传感器、YD – 15动态应变仪、SC – 16光线记录仪、TD4073型双通道FFT分析仪和CPF – 80EX记录仪组成,如图4.4所示。三向力传感器为八角环形,装在固定镐形截齿的刀架上,截齿截割煤岩时所受三向载荷力使八角环产生相应的应变,从而引起粘贴其上的应变片阻值发生变化,利用测量电路对其阻值进行检测。

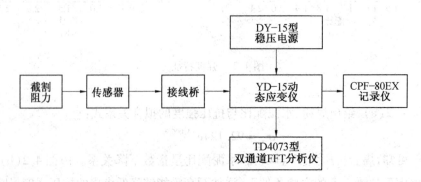

图4.4 截割阻力测试系统

4.2.2　煤岩试样

根据相似理论以天然煤岩的抗压强度为基准,配制了模拟截割煤岩试样。将采集到的各种煤块用手锤捣碎成小块状,采用分选筛选出直径为 15 ~ 25 mm 的小块,选用 325[#] 硅酸盐水泥按煤块与水泥质量比为 4：1 制成试样[49],其外形尺寸为 550 mm × 380 mm × 280 mm,养生一段时间后,用于截齿截割实验,试样坚固性系数见表 4.4。

表 4.4　试样坚固性系数

编号	冲击次数	计量筒读数 /mm	f	$\bar{f}$
1	3	61	0.968	
2	3	65	0.923	0.93
3	3	67	0.896	

当 $f < 1$ 时为软煤,韧性煤;$1 < f < 2$ 时为中硬煤;$f > 2$ 时为硬煤;实验中煤的坚固性系数为 0.93,韧性煤。

4.2.3　测力传感器的工作原理

采用如图 4.5(a) 所示的力传感器,是一种双平行梁式力传感器[50]。在弹性元件后部装有压力传感器,可把切削力 Z 简化为作用于弹性元件端部的一个力 P 和一个力偶 M,如图 4.5(b) 所示,各应变片的应变为

$$\varepsilon_1 = -\varepsilon_3 = \frac{PL_2 + M}{E \times W} \tag{4.3}$$

$$\varepsilon_2 = -\varepsilon_4 = \frac{PL_1 + M}{E \times W} \tag{4.4}$$

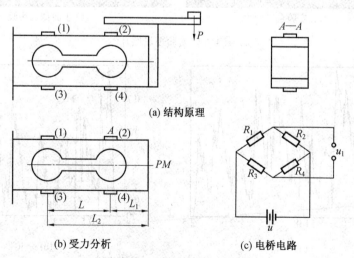

(a) 结构原理

(b) 受力分析　　　(c) 电桥电路

图 4.5　双平行梁式力传感器

电桥的输出电压为

$$u_0 = \frac{u \times k(\varepsilon_1 - \varepsilon_2 - \varepsilon_3 + \varepsilon_4)}{4} = \frac{u \times k \times P \times L}{2 \times E \times W}$$

式中　　E——材料弹性模量，GPa；

　　　　W——最大应力处抗弯截面模量，m³；

　　　　k——应变片灵敏度系数，一般 $k = 2$；

　　　　ε_i——应变，$i = 1,2,3,4$；

　　　　L、L_1、L_2——力臂，$L_2 = L_1 + L$，m。

4.2.4　截割阻力载荷谱

　　刀具在破碎煤岩的过程中，其所受载荷的大小、方向随时间或刀具截割轨迹做周期性（不规则）的变化，文中将刀具载荷的这种变化特性称为载荷谱。

　　在截割实验台（图4.6）上，分别测试 $\beta = 45°$ 时截割阻力曲线和 $\beta = 40°$ 时截割阻力谱，其中切削厚度 $h_0 = 0.015$ m，煤的当量截割阻抗 $A_0 = 240$ kN/m 的截割阻力谱如图4.7所示，截齿的截割阻力谱是波动的，其大小及变化与煤块的内部结构、硬度和煤的破碎过程等因素有关。

(a) 实验台　　　　　　　　　　　　　　　　(b) 平面截割实验

图 4.6　实验现场照片

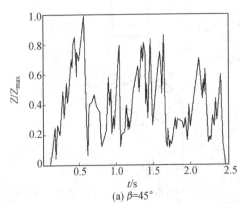

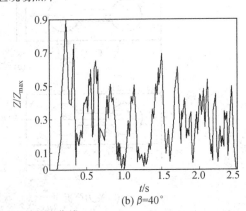

(a) β=45°　　　　　　　　　　　　　　　(b) β=40°

图 4.7　截齿截割阻力实验曲线

4.3　旋转截割实验

为了能够实现模拟煤矿井下采煤机真实的旋转截割煤岩,以采煤机截割破碎煤岩机理为依据,研发了多截齿截割参数可调的煤岩截割实验台,突破了以往搭建的平面截割实验台,在实验室模拟井下采煤机实际截割煤岩的状态,其旋转截割实验台具有三方面独特的截割特性:

(1)平面截割实验装置的牵引速度、截割速度等运动参数为恒定,旋转截割实验台可实现其运动参数自由调整及改变。平面截割实验装置的截齿安装角度、截齿的排列方式、截线距等几何参数均为固定不变,而旋转截割实验系统的几何参数即可按照实验的要求调整更改。

(2)平面截割实验台所测试得到的截割三向力不能真实地反映采煤机在井下截割煤岩的状态,且截割厚度为恒定不变,而真实的截齿截割煤岩状态为截割厚度在随时间的变化而变化。旋转截割实验台所用截割机构为旋转体,可以模拟井下滚筒旋转截割,即实现截割厚度在变化时的截割工况,能够及时、准确地捕获镐形截齿的截割三向载荷、截割扭矩、截割功率及截割电流。

(3)实验所用煤壁,以煤岩的抗压强度为基准,考虑煤岩层理、节理特性,能够实现模拟不同层理与节理煤层的截割实验,同时,通过高速摄像机等使得该旋转实验台能够实现清楚地记录截齿截割煤岩的破碎过程,及时检测煤岩破碎过程的细节。

4.3.1　测试系统的组成及原理

多截齿参数可调式旋转截割实验台主要由截割电机、减速器、联轴器、转速转矩传感器、截割轴、滑环、截割机构、测力装置、截割台架、液压泵站、电控箱、模拟煤壁及液压缸等构成,如图 4.8 所示。该实验台主要分为两部分:主传动部分、辅助部分,主传动部分主要用来实现截齿机构的旋转截割,由变频器来调整,实现截割的无级速度。变频电机,经联轴器和减速器与输入轴相连,输出轴通过联轴器与截割轴相连接,驱动旋转截割机构。当变频调速位于低速挡时,截割功率低,致使扭矩变小,为满足实验台拥有较大的扭矩,因此,在传动系统中添加减速器。为了检测截齿的三向载荷力、截割扭矩、截割电流,在传动系统中加入扭矩转速传感器和测力装置[51];在截割机构上安装截割臂,其长度是可调的,为了能模拟不同滚筒直径;通过调节多个截割臂间的轴向距离来实现调节截齿截线距;同时,为了实现调整截齿的轴向倾斜角和切向安装角,齿座与花键轴焊接在一起,并与内外花键套配合,通过调整花键轴和内外花键套的相对位置,实现截齿的轴向倾斜角的调整;辅助传动部分,主要用来模拟井下采煤机工作时牵引速度(进给速度),通过控制台控制泵站的流量控制液压缸的驱动速度,实现截割实验台牵引速度(进给速度) 调速。

图 4.8　旋转截割实验台

1— 电动机;2— 减速器;3— 扭矩仪;4— 滑环;5— 截割与测力装置;6— 煤壁

4.3.2　测试系统

测试系统包括三向载荷测试系统、扭矩测试系统、煤岩崩落写真系统。截齿的三向载荷测试系统由测力装置、测力传感器、信号放大器和 Dasp v10 智能数据采集和信号处理系统等组成,在三向载荷测试系统中,截齿安装在尾部为四方体刚性体齿套上,把截齿和齿套放置在测力装置里面,测力传感器与其四方体各个平面相连接,在截齿旋转截割过程中,截齿所受到的截割阻力、推进阻力及侧向力,通过测力装置中测力传感器的变形量转化成信号,然后将信号传送至 Dasp v10 智能数据采集和信号处理系统,并将其存储记录和分析处理,实现同步检测多截割旋转截割煤岩的三轴截割载荷谱。扭矩测试系统主要由软件和硬件两部分组成,硬件有 NC 转矩转速传感器、测试仪表、工控机以及相关的信号连接线等;软件主要为典型模块,包括扭矩、功率及时间等。辅助传动部分主要用来实现实验台运动的牵引速度(进给速度)。实验中测试截割三向载荷、滚筒扭矩、输入功率、转速以及图像信息采集等,构建测试系统。

实验中截齿截割煤壁时所受的截割阻力通过齿套传递,由后端的力传感器测出其大小,传感器测力方向与截齿轴线一致定义为轴向载荷 F_z,所测力方向与截齿轴线方向垂直定义为径向载荷 F_y,测力方向同时与轴向载荷和径向载荷垂直定义为侧向载荷 F_x,指向采空区一侧为正值,可见侧向载荷即为截齿的侧向力,如图 4.9 所示。

测力装置分为四方体和锥体两部分,力传感器通过螺杆安装在四方体上面,并与所设计的刚性四面体齿座相互接触,在旋转截割破煤的过程中,截齿所受三向载荷通过测力装置中各个力传感器的变形量以及电路转化成电流输出,再经过压力变送器与电路转换后得到的电压信号,Dasp v10 数据采集处理系统对电压信号进行采集与记录,实现了多齿旋转截割实验台各个截齿截割煤岩所产生的三向载荷谱的同步检测。

转矩转速测试系统包括软件和硬件:软件采用四川诚邦公司所设计的系统;硬件由 NC - 3 转矩转速传感器、仪表、工控机以及信号连接线等组成。在扭矩测试系统中,把转矩转速传感器安装在被测旋转机构的输入端,NC - 3 型转矩转速传感器中的信号输出端与扭矩测量仪上对应输入端相连,通过扭矩测量仪表上的 RS235 串口将数据传送至工控

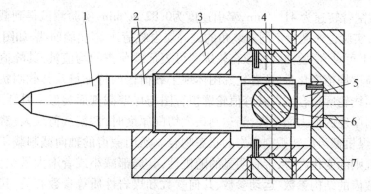

图 4.9   测力装置
1— 截齿;2— 齿套;3— 齿座;4、5、6、7— 力传感器

机并将数据进行存储记录,对传感器的相关参数进行设定,用以测试输出转速和转矩。

视频图像采集系统包括图像采集系统、高速摄影机、计算机等,为了探求镐形截齿在旋转截割状态下的煤岩崩落的整个过程及其煤岩崩落的细节,基于高速摄影机,对煤岩崩落的动态过程进行了图像采集。图像采集系统包括 D 型 Lightning RDTTM 摄像仪、AF 尼克尔镜头内置 CPU 中央处理器、3D 矩阵测量、3D 多路传感器等构成一个完整的系统。根据旋转实验台截齿旋转截割煤岩的工况,把控制软件及摄像机按照要求接通链接安装后,即可自由调节要拍摄的煤岩破碎区域,可自由调节拍摄的距离及清晰度等,按照图像采集系统软件操作步骤,即可获得煤岩破碎崩落的细节。

4.3.3   实验截齿

截齿破碎煤岩是依靠截齿硬质合金头与煤岩的冲击和挤压作用,合金头参数直接影响截齿的寿命和破煤的性能。为研究不同合金头截齿对破碎煤岩性能影响,试制三种类型合金头的镐形截齿,分别为新镐形截齿(文中称为"锐齿")、六棱形锥面截齿(文中称为"棱齿")和齿尖磨钝截齿(文中称为"钝齿"),其具体结构参数将在后续两章中予以详细介绍,截齿如图 4.10 所示。

图 4.10   三种类型合金头截齿

4.3.4   旋转截割实验

1. 安装角

为了分析截齿楔入煤岩方式与截割载荷谱的内在关联,研究安装角为 35°、40° 和 45° 及 50° 截齿的截割载荷谱。实验条件:截齿长度为 160 mm,齿身长为 90 mm,齿柄直径为 ϕ30 mm, 齿尖夹角为 75°, 齿尖合金头伸出长度为 14 mm, 煤岩截割阻抗为 180 ～

200 kN/m,截割臂转速为41 r/min,牵引速度为0.82 m/min,实验测试得到截齿的轴向截割载荷 A_s 谱,实验记录截齿不同安装角的破碎煤岩载荷 A_s 谱实验曲线,如图4.11所示。

由图4.11可见,实验曲线的拟合轮廓图可表征载荷谱的均值量,其峰值的拟合轮廓图可表征载荷谱峰值变化量,两者轮廓图体现了载荷谱的特征量及其截割状态的变化规律。载荷谱曲线轮廓拟合图及其峰值轮廓拟合图与煤壁截割面类似呈月牙形状,即截割载荷随着切削厚度的增大而增大,当达到最大切削厚度时,截割载荷最大,然后又逐渐减小,与实际采煤机截齿旋转截割煤岩的状态吻合。然而截齿的轴向截割载荷谱局部特征均表现出不规则的变化趋势,带有明显的随机性,其局部减小或者增大呈交变状态,究其原因与镐形截齿的结构参数、运动参数、几何参数和煤岩性质等参数有关,其大小及变化规律与安装角有着密不可分的关联。

截齿不同安装角度楔入煤岩的过程,如图4.12所示,单个截齿7次连续截割循环得到的载荷谱(轴线方向)如图4.13所示。当旋转截割实验台向前不断进给破碎煤岩时,截齿沿轴向的破碎载荷谱随切削厚度增大而增大,如图4.13中所标示的"1""2""3";当切削厚度达到给定最大值时,此时截齿沿轴向的破煤载荷谱也同时达到最大,如图4.13标示的"3""4";当参数可调式旋转截割实验台减速进给,截齿破碎煤岩载荷随之逐渐减小,如图4.13标示的"5""6""7"。在安装角与齿尖半锥角之和小于90°的前提下,其他截割实验条件保持恒定不变,根据图4.11的截割载荷谱,给出截割载荷轮廓拟合的均值、载荷峰值轮廓拟合的均值与截齿安装角的内在关联特性,如图4.14所示。

在实验研究范围内,截齿截割载荷轮廓拟合的均值、载荷峰值轮廓拟合的均值随截齿安装角的增大而先减小后增大,原因在于截齿楔入煤岩的方式不同,导致破碎载荷也不同。当安装角为35°时,截齿楔入煤岩形式及楔入效果相对较差,截齿破碎煤岩载荷谱有所增大;当安装角在40°~45°时,镐形截齿破碎煤岩载荷谱呈现极值状况,具有最小值;当安装角为50°时,截齿与煤岩的截槽底部相碰触摩擦,即该现象表征镐形截齿与相应的煤岩体发生干涉行为,与此同时截齿破碎煤岩实验载荷有显著的增大变化趋势。为进一步改善截齿与煤壁产生干涉挤压甚至摩擦这种现象,安装角 β 的选择较佳范围应在40°~45°,随截齿的齿尖锥角的继续增大,安装角 β 应该对应取较小的值。

2. 切削厚度

平面截割煤岩时,其切削厚度为恒定不变,便于研究不同切削厚度对截割载荷的影响规律,而截齿旋转截割煤岩体时,与实际截割工况相同时,其切削厚度随时间而改变,截割载荷也随其变化而变化,采煤机截齿振动程度与截割载荷的变化平稳度密切相关。为了分析截齿旋转截割工况,其切削厚度对截割载荷的影响规律,以最大切削厚度为标准,研究不同最大切削厚度对截齿截割载荷的影响程度,分析不同切削厚度间的截割载荷内在解析关系[52,53]。

为研究切削厚度对截割载荷的影响,对截齿截割煤岩最大切削厚度进行实验研究。实验条件:截齿长度为160 mm,齿身长度为90 mm,截线距为40 mm,齿尖合金头长度为14 mm,安装角为40°,截割阻抗为180~200 kN/m,最大切削厚度分别为15、20、25 mm,牵引速度分别为0.612、0.816、1.020 m/min,实验测试的截齿沿轴向截割载荷曲线,如图4.15所示,不同切削厚度的截割槽如图4.16所示。

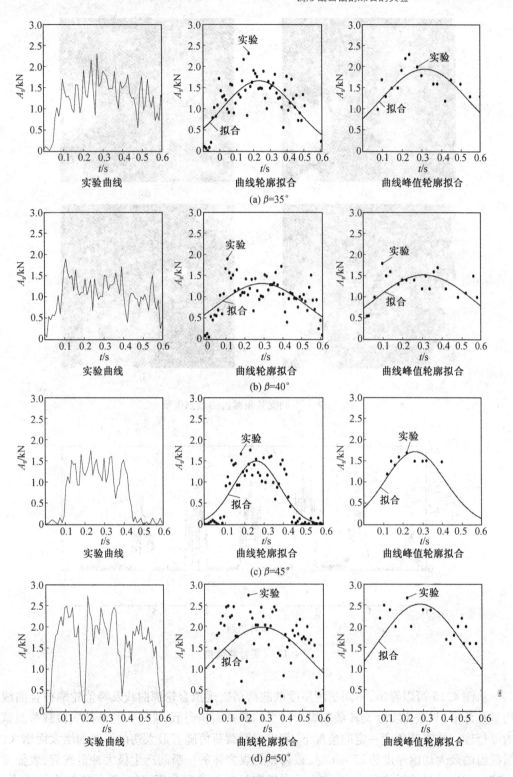

图 4.11　不同安装角下的载荷谱

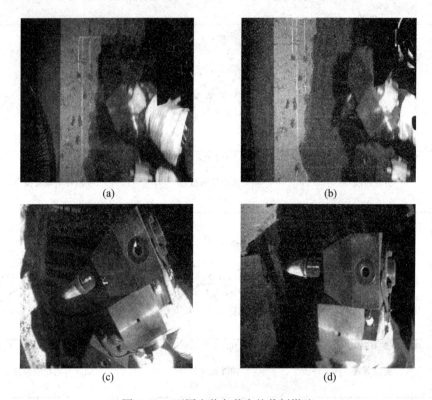

(a)　　　　　　　　　　　(b)

(c)　　　　　　　　　　　(d)

图 4.12　不同安装角截齿的截割煤壁

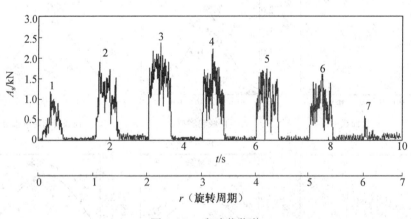

图 4.13　实验载荷谱

　　从图 4.15 可以看出,不同切削厚度的载荷谱宏观拟合轮廓曲线及峰值轮廓拟合曲线均呈月牙形,与截齿实际旋转截割煤岩留下的截割面相类似,进一步验证该实验载荷测试的可行度。在安装角度一定的情况下,截齿截割载荷值随着最大切削厚度的增大而增大,当截齿的最大切削厚度为 25 mm 时,截齿碰触煤岩体的一瞬间产生极大冲击载荷,表征截齿破碎煤岩过程消耗能量很大,综合采煤机实际工作状况分析可知,随切削厚度的增大,破碎煤岩体的块度变大,截齿破碎载荷也增大,继而不同程度地导致截齿受到磨损,因此,切削厚度对截齿的受力及截割性能均有一定的影响。

为进一步获得截齿切削厚度对截齿破碎煤岩载荷谱的影响变化程度，通过统计不同切削厚度下截齿破碎煤岩载荷谱实验值，其统计特征量值见表4.5。

从表4.5可以看出，在实验研究范围内，即截齿截割煤岩最大切削厚度为15～25 mm，其沿截齿截割载荷最大值、均值、标准差均随着截割煤岩厚度的增大而增大。为进一步探讨不同切削厚度下的截割载荷变化规律，给出了载荷

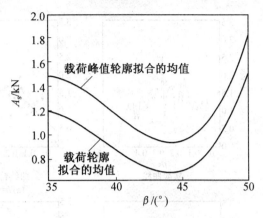

图 4.14　安装角对截割载荷的影响

轮廓拟合均值及载荷峰值轮廓拟合的均值随切削厚度的变化曲线，如图4.17所示。

表 4.5　不同切削厚度下的截割载荷统计值

h/mm	载荷统计值		
	最大值/kN	均值/kN	标准差
15	2.492 3	1.065 0	0.512 9
20	2.575 4	1.263 3	0.702 6
25	3.188 9	1.614 9	0.896 7

由图4.17可见，载荷轮廓拟合的均值及载荷峰值轮廓拟合的均值随切削厚度的增大而非线性增大，由理论分析可知，截割载荷总体趋势随截齿截割破碎煤岩的厚度增大而增大，该实验的结论与理论分析结果相近，进一步验证该研究符合实际。

3. 不同类型截齿

不同类型的截齿直接影响着截齿破碎煤岩载荷的大小，也决定着截齿截割破碎煤岩过程中其截割比能耗和粉尘量等。为研究不同类型截齿与截割载荷变化关系，实验截齿分别为普通齿、六棱型齿及钝齿。实验条件：其截齿长度为160 mm，齿身长度为90 mm，齿柄直径为ϕ30 mm，齿尖合金头长度为14 mm，截齿安装角为40°，截割阻抗为180～200 kN/m，切削厚度为20 mm，滚筒转速为40.8 r/min，牵引速度为0.816 m/min，实验曲线如图4.18所示。由图4.18可见，不同类型截齿的截割载荷谱曲线轮廓拟合图及其峰值轮廓拟合图与截割面类似呈月牙形。

为进一步探索不同类型截齿对截割载荷的影响变化程度，经过统计其实验数据，给出不同类型截齿截割破碎煤岩状态的实验载荷谱特征量值，见表4.6。

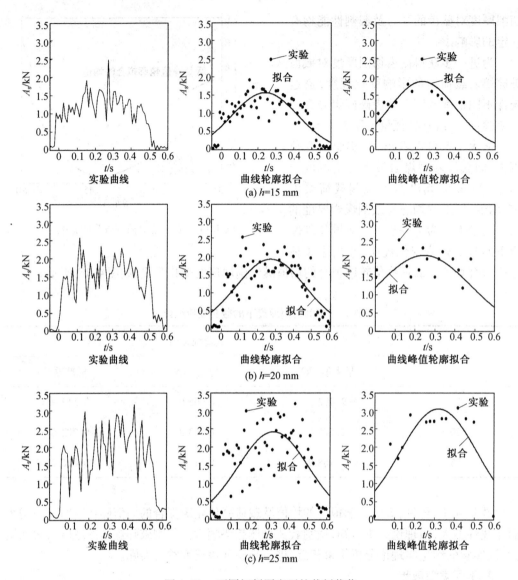

图 4.15   不同切削厚度下的截割载荷

表 4.6   不同类型截齿的截割载荷统计值

截齿类型	载荷统计值		
	最大值 /kN	均值 /kN	标准差
六棱型齿	2.799 3	1.411 2	0.766 0
普通齿	2.740 9	1.370 5	0.681 3
钝　齿	2.988 7	1.434 3	0.778 6

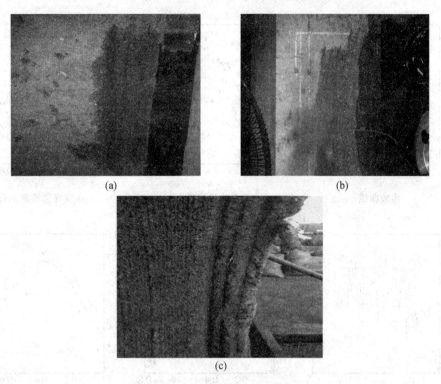

图 4.16   不同切削厚度的截割槽

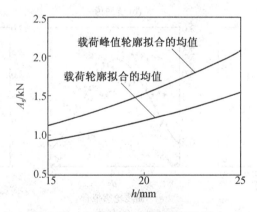

图 4.17   切削厚度对截割载荷的影响

从表 4.6 可知,在实验研究范围内,三种类型截齿截割实验载荷的最大值、均值及标准差均不同,钝齿的特征值最大。为了深入探讨不同类型截齿的载荷谱变化规律,给出了不同类型的载荷轮廓拟合均值及载荷峰值轮廓拟合的均值变化柱状图,如图 4.19 所示。

从图 4.19 可见,钝齿截割煤岩载荷轮廓拟合的均值及载荷峰值轮廓拟合的均值比普通齿及六棱型齿大,六棱型截齿截割载荷轮廓拟合的均值与锐截齿截割载荷轮廓拟合的均值相接近。六棱型截齿截割载荷峰值轮廓拟合的均值小于锐截齿截割载荷峰值轮廓拟合的均值。由于钝齿的齿尖是被磨钝的,其与煤岩接触时,齿尖与煤岩接触面积变大,其

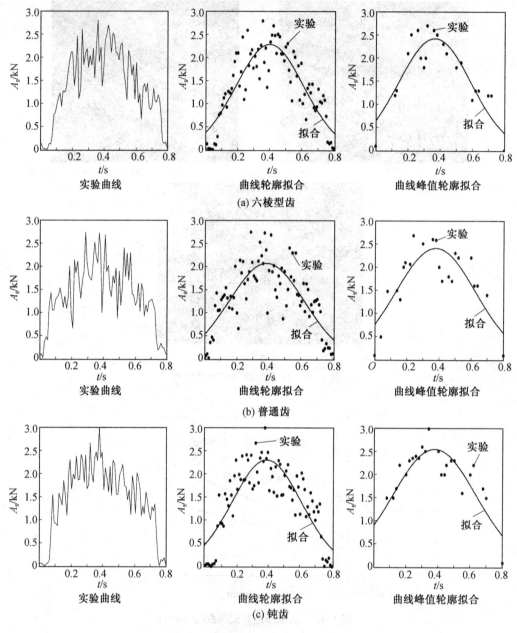

图 4.18　不同类型截齿的截割载荷

该处被压实的煤层面积也就越大,截割过程中产生的载荷就越大。六棱型截齿的齿尖是在锐截齿基础上磨出的六棱,与煤岩接触时,截齿的六棱与面是交替与煤岩接触的,导致截割载荷的变化与锐截齿载荷相比时而大时而小,但其均值的变化与锐截齿载荷均值变化相接近。

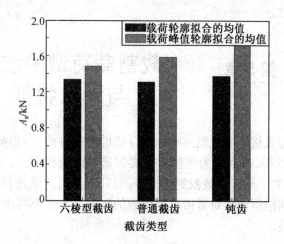

图 4.19　不同类型截齿对截割载荷的影响

第 5 章　截割载荷谱的统计与频谱特征

截齿的截割性能直接影响截割效率和采煤机的整机性能,截齿截割煤岩的过程是一个复杂的动态随机过程,截割阻力谱隐含着煤岩破碎的重要信息,为分析截齿的截割性能,通过研究不同参数下截齿旋转截割的实验,对其截割阻力谱进行统计和频谱等分析,以期获得不同工作和结构参数对截齿截割性能的影响。实验测得的截齿轴向载荷、径向载荷均为传感器示值。

5.1　三向载荷谱的统计特征

5.1.1　轴向载荷

1. 安装角对截割性能影响

为研究安装角对截齿截割性能的影响及其相互关系,对图 5.1 中的轴向载荷谱进行峰值轮廓拟合,得到峰值轮廓曲线如图 5.1 所示,其均值如图 5.2 所示。截割阻力谱峰值随切削厚度的变化呈现月牙形变化的趋势,能较好地反映旋转截割煤岩过程截齿所受负载的变化,根据拟合峰值轮廓曲线获得截齿的轴向载荷均值与 β 拟合关系为

$$\overline{A_s} = 7.108\,0 - 0.263\,3\beta + 0.002\,9\beta^2 \tag{5.1}$$

轴向载荷峰值拟合的均值与安装角呈二次方关系,如图 5.3 所示,在实验范围内随安装角的增大,呈先减小后增大的趋势。实验条件下,安装角在 40° ~ 45° 范围内,轴向载荷的峰值轮廓拟合均值存在极小值。当安装角为 30° 或 50° 时,轴向载荷较大,原因是当安装角较小时,截齿齿尖合金头楔入煤岩的效果较差,当安装角较大时,截齿与截槽的底部发生干涉产生摩擦,使轴向载荷增大。为提高截齿的截割性能,保证采煤机平稳运行,叶片上截齿的布置不仅要考虑截齿自身的受力状态,还要考虑齿身与煤岩不产生干涉条件。

2. 切削厚度对截割性能影响

当截齿旋转截割煤岩时,截齿切削煤岩的厚度始终在变化,为了研究截齿旋转截割时,切削厚度对截割载荷的影响规律,采用最大切削厚度作为参考量。通过改变牵引速度使最大切削厚度变化来探寻最大切削厚度与截齿截割载荷的关系。实验条件:煤壁截割阻抗为 180 ~ 200 kN/m,滚筒转速为 40.8 r/min,滚筒直径为 ϕ1 460 mm,切削厚度分别为 15、20 和 25 mm,安装角为 45°,轴向倾斜角为 0°(即滚筒轴线方向倾斜角度,即角度齿),采用锐齿进行旋转截割实验,测得截齿的三向载荷,轴向载荷谱如图 5.4 所示。

为获得截齿截割阻力与切削厚度之间的关系,实验数据经统计分析,结果见表 5.1。

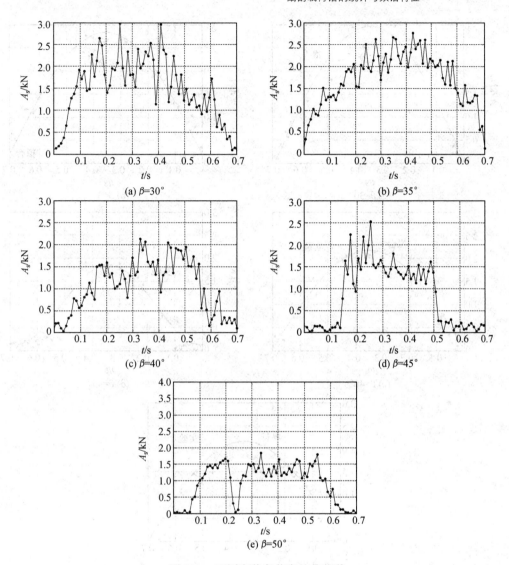

图 5.1　不同安装角截齿的载荷谱

表 5.1　不同切削厚度的轴向载荷统计量

h_{max}/mm	拟合最大值/kN	拟合均值/kN	标准差
15	1.913	1.148	0.563
20	2.564	1.437	0.617
25	3.211	1.766	0.723

　　对表 5.1 中的拟合最大值和拟合均值进行线性拟合,得到轴向载荷与切削厚度的拟合曲线,如图 5.5 所示。在滚筒和截齿的结构参数不变的情况下,从图 5.5 可以看出,实验范围内轴向载荷拟合最大值和拟合均值与切削厚度呈显著线性关系,二者随着切削厚度的增大呈增大趋势。

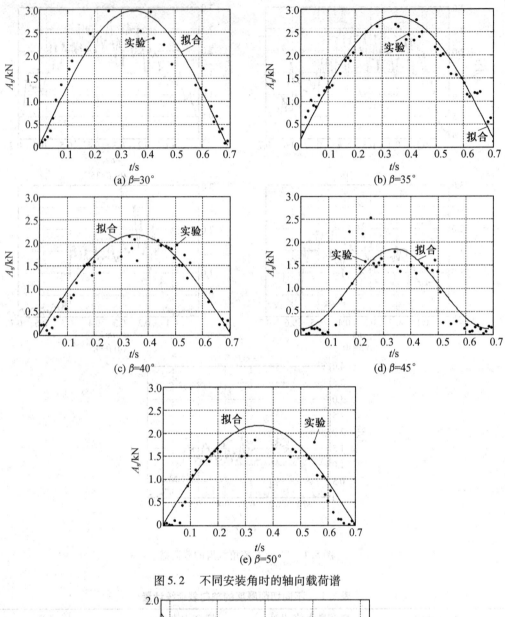

图 5.2   不同安装角时的轴向载荷谱

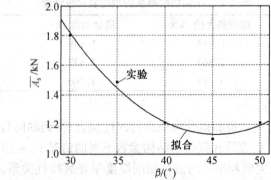

图 5.3   轴向载荷波峰拟合均值与安装角的关系

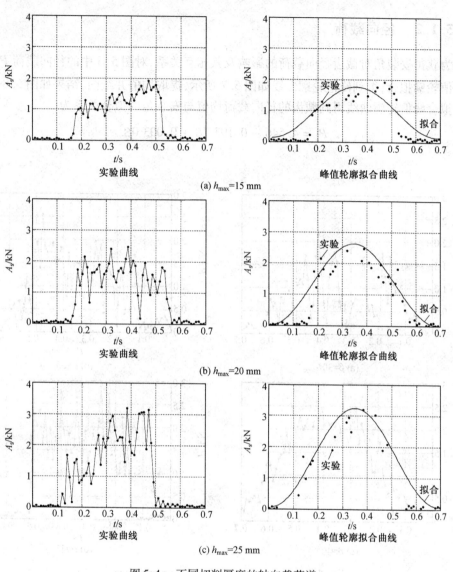

(a) h_{max}=15 mm

(b) h_{max}=20 mm

(c) h_{max}=25 mm

图 5.4　不同切削厚度的轴向载荷谱

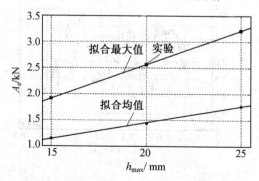

图 5.5　轴向载荷与切削厚度的关系

5.1.2 径向载荷

为获得安装角对截齿径向载荷的影响及其相互关系,对图5.6中的径向载荷 P_s 谱进行峰值轮廓拟合,得到峰值轮廓曲线如图5.7所示,提取均值并绘图,结果如图5.8所示,根据拟合峰值轮廓曲线得到截齿的径向载荷均值与安装角的拟合关系为

$$\overline{P_s} = 4.546 - 0.193\,7\beta + 0.003\,0\beta^2$$

$$(5.2)$$

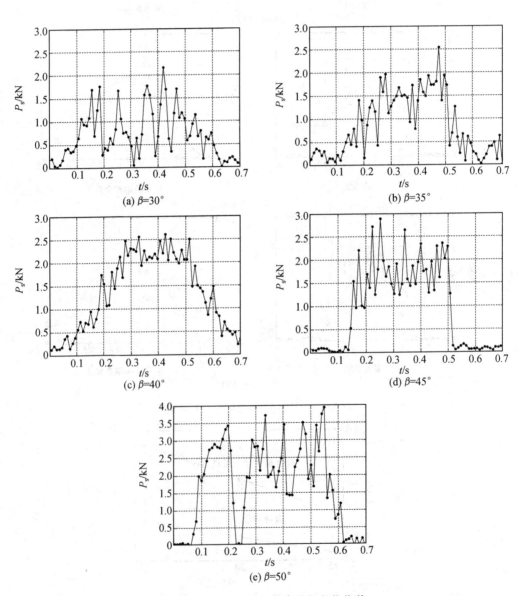

图5.6 不同安装角时截齿的径向载荷谱

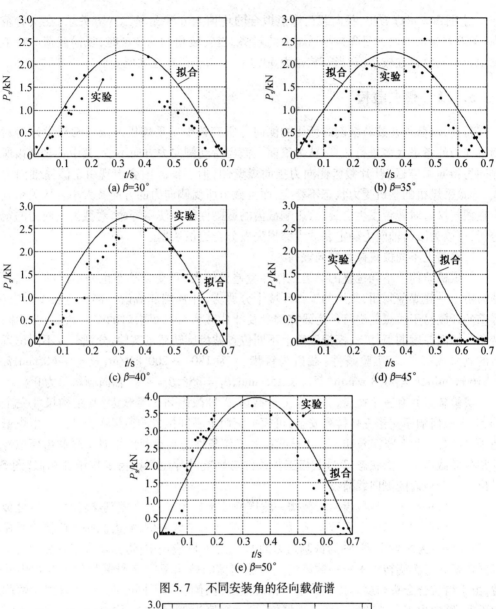

图 5.7 不同安装角的径向载荷谱

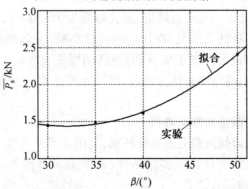

图 5.8 径向载荷波峰拟合均值与安装角关系

由图 5.8 可以看出,径向载荷峰值拟合的均值与安装角呈二次方关系,在实验范围内,随着安装角的增大呈先减小后增大的趋势,当安装角约为 30° 时,径向载荷的峰值轮廓拟合的均值存在较小值,当安装角为 50° 时,径向载荷存在大值。

5.1.3　侧向载荷

目前,对截齿在旋转截割时所受的侧向力研究较少。采煤机及滚筒常规设计时对滚筒轴向力的考虑大多进行估算,认为滚筒上截齿所受侧向力方向不变,其中端盘截齿所受侧向力指向采空区,叶片截齿侧向力指向煤壁侧,但在实际中会出现由于滚筒轴向力过大,导致采煤机的整机受力状态不稳定,而且截齿所受侧向力的方向及大小直接关系到截齿在截割煤岩时能否发生自旋转,影响截齿的截割性能和使用寿命,对截齿侧向力的定量分析,可以为滚筒轴向力确定和截齿磨损失效分析提供依据。

1. 滚筒上不同位置截齿侧向载荷

采煤机滚筒上不同位置的截齿工作环境差异较大,且受力状态也是不同的。端盘上截齿由于一侧煤壁封闭,截齿的工作环境十分恶劣,叶片端部截齿一侧靠近煤壁采空区,煤壁的开放易于块煤的崩落。为研究端盘及叶片截齿截割煤岩时的受力状态,在相同安装角和切削厚度的条件下,模拟滚筒上不同位置截齿旋转截割实验,分别获取不同位置截齿的侧向载荷[54]。实验条件:截齿为锐齿,A 为 180 ~ 200 kN/m,D = 1 460 mm,v_q = 0.816 m/min,n = 40.8 r/min,截齿长 155 mm,θ_1 = 85°,β = 45°,轴向倾斜角为 0°。

实验装置共有三个截齿,分别为 1 号截齿、2 号截齿和 3 号截齿,其结构尺寸完全相同,三个截齿顺序交错三列排列安装,可模拟滚筒上不同位置的截齿受力状态。由煤壁侧向采空区分别为 1 号、2 号和 3 号,1 号截齿的工作条件与端盘截齿相似,2 号截齿模拟螺旋叶片中部截齿的受力状态,3 号截齿工作条件与螺旋叶片尾部截齿工作条件相似,图 5.9 给出了三个截齿的侧向载荷谱。

由图 5.9 可见,1 号截齿由于截槽一侧煤壁处于封闭状态,在截割煤岩时,截齿合金头或齿身与煤壁侧截槽发生干涉挤压,截齿受力指向采空区一侧,截齿侧向载荷幅值明显增大,最大幅值为 6.846 kN,约为截割阻力的 1.5 倍,实际应用中,适当增大端盘截齿的轴向倾斜角度和二次旋转角来减轻截齿齿身与截割槽的挤压摩擦;2 号截齿位于叶片中间位置,由于齿尖合金头与煤岩接触时基本相对截割,两侧煤岩不同时崩落,使得截齿两侧受力不等,侧向力正负波动且交变出现峰值,最大幅值为 3.550 kN,均值的统计值趋于零;3 号齿的侧向力也出现正负波动情况,在切削厚度较小时(截齿刚进入截割煤岩和即将退出截割煤岩),截齿的侧向力出现正负波动,当切削厚度较大时,由于采空区一侧的煤岩更易于崩落,使得侧向力的方向总体为正向,即截齿所受侧向力方向指向采空区一侧,其最大幅值为 3.939 kN。

2. 不同类型合金头截齿的侧向载荷

为得到不同类型截齿侧向载荷的统计特征,利用多截齿参数可调式旋转截割实验台,深入研究侧向载荷所蕴含的信息。实验条件:实验截齿为锐齿、棱齿和钝齿,安装角为 40°,二次旋转角为 0°,滚筒直径 D = 1 460 mm,滚筒转速 n = 40.8 r/min,牵引速度 v_q = 0.816 m/min,截割阻抗为 180 ~ 200 kN/m,实验得到锐齿、棱齿、钝齿的侧向载荷谱,如

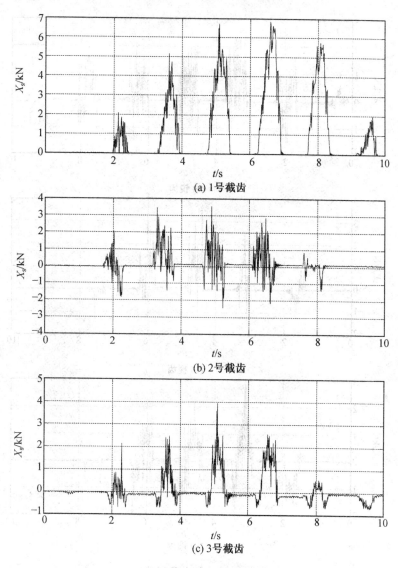

图 5.9   滚筒不同位置截齿的侧向载荷谱

图 5.10 所示。

从图 5.10 可见,锐齿、棱齿和钝齿的侧向载荷均沿时间轴波动,且呈正负交替变化的
现象。由于截齿与煤岩接触时截齿齿尖两侧的挤压作用,两侧煤岩不同时崩落,使截齿两
侧受力不等,从而产生侧向力差值,方向交变,侧向载荷总体均值大小趋中,单向峰值持续
时间较短,不利于截齿的自回转运动。

为进一步探求锐齿、棱齿及钝齿侧向载荷统计规律,建立其概率密度函数:

$$p(x) = \lim_{\Delta x \to \infty} \frac{p(x < x(t) \leq x + \Delta x)}{\Delta x} \tag{5.3}$$

根据式(5.3),获得不同类型合金头截齿侧向载荷的概率密度函数曲线,如图 5.11

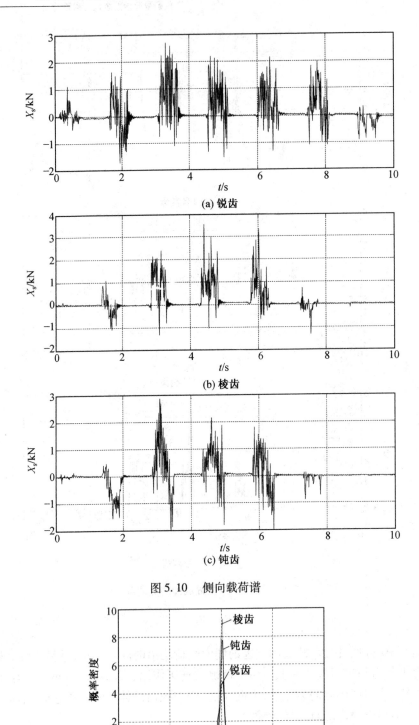

(a) 锐齿

(b) 棱齿

(c) 钝齿

图 5.10　侧向载荷谱

图 5.11　概率密度函数曲线

所示。 由图 5.11 可见,三种类型截齿侧向载荷概率密度函数均近似服从正态分布[55]。
为验证三种截齿侧向载荷概率密度曲线是否服从正态分布,给出工程统计分析中常用的
指标:偏斜度和峭度,分析时将两者结合一起使用,进而判断所要分析变量是否服从正态
分布。

偏斜度指标和峭度指标为

$$K_{\alpha} = \frac{1}{N} \sum_{i=1}^{N} \left(\frac{x_i - \bar{x}}{\sigma} \right)^3 \tag{5.4}$$

$$K_{\beta} = \frac{1}{N} \sum_{i=1}^{N} \left(\frac{x_i - \bar{x}}{\sigma} \right)^4 \tag{5.5}$$

根据式(5.4)和式(5.5)获得其不同类型截齿的偏斜度指标和峭度指标,见表 5.2。
由表 5.2 可知,三种类型截齿侧向载荷的偏斜度指标均大于零,表明该正态分布为正偏,
棱齿的峭度指标最大,锐齿最小,棱齿侧向载荷概率密度曲线形状最窄最尖,锐齿较宽且
平稳,与其概率密度函数曲线分布类型相一致,验证了该曲线服从正态分布。

表 5.2　参数指标

指标	锐齿	棱齿	钝齿
K_{α}	1.303 0	2.910 8	0.966 0
K_{β}	7.082 3	14.275 7	11.608 7

由上述分析可知,锐齿、棱齿和钝齿的侧向载荷概率密度函数曲线服从正态分布,其
可用正态分布密度函数表示

$$f(F) = \frac{1}{\sqrt{2\pi}\,\sigma} \mathrm{e}^{-\frac{(F-\mu)^2}{2\sigma^2}} \tag{5.6}$$

由于三种类型截齿侧向载荷均服从参数为 φ 和 $W_1 = \int_0^t P(t)\mathrm{d}t$ 的正态分布,根据最大
似然估计法的原理,式(5.6)的似然函数为

$$L(\mu, \sigma^2) = \prod_{i=1}^{n} \frac{1}{\sqrt{2\pi}\,\sigma} \mathrm{e}^{-\frac{(F_i-\mu)^2}{2\sigma^2}}$$

$$\ln L = -\frac{n}{2}\ln(2\pi\sigma^2) - \frac{1}{2\sigma^2} \sum_{i=1}^{n} (F_i - \mu)^2$$

$$= -\frac{n}{2}\ln(2\pi) - \frac{n}{2}\ln(\sigma^2) - \frac{1}{2\sigma^2} \sum_{i=1}^{n} (F_i - \mu)^2 \tag{5.7}$$

令 $\frac{\partial \ln L}{\partial \mu} = 0, \frac{\partial \ln L}{\partial \sigma^2} = 0$,则

$$\frac{1}{\sigma^2} \left(\sum_{i=1}^{n} F_i - n\mu \right) = 0 \tag{5.8}$$

$$-\frac{n}{2\sigma^2} + \frac{1}{2\sigma^4} \sum_{i=1}^{n} (F_i - \mu)^2 = 0 \tag{5.9}$$

整理得

$$\sum_{i=1}^{n} F_i - n\mu = 0$$

$$n\sigma^2 - \sum_{i=1}^{n} (F_i - \mu)^2 = 0$$

解得

$$\hat{\mu} = \frac{1}{n} \sum_{i=1}^{n} F_i = \overline{F} \tag{5.10}$$

$$\hat{\sigma}^2 = \frac{1}{n} \sum_{i=1}^{n} (F_i - \overline{F})^2 \tag{5.11}$$

因此,μ 和 σ^2 的最大似然估计量分别为 $\hat{\mu} = \dfrac{1}{n} \sum\limits_{i=1}^{n} F_i = \overline{F}$,$\hat{\sigma}^2 = \dfrac{1}{n} \sum\limits_{i=1}^{n} (F_i - \overline{F})^2$,代入相应的数据,求得最大似然估计值,见表 5.3。

表 5.3　参数估计

估计量	锐齿	棱齿	钝齿
$\hat{\mu}$	0.112 8	0.117 0	0.045 4
$\hat{\sigma}^2$	0.277 7	0.248 7	0.218 7

由于样本方差 φ 是 $d\varphi$ 的无偏估计,为确定均值 $\hat{\mu}$ 的置信区间,取统计量:

$$T = \frac{\sqrt{n}(\overline{F} - \mu)}{S} \sim t(n-1)$$

$$P\left(\frac{\sqrt{n}(\overline{F} - \mu)}{S} < \lambda \right) = 1 - \alpha$$

由给定的 α 查 t 分布表,得到 $\lambda = t_{\alpha/2}(n-1)$,变换后得

$$P\left(\overline{F} - \frac{S}{\sqrt{n}} t_{\alpha/2}(n-1) < \mu < \overline{F} + \frac{S}{\sqrt{n}} t_{\alpha/2}(n-1) \right) = 1 - \alpha \tag{5.12}$$

故,$\hat{\mu}$ 的置信水平为 φ 的置信区间为

$$\left[\overline{F} - \frac{S}{\sqrt{n}} t_{\alpha/2}(n-1), \overline{F} + \frac{S}{\sqrt{n}} t_{\alpha/2}(n-1) \right]$$

当 $\alpha = 0.05$ 时,查 t 分布表得 $t_{\alpha/2}(n-1) = t_{0.025}(1\ 023) = 1.960$,得锐齿 $\hat{\mu}$ 置信水平为 0.95 的置信区间为 $(0.080\ 5, 0.145\ 1)$,棱型齿 $\hat{\mu}$ 置信水平为 0.95 的置信区间为 $(0.086\ 5, 0.147\ 5)$,钝齿 $\hat{\mu}$ 置信水平为 0.95 的置信区间为 $(0.016\ 8, 0.074\ 0)$。

为确定总体方差 $\hat{\sigma}^2$ 的置信区间,样本方差 S^2 是 $\hat{\sigma}^2$ 的无偏估计,故,取统计量为

$$\chi^2 = \frac{(n-1)}{\sigma^2} S^2 \sim \chi^2(n-1) \tag{5.13}$$

$$P\left(\frac{(n-1)S^2}{\chi_{\alpha/2}^2(n-1)} \leqslant \sigma^2 \leqslant \frac{(n-1)S^2}{\chi_{1-\alpha/2}^2(n-1)} \right) = 1 - \alpha \tag{5.14}$$

因此, $\hat{\sigma}^2$ 的置信水平为 $1 - \alpha$ 的置信区间为

$$\left[\frac{(n-1)S^2}{\chi^2_{\alpha/2}(n-1)}, \frac{(n-1)S^2}{\chi^2_{1-\alpha/2}(n-1)}\right]$$

由 $1 - \alpha = 0.95$, 查 $\chi^2_{0.975}(1\ 023) = 914.257$, $\chi^2_{0.025}(1\ 023) = 1\ 089.531$, 将其代入式 (5.14), 得锐齿 $\hat{\sigma}^2$ 置信水平为 0.95 的置信区间为 (0.260 7, 0.310 7), 棱型齿 $\hat{\sigma}^2$ 置信水平为 0.95 的置信区间为 (0.233 5, 0.278 3), 钝齿 $\hat{\sigma}^2$ 置信水平为 0.95 的置信区间为 (0.205 3, 0.244 7)。

5.1.4 轴向载荷与径向载荷的比较

为比较不同安装角时截齿轴向载荷与径向载荷的大小及关系, 对实验测量数据进行平均值的提取, 统计结果见表 5.4。实验传感器测得的轴向载荷和径向载荷, 其方向和作用点如图 5.12 所示。

表 5.4   不同安装角时载荷统计值

$\beta/(°)$	$\overline{A_s}/\mathrm{kN}$	$\overline{P_s}/\mathrm{kN}$
30	2.066	1.446
35	1.584	1.481
40	1.308	1.616
45	1.102	1.481
50	1.446	2.410

轴向载荷与径向载荷均值的关系, 见表 5.5, 径向载荷与轴向载荷比例系数 $\delta_{yz} = P_s/A_s$, 根据上述方法, 对牵引速度 $v_q = 0.816$ 和 1.02 m/min 的轴向载荷和径向载荷数据进行处理, 得到轴向载荷与径向载荷均值的比例系数 δ_{yz}, 见表 5.5。

表 5.5   轴向载荷与径向载荷均值的关系

$\beta/(°)$	δ_{yz}			$\overline{\delta_{yz}}$
	$v_q = 0.612$ m/min	$v_q = 0.816$ m/min	$v_q = 1.02$ m/min	
30	0.70	0.69	0.72	0.70
35	0.94	0.87	0.89	0.90
40	1.24	1.14	1.06	1.15
45	1.34	1.39	1.45	1.40
50	1.67	1.62	1.63	1.64

根据表 5.5, 对安装角和径向载荷与轴向载荷比例系数均值进行拟合, 得到关系:

$$\delta_{yz} = 0.047\ 6\beta - 0.746 \tag{5.15}$$

在实验条件下, 当 $\beta = 30° \sim 50°$ 时, 比例系数 δ_{yz} 与 β 呈线性关系, 随着 β 的增大, 比例系数 δ_{yz} 逐渐增大, 拟合关系的确定系数 R - square 为 0.998 5, 说明二者线性度较好。

通常截割阻力的均值大小作为判断截齿截割性能的一个重要特征量,反映了截齿截割过程中的破碎煤岩的平均负载。实验测力装置中截齿的受力状态如图5.12所示,其中 P_z 为截割阻力, P_y 为推进阻力, F_f 为支撑结构与截齿齿套间的摩擦阻力, O 为齿套支撑点, L_2 为齿尖到支撑点距离, L_1 为传感器到支撑点距离,当截齿沿滚筒轴向倾斜角 θ (零度齿)为零时,根据图5.12得到截齿的力平衡和力矩平衡方程:

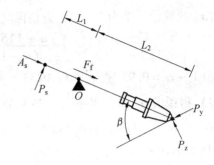

图5.12   截齿受力分析

$$\left.\begin{array}{r} P_y\cos\beta + P_z\sin\beta - F_f = A_s \\ (P_y\sin\beta - P_z\cos\beta)\cdot L_2 + P_s L_1 = 0 \\ L_1 F_f = (L_1 + L_2)f_n P_s \end{array}\right\}$$

(5.16)

令 $b_i = \dfrac{L_1}{L_2}$,将式(5.16)化简得到 P_z 与轴向载荷 F_z 和 β 的关系为

$$P_z = [\sin\beta + \delta_{yz}(f_n\sin\beta(1 + b_1) + b_1\cos\beta)]\cdot A_s$$

(5.17)

式中 f_n——截齿齿套与支撑结构的摩擦因数,取 $f_n = 0.1$;

b_1——测试装置截齿与传感器结构尺寸系数, $b_1 = 0.739$。

在实验条件下,当 $\beta = 30° \sim 50°$ 时,代入式(5.16)可得到 P_z 与 A_s 的关系为: $P_z = (1.0 \sim 1.8)A_s$,因此,实验测试的轴向载荷(径向载荷)可反映截割阻力大小及变化规律,截割阻力特征时可以用测试的轴向载荷来进行表征。

5.2   三向载荷谱的频谱特征

为了获得截齿不对称截割与截割载荷谱的内在关系,研究 θ 为0°、5°、10°和15°的截齿截割载荷谱。实验用普通镐形截齿,截齿长为155 mm,半锥角为42.5°, β 为40°,二次旋转角为0°,截割阻抗 A 为180 ~ 200 kN/m, $h_{max} = 20$ mm,滚筒转速为40.8 r/min,牵引速度为0.82 m/min,截齿截割完整的月牙形(180°)需要0.735 s。

5.2.1   轴向载荷

截齿不同轴向倾斜角的实验载荷谱如图5.13所示。图5.13中第一个横坐标表示时间,第二个横坐标表示截齿转过的弧度;第一个纵坐标表示截齿所受载荷,第二个纵坐标表示截齿的截割厚度,下同。由图5.13可见,不同 θ 的实验条件下,轴向载荷谱的宏观轮廓曲线呈月牙形,其与截齿实际旋转截割煤岩留下的截割面相类似,随着截割切削厚度的变化而变化;随着 θ 的增大,截齿齿尖轴向载荷幅值呈增大趋势,在宏观上,载荷方向没有

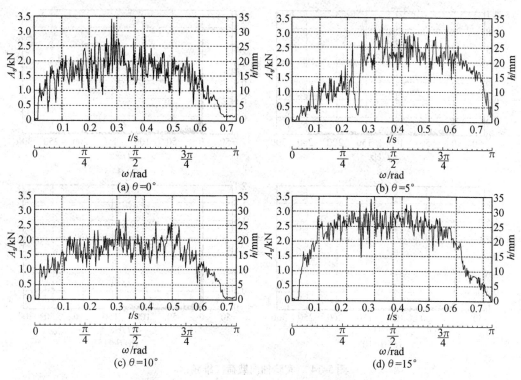

图 5.13 不同轴向倾斜角的轴向实验载荷谱

变化。

为了探求截齿轴向载荷的频谱特征[56],轴向载荷经傅里叶变换,得轴向载荷的频谱图,如图 5.14 所示。由图 5.14 可见,轴向载荷幅值主要集中在低频区域,且主要是频率为 0 Hz 的直流分量部分,当改变 θ 时,其幅值变化有缓慢增加的趋势,其成分来源主要是截齿截割煤岩作用;而高频段轴向载荷幅值极小,主要集中在 0.1 kN 以内,表现为轴向载荷的波动。为进一步分析截齿轴向载荷,采用统一滤波尺度对四组截齿轴向载荷进行高通与低通的滤波处理,分别得出轴向载荷在时域上高频曲线与低频曲线及其拟合曲线,如图 5.15 与图 5.16 所示。

从图 5.15 和图 5.16 可以看出,随着轴向倾斜角度的增大,轴向载荷在高频段的幅值变化不明显,其幅值沿着零线正负交替波动;随着轴向倾斜角度的增大,低频段轴向载荷幅值呈总体增大趋势。实验曲线的均值和峰值的拟合轮廓线体现了载荷谱的特征量及其截割状态的变化规律。所得到的四组截齿低频段轴向载荷曲线均值轮廓拟合图及其峰值轮廓拟合图与煤壁截割面类似,呈月牙形状[57],即载荷随着切削厚度的增大而增大,当达到最大切削厚度时,载荷最大,然后又逐渐减小。

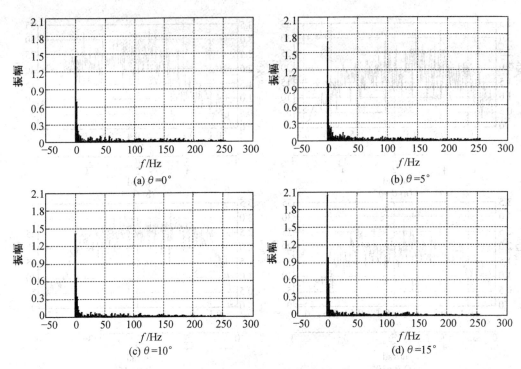

图 5.14　实验轴向载荷二维频谱

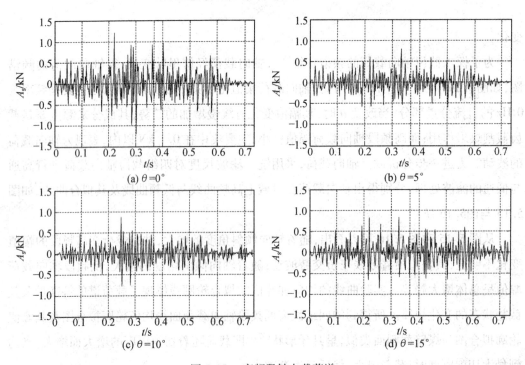

图 5.15　高频段轴向载荷谱

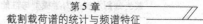
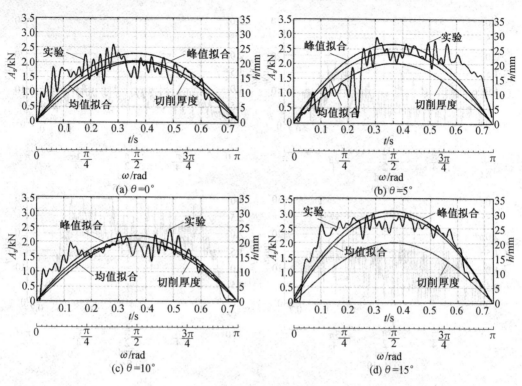

图 5.16　低频段轴向载荷谱

5.2.2　径向载荷

不同轴向倾斜角的径向实验载荷谱如图 5.17 所示。由图 5.17 可见,在不同 θ 的实验条件下,截齿径向载荷方向没有变化,但是其幅值随 θ 增大呈总体增大的趋势。径向载荷的方向与截齿轴线方向相垂直。随着 θ 的增大,截齿径向载荷幅值有增大的趋势。

经傅里叶变换,得径向载荷的频谱,如图 5.18 所示。从图 5.18 可以看出,截齿的径向载荷幅值主要集中在低频区域(0 ～ 5 Hz 以内),随着截齿轴向倾斜角度的增大径向载荷低频段幅值随之有所增大,对于频率为 0 Hz 的直流分量部分,随着轴向倾斜角度的增大,增大得较为明显;高频段幅值对截齿轴向倾斜角度的变化敏感度较弱,其幅值主要集中在 0.5 kN 以内。

采用统一分解尺度对截齿侧向载荷进行高通与低通的滤波处理,分别获得径向载荷在时域上高频与低频实验曲线及其拟合曲线,如图 5.19 与图 5.20 所示。随着轴向倾斜角度的增大,径向载荷在高频段的变化不明显,幅值沿着零线交替波动,除 $\theta = 5°$ 外,幅值变化不明显;径向载荷低频部分随着 θ 的增加,幅值总体有增大的趋势,低频段径向载荷曲线轮廓拟合线及其峰值轮廓拟合线均有先增大后减小的趋势。

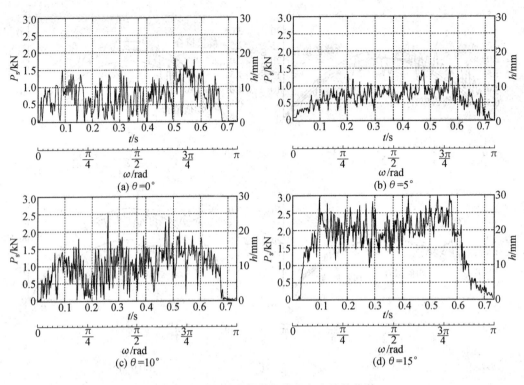

图 5.17　不同轴向倾斜角的径向实验载荷谱

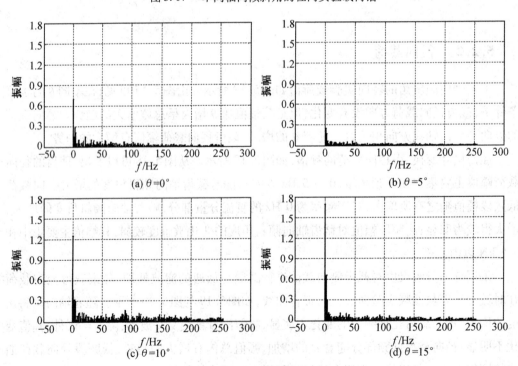

图 5.18　径向载荷二维频谱

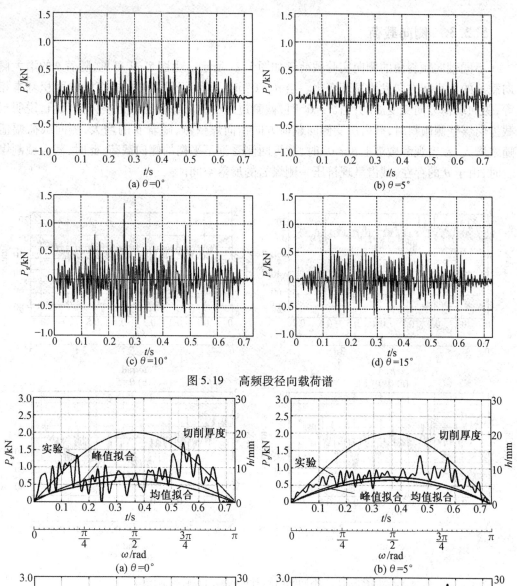

图 5.19　高频段径向载荷谱

图 5.20　低频段径向载荷谱

5.2.3　侧向载荷

不同轴向倾斜角的侧向实验载荷谱如图 5.21 所示。由图 5.21 可见,随着 θ 的增大侧向载荷的大小和方向发生显著变化。当 θ = 0° 时,截齿两侧面与煤岩接触的面积基本相等,侧向载荷方向交变波动;当 θ ≠ 0° 时,截割过程中侧向载荷宏观上整体为负值,说明当截齿向煤壁侧倾斜时,截齿所受侧向载荷方向指向煤壁侧,随着 θ 的增大,侧向载荷幅值随之增大,在宏观和微观上 θ ≠ 0° 时,截齿两侧受到不平衡的侧向载荷,此时,截齿截割煤岩时,由于 θ 的存在,截齿呈现挤压一侧煤岩的崩落空间。

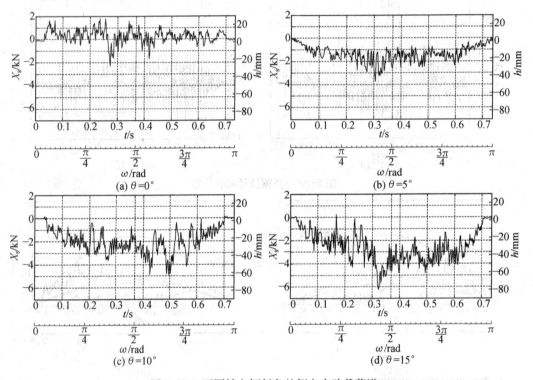

图 5.21　不同轴向倾斜角的侧向实验载荷谱

为了得到截齿侧向载荷的频谱特征,经傅里叶变换,得侧向载荷的频谱图,如图 5.22 所示。从图 5.22 可以看出,侧向载荷幅值主要集中在低频区域,随着 θ 的增大侧向载荷低频段幅值随之增大,特别是频率为 0 Hz 的直流分量部分,随着 θ 的增大,近似于线性增大;而高频段幅值对 θ 的变化敏感度较弱,其幅值主要集中在 0.5 kN 以内。采用统一分解尺度对截齿侧向载荷进行高通与低通的滤波,分别获得侧向载荷在高频与低频实验曲线及其拟合曲线,如图 5.23 与图 5.24 所示。

随着 θ 的增大,侧向载荷在高频段的变化不明显;当 θ 为 0° 时,低频段侧向载荷实验曲线沿着零线正负交替变化,其均值接近于 0,这是由于零度截齿截割煤岩时,两侧煤岩崩落交替变化,存在不同步性,但其宏观上是对称崩落的;而随着 θ 的增大,低频段侧向载

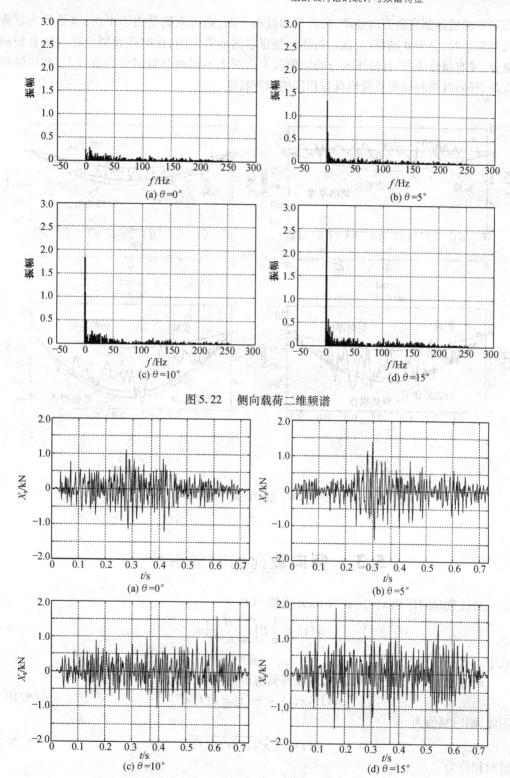

图 5.22　侧向载荷二维频谱

图 5.23　高频段侧向载荷谱

荷实验曲线逐渐向负方向移动,在宏观和微观上面,截齿两侧受力不平衡,这是因为截齿截割煤岩时,由于 θ 的存在,截齿挤压一侧煤岩的崩落空间,此时截齿侧向载荷既有截割成分,又有挤压成分,且挤压成分的幅值较大。对于不同轴向倾斜角的条件下,截齿轴向载荷、径向载荷和侧向载荷均具有相同的幅频特征。

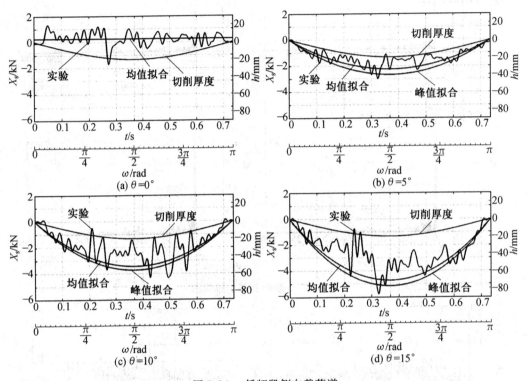

图 5.24　　低频段侧向载荷谱

5.3　侧向载荷的时频谱特征

对任意时间序列 $x(t)$,其 Hilbert 变换 $y(t)$ 为

$$y(t) = \frac{1}{\pi} P \int_{-\infty}^{\infty} \frac{x(t')}{t - t'} \mathrm{d}t' \tag{5.18}$$

式中　P——柯西主值。

$x(t)$ 和 $y(t)$ 形成复共轭对,可以得到解析信号 $z(t)$ 为

$$z(t) = x(t) + \mathrm{j}y(t) = a(t)\mathrm{e}^{\mathrm{j}\theta(t)} \tag{5.19}$$

因此,瞬时幅值为

$$a(t) = \sqrt{x^2(t) + y^2(t)} \tag{5.20}$$

瞬时相位为

$$\theta(t) = \arctan \frac{y(t)}{x(t)} \tag{5.21}$$

对瞬时相位求一阶导数,即可得到瞬时频率为

$$\omega(t) = \frac{\mathrm{d}\theta(t)}{\mathrm{d}t} \tag{5.22}$$

为了获取三种类型截齿侧向载荷的时频谱特征,其二维时频谱如图 5.25 所示。由图 5.25 可见,三种类型截齿的侧向载荷能量主要集中在低频区域,集中在 5 Hz 以内,且其频率 – 时间图可明显识别有效的侧向载荷的时频特征,无用的高频干扰信号被充分地滤掉。

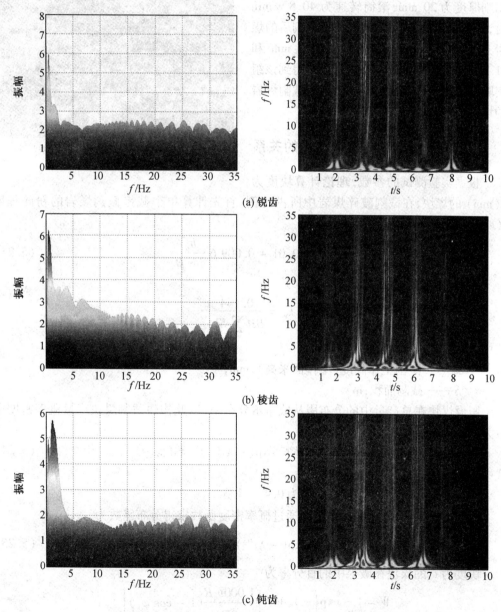

(a) 锐齿

(b) 棱齿

(c) 钝齿

图 5.25　二维时频谱

5.4   块煤率的统计特征

5.4.1   块煤率测试实验

将实验中六棱型齿安装角为 45°，最大切削厚度为 20 mm，滚筒转速为 40.8 r/min 时，截齿安装数为 3 个，多次重复截割后的煤岩进行拾取，分别采用孔径为 2 mm 和 31.5 mm 的筛子筛分，用天平称重，得到该组实验条件下，煤岩截割物质量，锐齿截割煤岩的块度如图 5.26 所示。

图 5.26   锐齿截割煤岩的块度

5.4.2   运动参数与块煤量的关系

根据实验测试的参数，理论计算块度为 $d(\text{mm})$ 的煤块，在截割破碎煤岩中所占比例，首先计算单个截齿截割煤岩的粉碎程度 $z(t)$：

$$k_d = 0.01 + 0.009\,6\,\frac{b_p}{\cos\beta} \tag{5.23}$$

计算其破煤程度的导出指标 k_m 为

$$k_m = \frac{0.144}{BH\sum Sk_d}$$

式中 B —— 截割机构截深，mm；

　　　　H —— 截割工作高度（工作面采高），mm；

　　　　S —— 截割面积，m^2。

假设煤块在总产量中的分布服从威布尔分布率，以此构建截割煤块产量概率密度函数为

$$f(d) = \lambda m_p d^{m_p-1}\exp(-\lambda d^{m_p}) \quad (d > 0) \tag{5.24}$$

式中 λ —— 比例系数，$\lambda = k_m/\text{m}^2$；

　　　　m_p —— 破碎特性指数，一般为 0.4 ~ 1.3。

令 $y = \lambda t^{m_p}$，则 $dy = \lambda m_p t^{m_p-1}dt$，通过概率密度函数求得分布函数为

$$W = \int_0^d \lambda m_p t^{m_p-1}\exp(-\lambda t^{m_p})dt = 1 - \exp(-\lambda d^{m_p}) \tag{5.25}$$

块度为 d 的煤块在破煤中的百分率为

$$W = 1 - \exp\left\{-1.44N\left[\frac{1\,000v_q R}{nm}(1 - \cos\varphi_u)\right]\cdot\right.$$

$$\left.\left[\frac{0.01 + 0.007\,7(0.25b_p + 0.5)}{0.8\cos\beta}d^{m_p}\right]/(BHm_p^2)\right\}$$

式中　　φ_u——截割范围$(0 \sim \pi)$,$(°)$;

　　　　N——滚筒的截齿数;

　　　　R——滚筒半径,mm。

按实验数据代入式中求解,其中 $v_q = 0.816$ m/min,$n = 40.8$ r/min,$R = 730$ mm,$N = 3$,$m = 1$,截割范围 φ_u 取 π,截齿等效计算宽度 $b_p = 15$ mm,$\beta = 45°$,截深 $B = 80$ mm,$H = 2R = 1$ 460 mm,破碎特性指数 m_p 取 1。分别计算块度为 2 mm 和 31.5 mm 时块煤分布情况,见表 5.6。

表 5.6　块煤分布

块度	$\leqslant 2$ mm	$2 \sim 31.5$ mm	$\geqslant 31.5$ mm
分布率	15.05%	77.29%	7.66%

5.4.3　块煤率的分布特征

实验测试条件:安装角为 45°,最大切削厚度为 20 mm,滚筒转速为 40.8 r/min,牵引速度为 0.816 m/min 时,根据实验测试煤岩块度,并统计分类,得块煤率分布情况,见表 5.7。

表 5.7　块煤分布

安装角	截齿类型	截割厚度/mm	块度			煤岩总重/kg
			$\leqslant 2$ mm	$2 \sim 31.5$ mm	$\geqslant 31.5$ mm	
45°	六棱齿	20	2.52(10.78%)	18.52(79.21%)	2.34(10.01%)	23.38

分别对块度小于 2 mm 和大于 31.5 mm 的块煤在煤岩总重中所占比例进行统计,其中块度小于 2 mm 的粉煤占煤岩总重的比例为 10.78%;块度大于 31.5 mm 的块煤占煤岩总重的比例为 10.01%;煤岩块度为 2 $\sim$ 31.5 mm 的块煤占煤岩总重的比例为 79.21%。将前面理论计算值与实验数值进行比较,块度小于 2 mm 的粉煤占煤岩总重比例的误差为 4.27%,块度大于 31.5 mm 的块煤占煤岩总重比例的误差为 2.35%,块度为 2 $\sim$ 31.5 mm 的块煤占煤岩总重比例的误差为 1.92%。可以看出理论计算值与实验数值的误差较小,滚筒运动参数与块煤量理论模型与实验结果有很好的符合度。

第6章　镐形截齿截割载荷谱识别与重构

镐形截齿破碎煤岩载荷的大小和变化规律的理论研究是一项重要的研究课题,本章以截齿旋转截割实验载荷谱为研究对象,建立载荷谱的重构模型,给出截齿截割载荷谱修正正则化重构算法,研究确定实验载荷谱与重构载荷谱的关系,获得不同安装角的截齿截割煤岩载荷谱特征内在解析关联性,进而实现其载荷谱重构及其特征的定量求解方法。

6.1　载荷谱的重构模型

6.1.1　模型的建立

设 $z(t)$ 为镐形截齿截割破碎煤岩重构载荷谱,$f(t)$ 为其实验破碎载荷谱,依据 Cadzow 提出的载荷谱重构基本思想,给出 Fredholm 等式:

$$\int_a^b h(t-\tau)z(\tau)\mathrm{d}\tau = f(t),\quad t \in (a,b) \tag{6.1}$$

式中　$h(t-\tau)$——核函数,$h(t-\tau) = \dfrac{\sin\sigma(t-\tau)}{\pi(t-\tau)}$。

由于旋转截割测试实验得到截齿破碎煤岩载荷谱 $f(t)$ 是含有一定噪声 $e(t)$ 的测量值,即

$$f_\delta(t) = f(t) + e(t),\quad t \in (a,b)$$

式中　$f_\delta(t)$——Hilbert 空间,$f_\delta(t) \in L_2$;

　　　$e(t)$——误差函数。

设 $e(t)$ 的能量在一定范围内为有限值,即

$$\| e(t) \|_{L_2}^2 = \| f_\delta(t) - f(t) \|_{L_2}^2 \leqslant \delta^2$$

因此,与式(6.1)等价的关系为

$$\int_a^b h(t-\tau)z(\tau)\mathrm{d}\tau = f_\delta(t),\quad t \in (a,b) \tag{6.2}$$

由于式(6.2)是第一类 Fredholm 方程,属于典型的不适定性问题[58],具有病态特性,即式(6.2)的解 $z(t)$ 对于 $f_\delta(t)$ 的改变极其敏感,若采用平常的算法将无法得到需要平稳的数值解。

为探求式(6.2)的稳定数值解,则需对其进一步处理分析,设采样的时间间隔为

$$\Delta T = \frac{b-a}{n}$$

式中　n——采样点数目;

　　　t_k——$t_k = \tau_k = k\Delta T, k = 1,2,\cdots,n$。

采用工程数学常用的矩形公式,对其离散近似处理研究,得

$$\sum_{i=1}^{n} h(t_k - \tau_i) z(\tau_i) \Delta T = f_\delta(t_k) \quad (k = 1, 2, \cdots, n-1 \leqslant n) \tag{6.3}$$

令 $f_{\delta,k} = f_\delta(t_k)$;

　　 $z_i = z(\tau_i)$;

　　 $h_{k-i} = h(t_k - \tau_i)$;

　　 $\boldsymbol{Z} = (z_1, z_2, \cdots, z_{n-1}, z_n)^{\mathrm{T}}$;

　　 $\boldsymbol{F}_\delta = (f_{\delta,1}, f_{\delta,2}, \cdots f_{\delta,n-1}, f_{\delta,n})^{\mathrm{T}}$;

　　 $\boldsymbol{A} = (a_{k-i})_{n \times n}$ 。

式中　　当 $k \neq i$ 时, $a_{k-i} = h_{k-i} \Delta T = \dfrac{\sin[\sigma(k-i)\Delta T]}{\pi(k-i)}$;

　　　　当 $k = i$ 时, $a_{k-i} = h_{k-i} \Delta T = \dfrac{\sigma \Delta T}{\pi}$ 。

由式(6.3),建立镐形截齿截割破碎煤岩实验载荷谱与其重构载荷谱间内在的解析关系模型:

$$\boldsymbol{AZ} = \boldsymbol{F}_\delta \tag{6.4}$$

6.1.2　修正离散正则化的解算方法

由式(6.4)可知,当时间间隔 ΔT 设定很小值时,其载荷谱重构模型的系数矩阵 $\boldsymbol{A}$ 近似接近零值,得到的解不够稳定,为了获取较稳定的解,需要对该重构模型进行相应正则化处理[59-61]。令 $U^h = \{z : z = (z_1, z_2, \cdots, z_n)^{\mathrm{T}}\}$, $L^h = \{\boldsymbol{F}_\delta : \boldsymbol{F}_\delta = (f_{\delta,1}, f_{\delta,2}, \cdots f_{\delta,n})^{\mathrm{T}}\}$ 。则 $\boldsymbol{A}$ 为 $U^h \to L^h$ 的有界 Fredholm 算子,根据修正离散正则化算法的总体思路,给出稳定的泛函等式:

$$M^a[\boldsymbol{Z}, \boldsymbol{F}_\delta] = \rho^2(\boldsymbol{AZ}, \boldsymbol{F}_\delta) + \alpha \Omega[\boldsymbol{Z} - \boldsymbol{Z}_0] \tag{6.5}$$

式中　　α —— 正则参数($\alpha > 0$);

　　　　$\boldsymbol{Z}_0$ —— 截齿截割破碎煤岩载荷谱初始值。

为进一步探究式(6.5)的截齿破碎煤岩重构载荷谱 $z(t)$ 求解方法,需要求解式(6.5)的最小值,即 $z(t)$ 为下列等式的极小解:

$$M^a[\boldsymbol{Z}_a, \boldsymbol{F}_\delta] = \inf M^a[\boldsymbol{Z}, \boldsymbol{F}_\delta] \tag{6.6}$$

整理得

$$\min f = \|\boldsymbol{AZ} - \boldsymbol{F}_\sigma\|^2 + \alpha^2 \|\boldsymbol{Z} - \boldsymbol{Z}_0\|^2 \tag{6.7}$$

一般状态下,截齿破碎煤岩实验载荷初始值 $\boldsymbol{Z}_0$ 为零,整理式(6.7),可得

$$f = \|\boldsymbol{AZ} - \boldsymbol{F}_\sigma\|^2 + \alpha^2 \|\boldsymbol{Z}\|^2 = (\boldsymbol{AZ} - \boldsymbol{F}_\sigma)^{\mathrm{T}}(\boldsymbol{AZ} - \boldsymbol{F}_\sigma) + \alpha^2 \boldsymbol{Z}^{\mathrm{T}} \boldsymbol{Z} \tag{6.8}$$

对式(6.8)微分,得

$$\frac{\partial f}{\partial \boldsymbol{Z}} = -2\boldsymbol{A}^{\mathrm{T}} \boldsymbol{F}_\sigma + 2\boldsymbol{A}^{\mathrm{T}} \boldsymbol{AZ} + 2\alpha^2 \boldsymbol{Z} = 0 \tag{6.9}$$

整理式(6.9),得

$$(\boldsymbol{A}^{\mathrm{T}} \boldsymbol{A} + \alpha^2 \boldsymbol{I}) \boldsymbol{Z} = \boldsymbol{A}^{\mathrm{T}} \boldsymbol{F}_\sigma \tag{6.10}$$

设 $F \in R(A)$ 为时域范围,满足下列条件:

$$\| F_\delta - F \| \le \delta$$

当 $\| F_\delta \|^2 / \delta^2 > 1$,即信噪比大于 1 时,使得重构载荷谱的正则参数满足下列 Morozov 偏差等式:

$$\varphi(\alpha) = \rho^2(AZ_a, F_\delta) - \delta^2 = 0 \tag{6.11}$$

式中　δ——误差水平参数。

为求得式(6.11)的解,采用 Morozov 偏差原则结合牛顿迭代方法进行求其解处理分析[62],对式(6.11)求导:

$$
\begin{aligned}
\varphi'(\alpha) &= 2(A^{\mathrm{T}}Az_a - A^{\mathrm{T}}F_\delta)^{\mathrm{T}} \frac{\mathrm{d}z_a}{\mathrm{d}\alpha} \\
&= 2(A^{\mathrm{T}}AZ_a + \alpha Z_a - \alpha Z_a - A^{\mathrm{T}}F_\delta)^{\mathrm{T}} \frac{\mathrm{d}z_a}{\mathrm{d}\alpha} \\
&= 2[(A^{\mathrm{T}}A + \alpha)Z_a - \alpha Z_a - A^{\mathrm{T}}F_\delta]^{\mathrm{T}} \frac{\mathrm{d}z_a}{\mathrm{d}\alpha} \\
&= -2\alpha z_a^{\mathrm{T}} \frac{\mathrm{d}z_a}{\mathrm{d}\alpha} \\
&= 2[(A^{\mathrm{T}}A + \alpha)Z_a - \alpha Z_a - A^{\mathrm{T}}F_\delta]^{\mathrm{T}} \frac{\mathrm{d}z_a}{\mathrm{d}\alpha}
\end{aligned}
\tag{6.12}
$$

式(6.12)中 $\dfrac{\mathrm{d}z_a}{\mathrm{d}\alpha}$ 需要满足

$$(A^T A + \alpha I) \frac{\mathrm{d}z_a}{\mathrm{d}\alpha} = -z_a \tag{6.13}$$

牛顿迭代格式为

$$\alpha_{k+1} = \alpha_k - \frac{\varphi(\alpha_k)}{\varphi'(\alpha_k)} \quad (k = 0, 1, \cdots, n) \tag{6.14}$$

设定初值的正则参数 $\alpha_0 > 0$,将式(6.12)和(6.14)代入式(6.13),根据设置的误差水平参数,可以得到正则参数。

根据上述算法的描述,给出相对应的截齿破碎煤岩实验载荷谱重构算法的程序流程图,如图 6.1 所示。 由旋转测试实验得到载荷谱,如图 6.2 所示。截齿安装角分别为 40°和 45°,以该两种角度得到的载荷谱曲线为研究对象,对其进行重构,分析其不同安装角截齿载荷谱特征相互关联。

以截取 $\beta = 40°$ 和 $\beta = 45°$ 的前 0.3 s 的破碎煤岩实验载荷谱曲线为其重构对象,采用采样定理作为判断依据,给定 $\Delta T = 0.01$,$N = 31$,$A = (a_{ki})_{31 \times 31}$,正则参数分别为 $a_{40} = 0.03$,$a_{45} = 0.1$,$\mathrm{cond}(A) = 4.084\,4\mathrm{e}^{17}$,实验载荷谱的重构结果如图6.3所示。由图6.3可见,重构的截割载荷谱曲线宏观趋势比较光滑,波形特征易于辨识,其特征值便于判断和提取,重构截割载荷谱从总体趋势上分析与其实验载荷谱有相对较好的吻合度,基本与月牙形的截割面类似,验证了该研究方法可较好定量地重构实验载荷谱。

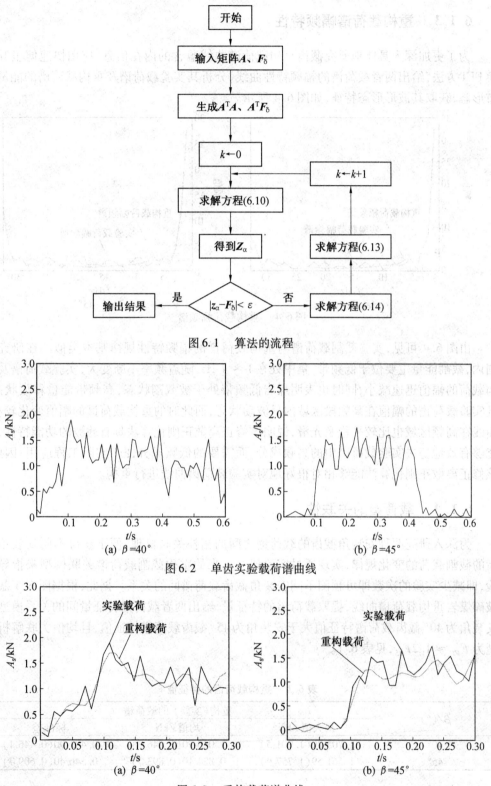

图 6.1　算法的流程

(a)　$\beta=40°$

(b)　$\beta=45°$

图 6.2　单齿实验载荷谱曲线

(a)　$\beta=40°$

(b)　$\beta=45°$

图 6.3　重构载荷谱曲线

6.1.3 重构载荷谱幅频特性

为了更加深入具体地研究截齿重构载荷谱曲线蕴含的内在信息,应用快速傅里叶变换FFT方法,给出两者载荷谱的幅频特性曲线,分析其实验载荷谱及重构载荷谱的能量分布形态,获取其波形形态特征,如图6.4所示。

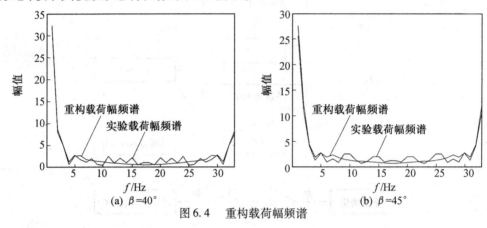

图 6.4　重构载荷幅频谱

由图6.4可见,实验截割载荷谱与重构载荷谱的幅频特性规律基本类似。在研究范围内,截割能量主要位于低频带,集中处在1~4 Hz,随着频率不断变大,实验载荷谱及重构载荷的幅值迅速减小,同时也表明煤岩低频带处于被截割状态,高频带能量释放状态,且实验载荷谱的幅值在高频段区域内呈波动状态,而此时的重构载荷谱的幅值变化较小,曲线在高频区域也比较平稳及光滑,说明该修正离散正则化算法具有滤波的功能特性,其能够有效地滤去实验载荷谱中的高频成分,而需要的低频成分便于实际工程应用,因此,该修正离散正则化算法能够相对很好地对实验载荷谱曲线进行重构。

6.1.4 载荷谱的关联性

为深入研究两种安装角截齿的载荷谱之间的拓扑关联机理,便于获得不同安装角截齿的截割载荷的变化规律,实现通过实验建立起来的重构截割载荷谱关联模型来指导实验,即减少实验的次数即可预测不同安装角截齿载荷谱间的关系。据此,根据图6.4截齿破碎煤岩重构载荷谱曲线,提取载荷谱的特征量,给出两者载荷谱特征量间的关系模型。安装角为40°截齿载荷谱特征值大于安装角为45°截齿载荷谱特征值,且均值关联解析模型为 $F_{40} \approx 1.2F_{45}$,见表6.1。

表 6.1　重构载荷谱的特征值

$\beta/(°)$	重构(实验)的载荷谱		
	最大值/kN	均值/kN	标准差
40°	1.705 20(1.901 5)	1.030 50(1.046 7)	0.401 90(0.446 1)
45°	1.561 59(1.757 9)	0.824 10(0.893 7)	0.546 40(0.609 7)

为获得截齿重构载荷谱幅值间关系,安装角45°和40°幅值的表示方式为A_{45}、A_{40},利用皮尔逊相关系数公式,求取两种不同安装角重构载荷谱的相关系数:

$$r = \frac{N \sum x_i y_i - \sum x_i \sum y_i}{\sqrt{N \sum x_i^2 - (\sum x_i)^2} \cdot \sqrt{N \sum y_i^2 - (\sum y_i)^2}} \tag{6.15}$$

结合式(6.15)求得不同安装角镐形截齿破碎煤岩重构载荷谱幅值间的相关系数 $r = 0.976\ 7$,进一步说明安装角45°和40°幅值间呈正相关性。以安装角45°和40°截齿重构载荷谱的均值和幅值间关联的模型为研究基础,建立幅值关联曲线,如图6.5所示。

由图6.5可见,当载荷谱的幅值相对处于比较低时,其两者间没有任何的相关性,由于截齿初始刚接触截割煤岩时,其截齿与煤岩接触面积和接触时间为瞬间,相

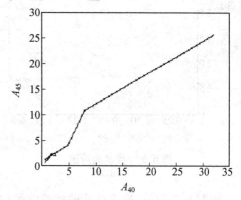

图 6.5　载荷谱的关联特性

对而言比较短,此时截齿截割破碎煤岩的载荷大小与截齿的安装角没有任何的关联性;当截齿接触煤岩体的面积和截割时间开始逐渐变大时,45°安装角截齿的幅值与其40°安装角截齿的幅值变化趋势开始同步,二者变化规律基本呈现正相关的明显特征。

6.1.5　载荷谱的推演

通过修正离散正化算法得到截齿破碎煤岩重构载荷谱,其特征值易于识别与提取,也给出了载荷谱特征值间的内在解析关系式,为了更深入地探索载荷谱的预测模型,实现通过一种载荷谱的变化趋势就能够预测相关的另一种载荷谱的变化趋势[63]。据此,在考虑安装角45°和40°幅值间呈正相关性的基础之上,利用两者载荷谱均值间的解析关系式,在研究范围内,只研究安装角由45°推演安装角为40°的截齿破碎载荷谱,以截齿破碎煤岩载荷谱重构模型为研究基础,建立了截齿破碎载荷谱的推演数学模型:

$$(A^{\mathrm{T}}A + \alpha I)Z_a = A^{\mathrm{T}}(1.2F_\delta) \tag{6.16}$$

根据式(6.16)进行计算机模拟仿真,得到的载荷谱的推演效果如图6.6所示。由图6.6可见,其载荷谱的特征值很清楚地被辨识和提取,推演载荷谱的最大值、均值与截齿重构载荷谱、实验载荷谱的特征值吻合度较理想,符合理论分析计算要求,见表6.2。

表 6.2　$\beta = 40°$ 载荷谱的特征参量

方法	$\beta = 40°$ 载荷谱		
	最大值 /kN	均值 /kN	标准差
实验	1.901 5	1.046 7	0.446 1
重构	1.705 2	1.030 5	0.401 9
推演	1.873 7	0.988 9	0.655 6

为进一步验证推演载荷谱模型的合理性,给出了推演载荷谱的幅频特性曲线,据此获得其特征值,如图 6.7 所示。

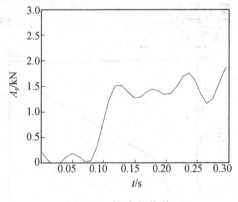

图 6.6　推演载荷谱

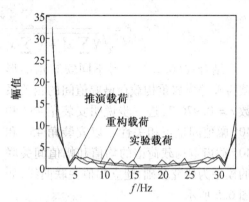

图 6.7　推演载荷幅频谱

由图 6.7 可见,推演载荷的幅频曲线较光滑稳定,其波形特征与实验载荷幅频特性曲线总体变化趋势具有较好的吻合度,而且推演载荷幅频特性曲线能够表征截割载荷主要集中在低频,随着频率的增大,幅值在一定范围内波动,且波动不明显,说明该频带载荷趋于非常稳定,截割能量被释放。经过特征值统计分析,推演载荷幅频特性曲线的特征值与实验和重构幅频谱总体趋势相近,误差在 10% 左右,符合要求。

6.2　小波 – 正则化的解算方法

为进一步研究正则化算法在截齿载荷谱重构方面的适用程度,分析对比不同的正则化算法对重构安装角 40° 和 45° 截齿旋转破碎煤岩载荷谱及其特征的影响,寻求适合解决该类问题的有效算法。在多截齿参数可调式旋转截割实验台开展截齿破碎煤岩测试实验过程中,当镐形截齿处在旋转破碎煤岩体的阶段时,计算机在采集信号以及传输信号过程中,避免不了会有一部分信号成为噪声信号,严重阻碍了判断截齿破碎煤岩载荷谱的质量及其对真实载荷谱的正确认知程度。因此,为了从混有噪声的实验截割载荷谱中识别及提取载荷谱有用的信息,应用小波 – 正则化方法,针对上述的旋转截割实验载荷谱(安装角 40° 和 45° 截齿)为研究对象,开展其重构研究,判断小波 – 正则化算法求解重构载荷谱的效果,从而探寻截割载荷谱重构的有效正则化算法,为截割载荷重构及其特征值定量求解提供理论研究方法。

6.2.1　小波变换

通过对截割载荷谱信号进行伸缩和平移等运算程序后,即可进行多方面的研究分析,其实质是将截齿截割载荷谱投影到一系列小波基上,因此,构造正交小波基是解决重构载荷谱的关键。

设 $\psi(t) \in L^2(R)$, $L^2(R)$ 称为能量有限的信号空间(平方可积的实数空间), $\psi(\omega)$ 为

其傅里叶变换形式。当 $\psi(\omega)$ 具有条件:

$$C_\omega = \int_R \frac{|\psi(\omega)|^2}{|\omega|} \mathrm{d}\omega < \infty \tag{6.17}$$

$\psi(\omega)$ 为一个母小波(基本小波),将母函数 $\psi(\omega)$ 经平移或伸缩之后,便得一个小波序列,当其为连续状态,小波序列表示为

$$\psi_{a,b}(t) = \frac{1}{\sqrt{|a|}} \psi\left(\frac{t-b}{a}\right) \tag{6.18}$$

式中　　a——伸缩因子;

　　　　b——平移因子。

当其为离散状态,小波序列表示为

$$\psi_{j,k}(t) = 2^{-\frac{j}{2}} \psi(2^{-j}t - k) \tag{6.19}$$

对于任意函数 $f(t) \in L^2(R)$,其连续小波变换表示为

$$W_f(a,b) = \langle f, \Psi_{a,b} \rangle = \frac{1}{\sqrt{|a|}} \int_R f(t) \Psi\left(\frac{t-b}{a}\right) \mathrm{d}t \tag{6.20}$$

CAS 小波的表达式为

$$\psi_{nm}(t) = 2^{\frac{k}{2}} \mathrm{CAS}_m(2^k t - n), \quad \frac{n}{2^k} \leqslant t < \frac{n+1}{2^k} \tag{6.21}$$

式中　　$\mathrm{CAS}_m = \cos(2m\pi t) + \sin(2m\pi t)$。

由于 CAS 小波形成了实数空间 $L^2(R)$ 的一组标准正交基[64],因此,对于截割实验载荷谱 $f(t)$ 其 CAS 小波展开为

$$f(t) = \sum_{n=0}^{\infty} \sum_{m \in z} c_{nm} \psi_{nm}(t) \tag{6.22a}$$

当式(6.22a)为截断,其表达式为

$$f(t) = \sum_{n=0}^{2^k-1} \sum_{m=-M}^{M} c_{nm} \psi_{nm}(t) = \boldsymbol{C}^{\mathrm{T}} \boldsymbol{\psi}(t) \tag{6.22b}$$

式中　　C——$2^k(2m+1) \times 1$ 维的系数向量,$C = \begin{bmatrix} C_{0(-M)} & C_{0(-M+1)} & \cdots & C_{(2^k-1)M} \end{bmatrix}^{\mathrm{T}}$;

　　　　$\boldsymbol{\psi}(t)$——$2^k(2m+1) \times 1$ 维的基向量函数,

$$\boldsymbol{\psi} = \begin{bmatrix} \psi_{0(-M)} & \psi_{0(-M+1)} & \cdots & \psi_{(2^k-1)M} \end{bmatrix}^{\mathrm{T}}$$

6.2.2　小波 – 正则化算法

根据式(6.2)令 $z(t) = \sum_{j=1}^{d} c_j \psi_j(t)$,将其代入式(6.2)得

$$\int_a^b h(t-\tau) \sum_{j=1}^{d} c_j \psi_j(t) \mathrm{d}t = f_\delta(t) \tag{6.23}$$

整理得

$$\sum_{j=1}^{d} c_j \int_a^b h(t-\tau) \psi_j(t) \mathrm{d}t = f_\delta(t) \tag{6.24}$$

简化式(6.24):

$$CA = F \tag{6.25}$$

式中　$C = [\,c_1 \quad c_2 \quad \cdots \quad c_j\,]$;

　　　$A = \int_a^b h(t - \tau)\psi_j(t)\mathrm{d}t$;

　　　$F = \{f_1, f_2, f_3, \cdots, f_j\}$。

令 $r(t)$ 为参差函数,

$$r(t) = CA - F$$

设 $\langle r(t), \psi_i \rangle = 0$,则有下列等式成立:

$$C\langle A, \psi_i \rangle = \langle F, \psi_i \rangle \tag{6.26}$$

与式(6.26)等价的方程为

$$BC = D \tag{6.27}$$

式中　$B = \int_a^b \int_a^b h(t - \tau)\psi_j\psi_i \mathrm{d}t\mathrm{d}x$;

　　　$C = [\,c_1 \quad c_2 \quad \cdots \quad c_j\,]$;

　　　$D = \int_a^b f_\delta(t)\psi_i \mathrm{d}t$。

由于上述等式具有不适定性,因此,需要正则化处理,根据其基本思想得

$$(B^{\mathrm{T}}B + \alpha I)C = B^{\mathrm{T}}D \tag{6.28}$$

只要求得方程(6.28)中的系数 C,则

$$z(t) = \sum_{j=1}^d c_j\psi_j(t) \tag{6.29}$$

就是唯一确定的,由于基函数系数未知,因此求取基函数系数参数对求取重构载荷至关重要。

6.2.3　基函数系数的选取

式(6.28)中的正则参数的选取方法与前面求取方法相同,正则参数取为 $\alpha = 0.01$,但为了求取基函数系数,那么就要根据小波参数来决定其基向量系数大小。

当小波参数 $k = 2, M = 1$ 时,基向量函数为

$$\psi_j(t) = 2(\cos 8\pi t + \sin 8\pi t) \tag{6.30}$$

根据式(6.29)和(6.30)及正则参数 $\alpha = 0.01$,给出了基函数系数的各个离散数值,见表6.3。

表6.3　基函数系数

C_1	C_2	C_3	C_4	C_5	C_6	C_7	C_8
0.131 9	0.025 2	0.081 2	0.000 3	0.132 1	0.221 1	0.185 3	0.111 0
C_9	C_{10}	C_{11}	C_{12}	C_{13}	C_{14}	C_{15}	C_{16}
0.091 2	0.181 2	0.338 6	0.466 1	0.505 9	0.496 1	0.534 7	0.680 5
C_{17}	C_{18}	C_{19}	C_{20}	C_{21}	C_{22}	C_{23}	C_{24}
0.883 5	1.015 7	0.982 1	0.816 7	0.671 1	0.694 7	0.904 2	1.157 7
C_{25}	C_{26}	C_{27}	C_{28}	C_{29}	C_{30}	C_{31}	
1.264 9	1.148 6	0.919 0	0.791 2	0.903 2	1.184 5	1.388 7	

由图6.8可见,重构载荷谱曲线的变化总体趋势与实验曲线有较好的吻合度,重构的载荷谱曲线波形特征较光滑平稳,揭示该方法有滤波的功能,能够滤去载荷谱中高频成分,有用的低频成分易于辨识和提取,便于应用。安装角为40°的截齿载荷谱重构效果相对于安装角为45°截齿重构载荷谱而言比较理想,为进一步揭示载荷特征的重构程度,提取其特征值参量,见表6.4。

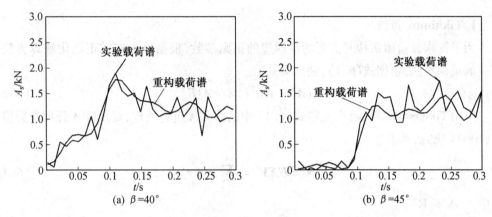

图 6.8　重构载荷谱

表 6.4　重构实验载荷谱的特征值

β	载荷谱		
	最大值 /kN	均值 /kN	标准差
40°	1.693 4(1.901 5)	1.028 5(1.046 7)	0.396 6(0.446 1)
45°	1.554 6(1.757 9)	0.762 8(0.893 7)	0.458 7(0.609 7)

从表6.4可知,重构的载荷特征量值基本与实验载荷谱特征量值相符合,进一步说明该算法在截齿载荷谱重构方面的应用是可行的。但从实验载荷谱重构效果及特征值辨识程度而言,与修正离散正则化算法对比分析,修正离散正则化算法重构得到载荷谱曲线,其特征值更接近于实验。从重构载荷谱曲线的平稳性而言,小波－正则化算法得到的载荷谱曲线相对平稳,其去除噪声的能力相对较好些。两种正则化重构算法的共同点是,都能够很好地重构实验载荷谱,区别在于重构的效果及效率不同而已,因此,正则化算法重构截齿破碎煤岩载荷谱是可行的。

6.3　载荷谱重构正则参数的选取与优化

根据正则化算法在重构截齿破碎煤岩实验载荷谱可行性分析可知,载荷谱的重构效果有所不同,其根本原因在于正则参数的选取方法,正则参数的大小直接决定重构的成败,即不同正则参数的选取方法,其实验载荷谱重构效果也不尽相同,重构载荷谱特征值也不同。据此,为捕获最佳的正则参数的选取方法,探寻最佳正则参数的优化算法,实现截齿截割载荷谱特征的最佳重构效果。采用 Tikhonov 算法中的两种不同正则参数选取方法,即 L-曲线准则和 GCV 法,用其判断正则参数的选取最佳方式,继而达到理想的截割载荷谱及其特征重构。

6.3.1 正则参数优化算法

1. Tikhonov 算法

为了探求载荷谱重构时需要的最理想的正则参数,根据修正离散正则化解算方法中研究的重构算法,根据式(6.1),建立等式:

$$(A^{\mathrm{T}}A + \alpha^2 I)Z = A^{\mathrm{T}}F_\sigma \tag{6.31}$$

应用 Tikhonov 算法,可以先将式(6.1)中的矩阵 A 进行处理,对矩阵 A 开展奇异值分解(SVD)研究,其表达式:

$$A = U\Sigma V^{\mathrm{T}} = \sum_{i=1}^{n} \sigma_i u_i v_i^{\mathrm{T}} \tag{6.32}$$

式中　$A \in \mathbf{R}^{m \times n}$;

　　　U——正交矩阵,$U = [u_1, u_2, \cdots, u_m] \in \mathbf{R}^{m \times m}$;

　　　V——正交矩阵,$V = [v_1, v_2, \cdots, v_m] \in \mathbf{R}^{n \times n}$;

　　　Σ——$m \times n$ 阶伪对角阵,$\Sigma = \mathrm{diag}\{\sigma_1, \sigma_2, \cdots, \sigma_n\}$;

　　　σ_i——奇异值,满足 $\sigma_1 \geqslant \sigma_2 \geqslant \sigma_3 \geqslant \cdots \geqslant \sigma_n$;

　　　u_i, v_i——左右奇异向量;

　　　n——采样的点数。

将矩阵 A 与其相对应的转置相乘得到

$$A^{\mathrm{T}}A = V\Sigma^{\mathrm{T}}U^{\mathrm{T}}UV^{\mathrm{T}} = V\begin{bmatrix} \sigma_1^2 & & & 0 \\ & \sigma_2^2 & & \\ & & \ddots & \\ 0 & & & \sigma_k^2 \end{bmatrix} V^{\mathrm{T}} \tag{6.33}$$

将式(6.32)和(6.33)代入式(6.31),综合整理得

$$Z = \sum_{i=1}^{n} \frac{\sigma_i^2}{\sigma_i^2 + \alpha^2} \frac{u_i^{\mathrm{T}}F_\sigma}{\sigma_i} v^i \tag{6.34}$$

2. Picard 条件

为了验证式(6.34)的可行性及存在性,必须满足 Picard 判定条件,因为式(6.34)成立的充分必要条件为 Picard 准则成立,即其傅里叶系数逼于零速率必须比其奇异值逼于零速率稍快。如果式(6.34)不满足 Picard 判定条件,表明该公式无法成立。据此,以 Picard 判定条件为标准,给出了其奇异值 σ_i 和傅里叶系数 $|u_i F|$ 的变化规律,如图 6.9 所示。

从图 6.9 可以看出,傅里叶系数 $|u_iF|$ 在其序数较小时下降的速率极其快,在其序数较大时在一定范围内波动。而奇异值 σ_i 下降的速率在初始阶段相对较慢,有一段保持恒定不变,当序数变大时,其下降得相对较快。即当序数 i 处在 7 以内时,傅里叶系数 $|u_iF|$ 下降速率快于奇异值 σ_i 下降速率,当序数 i 处在 7 ~ 10 时,傅里叶系数 $|u_iF|$ 下降速率与奇异值 σ_i 下降的速率接近同步进行,当 i 处在 10

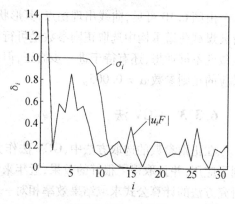

图 6.9 Picard 曲线

以上时,奇异值 σ_i 逼于零速率非常快,而傅里叶系数却下降到一定值时,其在小范围内波动,究其原因截齿破煤载荷谱含有各种噪声混合干扰信号,该状况条件下属于特殊情况,即式(6.34)属于部分满足 Picard 判定准则,因此,证明了式(6.34)的存在性及可行性。

3. 正则参数选取准则

载荷谱重构效果是否理想,其决定因素是正则参数的选取,正则参数的数值微小差别皆会导致重构效果完全不同。在重构正则参数大的条件下,此时获得数值解,其相应范数小,宏观表现数值稳定性处于较佳状态,但相对应的控制残差范数处于较差状态;在重构的正则参数小的条件下,控制残差范数处于较佳状态,其逼近效果也较好,但正则解的范数却处于较差状态。为了探求截齿破煤载荷谱重构时所需的最佳正则参数,实现载荷谱理想重构,便于载荷谱特征值的理想提取[66]。针对此状况,为了探寻适合该研究领域和研究对象,即截齿破碎煤岩载荷谱重构需要的正则参数,采用两种经典的正则参数选取方法、L - 曲线法和广义交叉准则(GCV)来求取正则参数,判断两种求取方法得到的正则参数对载荷谱重构的影响变化程度,从而达到正则参数优化的目的,为今后研究重构载荷谱正则参数的选取提供理论参考,实现截齿破碎煤岩载荷谱及其相关领域重构时需要的正则参数。

6.3.2　L - 曲线法

L - 曲线法求取得到的正则参数的关键是该曲线是否有拐点出现,如果出现拐点,表明正则参数是存在的,即拐点处为正则参数的取值。通常情况下,横坐标为 $\|AZ - F\|$,纵坐标为 $\|Z\|$,以实验测试得的截齿旋转破煤载荷谱(安装角 40° 和 45°)为研究对象,通过代入相应离散数值,得到 $\|AZ - F\|$ 和 $\|Z\|$ 一组坐标数值,其中,横坐标 $\|AZ - F\|$ 及纵坐标 $\|Z\|$ 均为正则参数 α 的函数,经过 Matlab 软件处理拟合,得到其 L - 曲线,如图 6.10 所示。

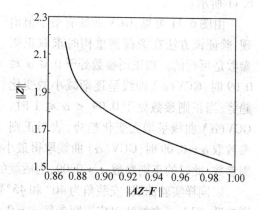

图 6.10 L - 曲线准则

由图 6.10 可见,曲线出现拐点,其形状极其类似于字母 L 形,验证了 L - 曲线法在截齿破煤载荷谱重构中选取正则参数是可行和有效的,尽管此曲线出现了拐点,然而该曲线收敛性不够理想,还有待于进一步修正,但根据此方法极易得到曲线拐点,可捕获此处相对应的正则参数 $\alpha = 0.005$。

6.3.3 GCV 法

在正则参数的选取方法中,GCV 法作为求取正则参数的有效方法,在很多领域都得到了应用,并且取得了很好的效果,近年来该研究方法引起诸多学者的高度关注,由于该研究方法的计算公式求取结果效率相对一般,但还是被广泛推广应用到众多相关领域。该方法的基本思想为根据 GCV 法得到的曲线是否出现最小值,若有最小值,此处对应的横坐标值即为所求的正则参数。据此,以该方法的基本思想为研究目的,以 GCV 法基本计算公式为研究依据,给出了正则参数满足的关系式:

$$\text{GCV}(\alpha) = \frac{(AZ - F_\sigma)^{\text{T}}(AZ - F_\sigma)}{(\text{tr}(I - A)^2} \tag{6.35}$$

式中　$A(\alpha) = A(A^{\text{T}}A + \alpha^2 I)^{-1}A^{\text{T}}$;

　　α——A 的函数;

　　$\text{tr}(A)$—— 矩阵 A 的迹;

　　I—— 单位矩阵。

应用 GCV 法捕获正则参数,其实质归结为求取式(6.35)的最小值问题,即式(6.35)可转化为

$$\text{minGCV}(\alpha) = \frac{(AZ - F_\sigma)^{\text{T}}(AZ - F_\sigma)}{(\text{tr}(I - A)^2} \tag{6.36}$$

将截齿截割煤岩载荷谱数据代入式(6.36),若有极值出现,即最小值,则说明该正则参数是存在的,根据该方法的基本思想,得到了载荷谱的 GCV 曲线,如图 6.11 所示。

由图 6.11 可见,GCV 曲线有最小值出现,验证该方法在载荷谱重构时求取正则参数是可行的。当正则参数处于 $0 \leq \alpha \leq 0.09$ 时,GCV(α) 曲线呈逐渐减小的变化趋势;当正则参数处于 $0.09 < \alpha \leq 1$ 时,GCV(α) 曲线呈增大变化趋势,故当正则

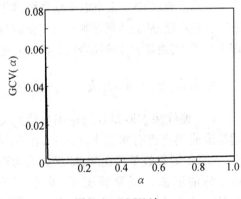

图 6.11　GCV 法

参数取 $\alpha = 0.09$ 时,GCV(α) 曲线取得最小值,即最小值所对应的横坐标值为所求取的正则参数,此时的正则参数 $\alpha = 0.09$,为后续的重构提供了必要的条件。

以同样实验曲线(安装角为 40° 和 45°)作为研究对象,根据两种选取方法得到的正则参数,即 L - 曲线法对应正则参数 $\alpha = 0.005$,GCV 法(广义交叉法)对应正则参数 $\alpha = $

0.09,开展载荷谱重构研究。探索两种不同正则参数选取方法对其重构效果的影响程度,从而确定正则参数选取的最优方法,实现截割载荷谱特征重构需要的最佳正则参数,两种不同正则参数得到的重构载荷谱曲线如图 6.12 所示。

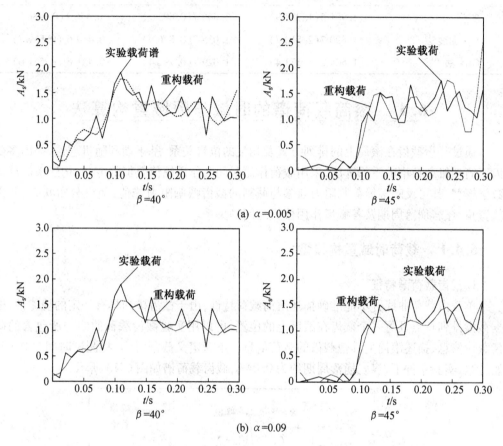

图 6.12　不同正则参数的重构载荷谱

　　由图 6.12 可见,重构载荷谱曲线比较光滑,表征该方法有滤波功能,其载荷谱的高频成分被滤掉,低频成分被保留便于应用,该状态下的载荷谱特征值极易识别及提取。然而两种正则参数重构的载荷谱特征值大小却有所不同,为深入探讨研究不同正则参数对载荷谱重构效果的影响规律,判断正则参数选取的最佳方法,确定载荷谱重构的最佳正则参数,实现截齿破煤载荷谱特征值的有效提取及识别,给出了两种正则参数重构载荷谱的特征值及实验载荷谱的特征值,见表 6.5。

　　从表 6.5 可知,两种选取正则参数策略得到的重构载荷谱特征值与其实验载荷谱特征值接近程度不同,但误差都在要求范围内,说明两种不同策略在载荷谱重构应用方面是合理、可行的。进一步分析其特征参量发现,L－曲线法比 GCV 法选取正则参数进行载荷谱重构得到的特征量值与实验载荷谱特征量值更为接近,继而可确定最佳的正则参数选取方法为 L－曲线法,该方法能够实现截齿破煤载荷谱重构需要的最佳正则参数,可以实现载荷谱特征的理想提取及应用。

表 6.5   载荷谱的特征量值

方法	40°(45°) 的载荷谱		
	最大值/kN	均值/kN	标准差
实验	1.901 5(1.757 9)	1.046 7(0.893 7)	0.446 1(0.609 7)
L – 曲线法	1.890 7(2.510 7)	1.035 7(0.826 9)	0.439 6 (0.569 7)
GCV 法	1.604 2(1.573 4)	1.029 7(0.792 4)	0.431 6 (0.551 6)

6.4   滚筒载荷谱的时域与频域重构算法

通过分析截齿在滚筒上的排列方式及相互的位置关系,基于瑞利随机理论,提出多截齿滚筒随机载荷谱的重构算法,采用载荷作用时间及作用幅值叠加的方法,构建滚筒载荷数学模型,其可反映滚筒截割阻力与参与截割的截齿截割阻力峰值、随机分布状态、截齿位置角、煤岩崩落周期及各截齿作用位置之间的关系。

6.4.1   载荷时域重构模型

1. 截齿载荷谱特征

单截齿载荷曲线并不能准确描述滚筒载荷特性,由于截齿排列具有一定的规律性,根据截齿排列特点及每一个截齿在滚筒上的位置,可以用实验截齿载荷曲线中所包含的截齿载荷信息,描述滚筒上其他截齿的载荷信息。重新定义截割时间,将测试时间由 0 s 开始计数,实验条件下,煤岩崩落周期约为 0.04 s,截齿载荷谱如图 6.13 所示。

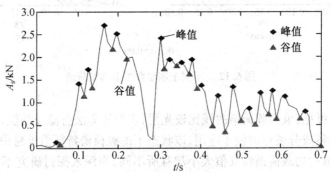

图 6.13   截齿截割载荷时间历程

截齿截割煤岩过程实质上是煤岩受到作用力不断从煤壁崩落的过程,因此,描述截齿载荷的有效信息,实际上是煤岩崩落始末时刻截齿的受力信息。据此,以截割厚度最大处曲线作为原始数据,滤掉载荷高频信号,提取载荷峰值与谷值。滚筒旋转一周过程中,截齿载荷出现 17 次波动,每一次峰值与谷值的形成,伴随着一次煤岩的崩落过程。

2. 截齿等效截割阻力

实验获得的截齿截割阻力曲线,由于含有一定的噪声干扰信号,需要对截割阻力曲线进行等效处理,剔出曲线中的噪声信号并进行平滑化处理。

（1）载荷谱等效模型。设 $z(u)$ 为镐型截齿截割破碎煤岩等效载荷谱，$f(u)$ 为其理论载荷谱，依据 B 样条曲线逼近算法，基于载荷谱等效基本思想，有等式：

$$z(u) = f(u)$$

设 $N_{i,p}(u)$ 是 B 样条曲线基函数，定义域为样条曲线节点矢量 U，其数值为

$$N_{1,0}(u) = \begin{cases} 1, & u_i \leqslant u \leqslant u_{i+1} \\ 0, & \text{其他} \end{cases}$$

$$N_{i,p}(u) = \frac{u - u_i}{u_{i+p} - u_i} N_{i,p-1}(u) + \frac{u_{i+p+1} - u}{u_{i+p+1} - u_{i+1}} N_{i+1,p-1}(u)$$

$$z(u) = \sum_{i=0}^{n} N_{i,p}(u) P_i, \quad 0 \leqslant u \leqslant 1$$

式中　$z(u)$——p 次 B 样条曲线；

　　　P_i—— 曲线的控制顶点。

（2）B 样条曲线的等效算法。截齿截割载荷谱可用二维密集扫描点进行描述，将测试数据进行等距重采样处理，得到较为光滑的数据点，计算单周截割载荷谱节点处曲率值，并从大到小一次排列，曲率值较大的节点可以选作后续的型值点；对型值点进行参数化处理，确定节点处矢量值，对控制顶点进行反算，对型值点插值，得到型值点初始曲线；计算初始曲线与原始数据点的偏差值，若偏差不符合要求，需增加型值点，对插值曲线进行局部优化，直至偏差值符合要求。

（3）曲线型值点的选定及其节点矢量的计算。采用近似法求解曲率半径可以有效减少计算量，因此，可取任意一点 d_i 及其左右相邻两点 d_{i-1} 和 d_{i+1}，由该三点构成一个圆弧，可将该点的曲率半径近似看作该圆弧的半径，其数值为

$$k_i = \frac{2 \left| \overrightarrow{d_i d_{i+1}} \times \overrightarrow{d_i d_{i-1}} \right|}{\left| \overrightarrow{d_i d_{i+1}} \right| \cdot \left| \overrightarrow{d_i d_{i-1}} \right| \cdot \left| \overrightarrow{d_i d_{i+1}} - \overrightarrow{d_i d_{i-1}} \right|}$$

对截齿单周截割曲线进行等距重采样处理，假设曲线上存在 m 个节点，求出各节点的曲率近似值后，选取曲率较大的 15 个节点作为型值点。记型值点点集为 $Q_k(0,1,\cdots,15)$，考虑型值点间直线距离，采用弦长参数化方法，计算型值点处节点矢量。记 $d = \sum_{k=1}^{15} \sqrt{|Q_k - Q_{k-1}|}$，$u'_0 = 0$，$u'_n = 1$，而

$$u'_k = u'_{k-1} + \frac{\sqrt{|Q_k - Q_{k-1}|}}{d} \tag{6.37}$$

式中　$k = 1,2,\cdots,14$。

式（6.37）得到的节点矢量为等距分布下的节点矢量，其在求解过程中可能会出现奇异方程组，采用平均值方法，计入型值点参数 u'_i，求得中间的节点矢量为

$$u_{j+p} = \frac{1}{p} \sum_{i=j}^{j+p-1} u'_i$$

（4）控制顶点的反算和逼近偏差的计算。通过参数 u'_k 和节点矢量 U 可得 B 样条基函数 $N_{i,p}(u'_k)$，控制顶点 P_i 可按下式求得：

$$
\begin{bmatrix} P_0 \\ P_1 \\ \vdots \\ P_k \end{bmatrix} = \begin{bmatrix} N_{0,P}(u'_0) & N_{1,P}(u'_0) & \cdots & N_{k,P}(u'_0) \\ N_{0,P}(u'_1) & N_{1,P}(u'_1) & \cdots & N_{k,P}(u'_1) \\ \vdots & \vdots & & \vdots \\ N_{0,P}(u'_k) & N_{1,P}(u'_k) & \cdots & N_{k,P}(u'_k) \end{bmatrix} \begin{bmatrix} Q_0 \\ Q_1 \\ \vdots \\ Q_k \end{bmatrix} \tag{6.38}
$$

利用式(6.38)求得的控制顶点和型值点,其数目相等。对测试曲线上原始节点数据进行弦长参数化,用 D_i 表示原始数据点,其参数记为 u''_i,则该点与B样条曲线上对应点的偏差为

$$
\delta_i = |\, z(u''_i) - D_i \,|
$$

3. 截齿截割阻力谱自关联模型

由于煤岩的非均质性,滚筒载荷具有很强的随机性,但滚筒上各截齿载荷存在一定的关联性。假设初始接触煤岩的截齿,其截割阻力为 $Z_1(t)$,第二个接触煤岩的截齿,其截割阻力为 $Z_2(t)$,从第一齿截割煤岩到第二齿截割煤岩,其截割时间相隔为 Δt,用 S_i 表示截齿载荷随机函数,则有

$$
Z_2(t) = Z_1(t + \Delta t, S_i)
$$

同理,有

$$
Z_3(t) = Z_2(t + \Delta t, S_i) = Z_1(t + 2\Delta t, S_i)
$$

假设 t 时刻,滚筒上第 i 个齿到第 $i+1$ 个齿,其截割时间相隔为 Δt,若第 i 个齿的截割载荷为 $Z_i(t)$,则同一时刻任一截齿截割阻力满足如下关系

$$
Z_{i+1}(t) = Z_1(t + (i-1)\Delta t, S_i), \quad i = 1, 2, \cdots, 8 \tag{6.39}
$$

$$
\Delta t = \frac{T_g}{n}
$$

式中　　T_g —— 滚筒转动周期,s;

　　　　N —— 截齿个数。

6.4.2　截割阻力谱重构算法

滚筒的真实载荷与滚筒自身结构密切相关,根据获得的实验载荷谱,截齿载荷具有一定随机性,且可用瑞利随机数来进行描述,根据实验载荷曲线,可确定滚筒在某一位置的瞬时截割阻力,选择截齿位于不同位置的实验点分别进行计算,便可重构滚筒旋转一周的截割阻力谱。

瑞利分布是最常见的描述平坦衰落信号接收包络或独立多径分量接受包络统计时变特性的一种分布类型。其连续随机变量 ξ 的概率密度为

$$
f(x) = \begin{cases} \dfrac{x}{\mu^2} e^{-\frac{x^2}{2\mu^2}}, & x \geq 0, \mu > 0 \\[2mm] 0, & x < 0, \mu > 0 \end{cases}
$$

瑞利分布的均值为

$$
\mu(X) = \int_0^{+\infty} \frac{x^2}{\mu^2} e^{-\frac{x^2}{2\mu^2}} \mathrm{d}x = \sqrt{\frac{\pi}{2}} \mu
$$

瑞利分布方差为

$$\mathrm{Var}(X) = \int_0^{+\infty} \frac{x^3}{\mu^2} \mathrm{e}^{-\frac{x^2}{2\mu^2}} \mathrm{d}x - \mu^2(X) = \frac{4-\pi}{2}\mu^2$$

如果 ξ 为 $[0,1]$ 区间均匀分布的随机数列,令

$$\xi = F(\eta) = 1 - \mathrm{e}^{-\frac{\eta^2}{2\mu^2}}$$

整理得

$$\eta = \sqrt{-2\mu^2 \ln(1-\xi)}$$

式中 $\quad \eta$—— 瑞利分布随机数。

截割过程中,伴随着大块煤崩落,同时参与破煤的截齿,其截割阻力具有一定的随机性,其值与大块煤崩落周期有如下关系

$$Z = \sum_0^{n_0} Z_{\max} \cdot \sin\varphi_i \cdot \frac{t + T_i \cdot R(i)}{T_i} \tag{6.40}$$

式中 $\quad t$—— 截齿截割时间,s;

T_i—— 第 i 个截齿截煤过程中大块煤崩落周期,s;

$R(i)$—— 瑞利分布随机数,其值为 $0 \sim 1$,$i = 0,1,\cdots,n_0$,反映了同一时刻不同截齿所处的截割阻力状态;

n_0—— 同时参与截割的截齿数。

滚筒截割阻力可表示为

$$F_Z(t) = \frac{Z_{n-1}(t + (n-2)\Delta t, S_{n-1})}{K_{l_n}} +$$

$$\frac{Z_{n-2}(t + (n-3)\Delta t, S_{n-2})}{K_{l_{n-1}}} + \cdots + \frac{Z_1(t)}{K_{l_1}} \tag{6.41}$$

煤岩破碎过程中伴随着小块煤至大块煤崩落的重复性行为。同样截割厚度下,大块煤岩崩落时,截割阻力达到最大值,假设实验煤岩与真实煤岩具有相同截割阻抗 A,则实验截齿与滚筒上第 i 齿的最大截割阻力分别为

$$Z_{0-\max} = Ah_0 \tag{6.42}$$

$$Z_{i-\max} = Ah_i \tag{6.43}$$

将式(6.42)和式(6.43)代入式(6.40)整理有

$$F_Z(t) = \frac{Z_{0-\max} \cdot \dfrac{h_n}{h_0} \cdot \sin(\varphi + n\Delta\varphi) \cdot \left(\dfrac{h_0 t}{T_0 h_n} + R(n) \right)}{K_{l_n}} +$$

$$\frac{Z_{0-\max} \cdot \dfrac{h_{n-1}}{h_0} \cdot \sin(\varphi + (n-1)\Delta\varphi) \cdot \left(\dfrac{h_0 t}{T_0 h_{n-1}} + R(n-1) \right)}{K_{l_{n-1}}} + \cdots +$$

$$\frac{Z_{0-\max} \cdot \dfrac{h_2}{h_0} \cdot \sin(\varphi + 2\Delta\varphi) \cdot \left(\dfrac{h_0 t}{T_0 h_2} + R(2) \right)}{K_{l_2}} +$$

$$\frac{Z_{0-\max} \cdot \dfrac{h_1}{h_0} \cdot \sin(\varphi + \Delta\varphi) \cdot \left(\dfrac{h_0 t}{T_0 h_1} + R(1)\right)}{K_{l_1}} \tag{6.44}$$

式(6.44)即为基于瑞利随机理论的滚筒截割阻力重构表达式,可见,滚筒截割阻力与参与截割的截齿截割阻力峰值、随机分布状态、截齿位置角及煤岩崩落周期有关,也与各截齿作用位置有关。

6.4.3 载荷重构算法的数值模拟

以镐形截齿楔入角为 $\beta = 35°$ 的截齿破碎煤岩实验载荷谱曲线为处理对象,如图 6.13 所示,其等距采样时间为 $\Delta T = 0.02$,$N = 36$,取 $[\delta] = 0.1$,设偏差许可值为 $[\delta]$,若 $\delta_j > [\delta]$,则将 D_j 点作为新增型值点。对 B 样条曲线进行优化,直至所有点满足 $\delta_i \leqslant [\delta]$,求得的控制顶点如图 6.14 所示,实验载荷谱的等效载荷谱如图 6.15 所示。滚筒上截齿按照一定的次序依次截割煤岩,截齿的排列对滚筒截割载荷有一定影响。图 6.16 所示为某采煤机滚筒截齿排列图,滚筒上共有 20 个截齿,截线距为 70 mm,螺旋线升角为 20°。易知,同时有 10 个截齿进行截割煤岩,假设 1 号截齿即将退出截割,11 号截齿即将进入截割,则第1 ~ 10号截齿正在截割煤岩,各个截齿截割厚度不同,假设截割阻力大小与截割厚度近似呈线性关系,则可以根据滚筒不同位置上各个截齿的截割厚度,结合实验测试数据推算各个截齿的截割阻力。

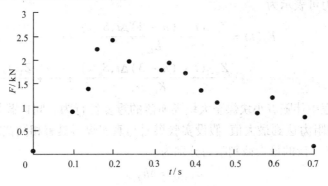

图 6.14 截割载荷 B 样条曲线控制点

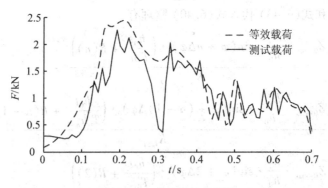

图 6.15 截齿等效载荷谱

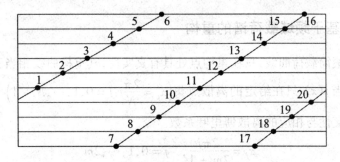

图 6.16   某采煤机滚筒截齿排列

由滚筒截齿排列图及 $\Delta\varphi = \dfrac{360°}{20} = 18°$ 和 $h_{max} = 15$ mm，可以得到各截齿截割厚度，见表 6.6。

表 6.6   1 ~ 10 号截齿的截割厚度

序号	$\varphi_i/(°)$	$h/$mm
2、10	18	4.64
3、9	36	8.82
4、8	54	12.14
5、7	72	14.27
6	90	15
1	0	0

根据实验载荷谱，大块煤崩落周期 $T_0 \approx 0.04$ s。利用重构算法，按时间轴等距原则，选取实验曲线中的数据，对滚筒截割阻力进行重构，得到计算点处的重构数据，如图 6.17所示，重构曲线可通过分段函数进行描述。

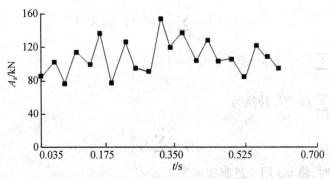

图 6.17   滚筒载荷重构曲线

6.4.4 基于频域载荷谱的重构

重构后的滚筒载荷曲线,只在重构点处具有真实性,其重构曲线相当于一组离散点集给定的曲线。当 $f(x)$ 只在给定的离散点集 $\left(x_j = \dfrac{2\pi}{N}j, j = 0, 1, \cdots, N-1\right)$ 上已知时,可得到离散点集正交性与相应的离散傅里叶系数。令

$$x_j = \frac{2\pi j}{2m+1}, \quad j = 0, 1, \cdots, 2m$$

对于任何 $0 \leqslant k, l \leqslant m$,函数族 $\{1, \cos x, \sin x, \cdots, \cos mx, \sin mx\}$ 在点集 $\left\{x_j = \dfrac{2\pi j}{2m+1}\right\}$ 上正交,若令 $f_j = f(x_j)(j = 0, 1, \cdots, 2m)$,则 $f(x)$ 的最小二乘三角逼近为

$$S_n(x) = \frac{a_0}{2} + \sum_{k=1}^{n} (a_k \cos kx + b_k \sin kx), \quad n < m$$

式中　$a_k = \dfrac{2}{2m+1} \displaystyle\sum_{j=0}^{2m} f_j \cos \dfrac{2\pi jk}{2m+1}$;

$b_k = \dfrac{2}{2m+1} \displaystyle\sum_{j=0}^{2m} f_j \sin \dfrac{2\pi jk}{2m+1} (k = 0, 1, \cdots, m)$。

当 $m = n$ 时,$f_j = S_m(x_j)$,则

$$S_m(x) = \frac{a_0}{2} + \sum_{k=1}^{m} (a_k \cos kx + b_k \sin kx), \quad n < m$$

由于滚筒重构曲线中重构点之间为等分点且

$$e^{ijx} = \cos(jx) + i\sin(jx), \quad (j = 0, 1, \cdots, N-1, i = \sqrt{-1})$$

函数族 $\{1, e^{ix}, \cdots, e^{i(N-1)x}\}$ 在函数周期内正交,将 e^{ijx_k} 组成的向量记作

$$\phi_j = \left(1, e^{j\frac{2\pi}{N}}, \cdots, e^{j\frac{2\pi}{N}(N-1)x}\right)^{\mathrm{T}}$$

可以证明 $\phi_0, \phi_1, \cdots, \phi_{N-1}$ 是正交的。因此,$f(x)$ 在 N 个离散点上的最小二乘傅里叶逼近为

$$S_n(x) = \sum_{k=0}^{n-1} (c_k e^{ikx}), \quad n < N$$

式中　$c_k = \dfrac{1}{N} \displaystyle\sum_{j=0}^{N-1} f_j e^{-ikj\frac{2\pi}{N}} (k = 0, 1, \cdots, n-1)$。

将 $c_k = \dfrac{1}{N} \displaystyle\sum_{j=0}^{N-1} f_j e^{-ikj\frac{2\pi}{N}}$ 转换为

$$c_j = \sum_{k=0}^{N-1} x_k \overline{\omega}^{-kj} \tag{6.45}$$

当 $N = 2^3$ 时,将 k,j 用二进制表示为

$$k = k_2 2^2 + k_1 2^1 + k_0 2^0 = (k_2 k_1 k_0)$$

$$j = j_2 2^2 + j_1 2^1 + j_0 2^0 = (j_2 j_1 j_0)$$

则有

$$c_j = c(j_2j_1j_0), \quad x_k = x(k_2k_1k_0) \tag{6.46}$$

式(6.46)可表示为

$$c(j_2j_1j_0) = \sum_{k_0=0}^{1}\sum_{k_1=0}^{1}\sum_{k_2=0}^{1} x(k_2k_1k_0)\overline{\omega}^{-(k_2k_1k_0)(j_22^2+j_12^1+j_02^0)} =$$

$$\sum_{k_0=0}^{1}\left\{\sum_{k_1=0}^{1}\left[\sum_{k_2=0}^{1} x(k_2k_1k_0)\overline{\omega}^{j_0(k_2k_1k_0)}\right]\overline{\omega}^{j_1(k_1k_00)}\right\}\overline{\omega}^{j_2(k_000)} \tag{6.47}$$

引入记号

$$\left.\begin{array}{l} A_0(k_2k_1k_0) = x(k_2k_1k_0) \\[2mm] A_1(k_1k_0j_0) = \sum_{k_0=0}^{1} A_0(k_2k_1k_0)\overline{\omega}^{j_0(k_2k_1k_0)} \\[2mm] A_2(k_0j_1j_0) = \sum_{k_1=0}^{1} A_1(k_1k_0j_0)\overline{\omega}^{j_1(k_1k_00)} \\[2mm] A_3(j_2j_1j_0) = \sum_{k_2=0}^{1} A_2(k_0j_1j_0)\overline{\omega}^{j_2(k_000)} \end{array}\right\} \tag{6.48}$$

式(6.47)可写为

$$c(j_2j_1j_0) = A_3(j_2j_1j_0)$$

同理,式(6.48)中第二行可写为

$$A_1(k_1k_00) = A_0(0k_1k_0) + A_0(1k_1k_0)$$
$$A_1(k_1k_01) = [A_0(0k_1k_0) - A_0(1k_1k_0)]\overline{\omega}^{-(0k_1k_0)} \tag{6.49}$$

将式(6.49)还原为十进制表示:$k = (0k_1k_0) = k_12^1 + k_02^0$,即 $k = 0,1,2,3$,得

$$\left\{\begin{array}{l} A_1(2k) = A_0(k) + A_0(k+2^2) \\[2mm] A_1(2k+1) = [A_0(k) - A_0(k+2^2)]\overline{\omega}^k \end{array}\right. \tag{6.50}$$

同样,式(6.48)中第三行、第四行进行简化并还原为十进制,有

$$\left.\begin{array}{l} A_2(k2^2+j) = A_1(2k+j) + A_1(2k+j+2^2) \\[2mm] A_2(k2^2+j) = [A_1(2k+j) - A_1(2k+j+2^2)]\overline{\omega}^{2k} \end{array}\right\}, \quad k=0,1;j=0,1 \tag{6.51}$$

$$\left.\begin{array}{l} A_3(j) = A_2(j) + A_2(j+2^2) \\[2mm] A_3(2^2+j) = [A_2(j) - A_2(j+2^2)] \end{array}\right\}, \quad j=0,1,\cdots,3 \tag{6.52}$$

根据式(6.50)~式(6.52),由 $A_0(k) = x(k) = x_k$,逐次计算即可得到 c_j。

将式(6.52)推广到 $N = 2^p$,则有

$$\left.\begin{array}{l} A_q(k2^q+j) = A_{q-1}(k2^{q-1}+j) + A_{q-1}(k2^{q-1}+j+2^{p-1}) \\[2mm] A_q(k2^q+j+2^{q-1}) = [A_{q-1}(k2^{q-1}+j) - A_{q-1}(k2^{q-1}+j+2^{p-1})]\overline{\omega}^{k2^{q-1}} \end{array}\right\}$$

式中　$q = 1,2,\cdots,p;k = 0,1,\cdots,2^{p-q}-1;$
　　　$j = 0,1,\cdots,2^{q-1}-1$。

采用改进后的FFT算法与原算法对比,见表6.7。改进后的FFT算法较普通FFT算法计算量大大减少,仅为原来的1/16,计算时间由461.9 s减为17.4 s,计算速度比原算法约

提高了 27 倍,但计算精度一致,数据点越多,这种算法的优势越明显。

表 6.7　改进后 FFT 算法与原算法的对比

	计算量 / 次	计算时间 / s	计算精度
FFT 算法	65 536	461.9	0.94
改进后	4 096	17.4	0.94

滚筒载荷重构曲线利用改进后 FFT 算法进行拟合,得到图 6.18 所示结果,其拟合优度达 0.94,重构的载荷模型为

$$f(x) = a_0 + a_1\cos \omega t + b_2\sin \omega t \tag{6.53}$$

式中　ω——滚筒转动角速度,rad/s;

$a_0 = 107.6(89.46,125.7)$;

$a_1 = -16.76(-37.2,4.479)$;

$b_2 = -2.887(-52.32,46.66)$;

$\omega = 8.433(0.549\ 3,16.32)$。

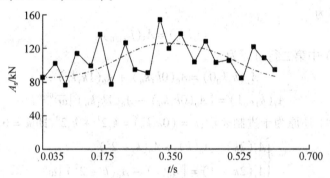

图 6.18　滚筒载荷频域重构

第7章　滚筒与镐形截齿关联力学模型

截齿和滚筒载荷的定量计算是设计采煤机的基础,截齿的载荷特性直接影响滚筒的截割性能,本章重点介绍了截齿的三向载荷实验理论模型,并给出截齿三向载荷在不同坐标系下特定载荷的关系,导出了特定方向截齿载荷的转换方程。在滚筒载荷传统算法的基础上,结合截割实验构建了滚筒截割载荷的随机的统计瞬时模型。

7.1　滚筒载荷的传统算法

采煤机螺旋滚筒的载荷和截齿瞬时切削厚度有着直接的关系,在模拟滚筒的载荷时,需要知道每个时刻所有参与截割煤壁的各截齿的瞬时切削厚度的大小,切削厚度将直接影响螺旋滚筒上的载荷。

7.1.1　切削厚度

螺旋滚筒载荷来自截齿截割煤岩,其载荷的大小主要取决于截割面积,截线距和切削宽度不变,截齿的工作载荷主要取决切削厚度,采煤机牵引速度、转速不变,截线上截齿数一定,切削深度仅与截齿的圆周位置相关。滚筒截齿尖在采煤机工作时的运动轨迹是滚动圆在直线上滚动所形成的长幅摆线,其切削深度是变化的,近似于月牙形,在进入截割和退出截割区段会产生很多煤粉,当截割阻抗 A、截齿等效宽度 b_p、截距 t 一定时,截割阻力与切削厚度有着正比的关系。

由截齿切削厚度最大值可按 $h_{max} = v_q / mn$ 求得;由此得出在 h_{max} 处截割阻力最大,而实际 t 与 h 又呈正比例关系,因此,计算出在 h_{max} 处的截割阻力能够反映截齿的实际工作状况。截齿的切削厚度随时间的变化而变化,如图7.1(a)和7.1(b)所示,分别为前后滚筒截齿截割条件,截割弧上第 i 个截齿的切削厚度 h_i 为

$$h_i = h_{max} \sin \varphi_i$$

式中　φ_i——截割弧上第 i 个截齿的位置角,0 ~ 180°,(°)。

由于煤岩的非均质性和各向异性,坚硬夹杂物的随机分布,切削厚度随滚筒转动而变化,因而 $\overline{Z_i}$ 和 σ_z 都是变化的,反映出形成 $\overline{Z_i}$ 的随机过程的不稳定性。后滚筒月牙形截割面积为

$$S_1 = \int_0^{\varphi_u} h_i \mathrm{d}l = \frac{D_c}{2} \int_0^{\varphi_u} h_{max} \sin \varphi \mathrm{d}\varphi = \frac{1}{2} D_c h_{max} (1 - \cos \varphi_u) \tag{7.1}$$

当 $\varphi_u = \pi$ 时,由式(7.1)可得前滚筒月牙形截割面积

$$S_1 = D_c h_{max}$$

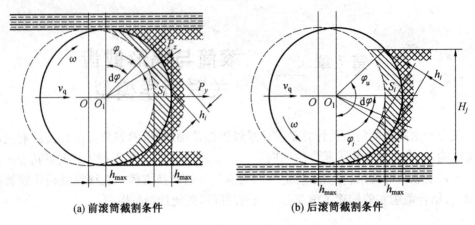

(a) 前滚筒截割条件　　　　(b) 后滚筒截割条件

图 7.1　滚筒截齿切削厚度的变化

式中　　D_c—— 螺旋滚筒直径,m;

　　　　φ_u—— 煤体对滚筒的围包角,(°);

　　　　dl—— 对应于 $d\varphi$ 的微元弧长,$dl = \dfrac{D_c}{2}d\varphi$,m。

又因截割弧长 $l = \dfrac{D_c\varphi_u}{2}$,令 $S_1 = l \cdot \bar{h}$,则平均切削厚度为

$$\bar{h} = \frac{S_1}{l} = \frac{1 - \cos\varphi_u}{\varphi_u}h_{max} \tag{7.2}$$

对式(7.2)求极限值,即有

$$\frac{d\bar{h}}{d\varphi_u} = \frac{\varphi_u\sin\varphi_u + \cos\varphi_u - 1}{\varphi_u^2} = 0 \tag{7.3}$$

由式(7.3)求得,当 $\varphi_u = 0.74\pi$ 或截煤高度 $H_j = \dfrac{D_c}{2}\left[1 + \sin\left(0.74\pi - \dfrac{\pi}{2}\right)\right] \approx 0.84D_c$ 时,
后滚筒平均切削厚度达极大值

$$\bar{h} = \frac{2.28}{\pi}h_{max} \tag{7.4}$$

当 $\varphi_u = \pi$ 时,由式(7.2)得前滚筒平均切削厚度为

$$\bar{h} = \frac{2}{\pi}h_{max}$$

对于实际滚筒的重复截割情况下,截齿的实际切削厚度与截齿排列方式及截线距有
关联,可根据切削图来确定滚筒叶片上和端盘上的截齿切削厚度,叶片截齿切削厚度 h'_i
和平均切削厚度 $\bar{h}'_i$,顺序式截齿排列时:

$$h'_i \approx \frac{h_m\sin(\varphi + i\Delta\varphi)}{m_y}$$

$$\bar{h}'_i \approx \frac{2h_m}{\pi m_y} \tag{7.5}$$

棋盘式排列时(一线一齿,且截线距 $s_0 > s$)

$$h'_i \approx \frac{h_m \sin(\varphi + i\Delta\varphi)}{m_y \frac{s_0}{s}}$$

$$\overline{h'_i} = \frac{2h_m}{\pi m_y \frac{s_0}{s}} \tag{7.6}$$

式中　m_y——叶片每条截线上截齿数;

　　　s_0——同一叶片上的截齿截线距,m;

　　　s——叶片相邻两截齿截线距,m;

　　　h_m——滚筒每转最大进给量,$h_m = v_q/n$,m/r;

　　　$\Delta\varphi$——相邻截齿周间夹角,(°);

　　　φ——截齿转动位置角,$\varphi = 0 - \Delta\varphi$,$\varphi = 2\pi t$,(°)。

端盘截齿切削厚度 h''_j 和平均切削厚度 $\overline{h''_j}$,有明显顺序式截齿排列特征时

$$\left.\begin{array}{l} h''_j \approx \dfrac{h_m \sin(\varphi + j\Delta\varphi)}{m_d} \\[2mm] \overline{h''_j} = \dfrac{2h_m}{\pi m_d} \end{array}\right\} \tag{7.7}$$

有明显棋盘式截齿排列特征时

$$h''_j \approx h_m \frac{\Delta\varphi}{2\pi} \sin(\varphi + j\Delta\varphi)$$

$$= \frac{h_m \Delta\varphi}{\pi^2} \tag{7.8}$$

式中　m_d——端盘每条截线上的截齿数。

7.1.2　滚筒载荷的确定

从宏观的角度,假定螺旋滚筒所受阻力集中在螺旋滚筒中间截齿的齿尖上,该阻力可分解为垂直于牵引速度方向的集中截割阻力 P_z 和与牵引速度相反的推进阻力 P_y,该方法是总体参数分析和强度验算常用的简便方法,截割阻力的稳态恒值可估算:

$$P_z = \frac{1.91 \times 10^4 N_j \eta}{n D_c} \tag{7.9}$$

式中　N_j——单机和联合驱动时,为驱动电机额定功率或分别驱动时,为截割部驱动电机的额定功率,kW;

　　　η——截割部机械传动效率。

另外,在理论上模拟截割阻力和参数设计时,考虑截割过程中大块煤崩落和截割阻力的随机性,即同时参与截煤截齿的截割阻力,由最小到最大是非同时的,时间是随机的,则有滚筒的截割阻力瞬时值

$$P_{zi} = \sum_{i=1}^{n_0} A h_{max} \sin\varphi_i \cdot \frac{1}{T_i}[t + T_i R(i)]$$

式中　　$R(i)$——随机数，$R(i) = 0 \sim 1$，$i = 1,2,\cdots,n_0$；

　　　　n_0——同时参与截割的截齿数；

　　　　T_i——螺旋滚筒上第 i 个截齿，在截割过程中大块煤截割崩落的周期，s。

$$t + T_i R(i) = \begin{cases} t + T_i R(i), & t + T_i R(i) \leqslant T_i \\ t + T_i R(i) - T_i, & t + T_i R(i) > T_i \end{cases}$$

在同一煤质条件下，通过实验测试特定的切削厚度 h_0，对应的大块煤崩落周期 T_0，则有

$$T_i = \frac{T_0}{h_0} h_i = \frac{T_0}{h_0} \cdot \frac{v_q}{nm} \sin \varphi_i$$

其中，T_i 反映了大块煤崩落周期与煤质、工作参数和截齿所处截割位置的关系。

滚筒的推进阻力可由截割阻力估算：

$$P_y = K_q \cdot P_z \quad \text{或} \quad P_{yi} = K'_q \cdot P_{zi} \tag{7.10}$$

式中　　K_q——滚筒上集中截割阻力与推进阻力比例系数，其大小由截齿截割实验确定；

　　　　K'_q——截齿上截割阻力与推进阻力的比例系数。

螺旋滚筒的受力如图 7.2 所示，滚筒上的载荷还可按各截齿平均载荷在三个坐标方向上投影的代数和计算。螺旋滚筒的受力分析，是采煤机静态设计、动态分析的力学基础，是确定采煤机工作质量和效率的理论依据。

图 7.2 中 X_{oi}、P_{yi}、P_{zi} 为滚筒上第 i 个截齿的侧向阻力、推进阻力和截割阻力，R_a、

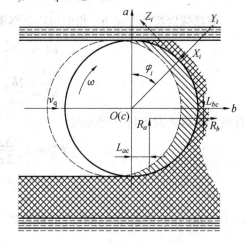

图 7.2　滚筒受力分析

R_b、R_c 分别表示工作区域内同时参与截割的截齿沿 a、b、c 坐标轴方向的分力之和，即

$$\left. \begin{aligned} R_a &= \sum_{i=1}^{N_i} (-P_{yi}\cos \varphi_i + P_{zi}\sin \varphi_i) \\ R_b &= \sum_{i=1}^{N_i} (-P_{yi}\sin \varphi_i - P_{zi}\cos \varphi_i) \\ R_c &= \sum_{i=1}^{N_i} X_{oi} \end{aligned} \right\} \tag{7.11}$$

式(7.11) 计算比较困难，实际应用中常采用数理统计分析法和直接计算法估算滚筒受力。

1. 数理统计计算

对于确定的生产率和装机功率等诸多动力学问题，以上各式的计算可以简化，若已知工作截齿上的平均阻力，则螺旋滚筒上主要载荷分量的数学期望为

$$\overline{R}_a = -\overline{P_y}\sum_{i=1}^{N_i}\cos\varphi_i + \overline{P_z}\sum_{i=1}^{N_i}\sin\varphi_i$$

$$\overline{R}_b = -\overline{P_y}\sum_{i=1}^{N_i}\sin\varphi_i - \overline{P_z}\sum_{i=1}^{N_i}\cos\varphi_i$$

$$\overline{M}_c = \frac{D_c}{2}N_i\overline{P_z}$$

式中　$\overline{M}_c$——圆周负载阻力矩数学期望。

可见,同时参与截割的截齿数量 N_i 和位置 φ_i,直接影响采煤机螺旋滚筒各载荷分量的大小和特性。即使作用在截齿上的 $\overline{P_z}$ 和 $\overline{P_y}$ 稳定不变,由于同时参与截割的截齿数量和位置都在变化,故各载荷分量也随之发生变化。

分析螺旋滚筒的截齿配置图也能发现,截齿在螺旋滚筒上分布是不均匀的,同时参与截割截齿的 $\sum_i\sin\varphi_i$ 和 $\sum_i\cos\varphi_i$ 是变化的,如图7.3所示,载荷分量的数学期望将以与之相同的频率变化。

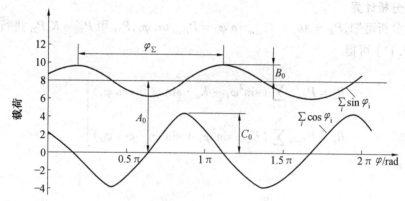

图 7.3　螺旋滚筒的 $\sum_i\sin\varphi_i$ 和 $\sum_i\cos\varphi_i$

设

$$\sum_{i=1}^{N_i}\sin\varphi_i = A_0 + B_0\sin(\omega_f t + \Delta)$$

$$\sum_{i=1}^{N_i}\cos\varphi_i = C_0\cos(\omega_f t + \Delta)$$

则

$$\overline{R}_a = \overline{P_{Z0}} + \overline{P_{Z1}}\sin(\omega_f t + \Delta) - \overline{P_{Y2}}\cos(\omega_f t + \Delta)$$

$$\overline{R}_b = -\left[\overline{P_{Y0}} + \overline{P_{Y1}}\sin(\omega_f t + \Delta) + P_{Z2}\cos(\omega_f t + \Delta)\right]$$

(7.12)

式中　A_0——总和的平均值;

　　　B_0、C_0——总和的幅值;

ω_f—— 载荷变化频率，$\omega_f = \dfrac{2\pi\omega}{\varphi_\Sigma}$，rad/s；

Δ—— 总和的相位角，rad；

ω—— 螺旋滚筒的旋转角频率（角速度），rad/s；

φ_Σ—— 总和的周期角，rad；

$$\overline{P_{Z0}} = \overline{P_Z}A_0;$$
$$\overline{P_{Z1}} = \overline{P_Z}B_0;$$
$$\overline{P_{Z2}} = \overline{P_Z}C_0;$$
$$\overline{P_{Y0}} = \overline{P_Y}A_0;$$
$$\overline{P_{Y1}} = \overline{P_Y}B_0;$$
$$\overline{P_{Y2}} = \overline{P_Y}C_0。$$

由图 7.3 可见，总和的周期角 $\varphi_\Sigma \approx \pi$，载荷的变化频率 $\omega_f \approx 2\omega$，也就是载荷频率为螺旋滚筒旋转角频率的两倍，实际应用中，通常取 $\omega_f = (1 \sim 3)\omega$。

2. 直接分析计算

由上述分析可知，$P_{Zi} = Ah_i = Ah_{max}\sin\varphi_i = P_{Zmax}\sin\varphi_i$，$P_{Yi}$ 用 $P_{Yi} = K_q P_{Zi}$ 进行确定。由式(7.11) 可得

$$\left.\begin{array}{l} R_a = P_{Zmax}\displaystyle\sum_{i=1}^{N_i}(\sin^2\varphi_i - K_q \cdot \sin\varphi_i \cdot \cos\varphi_i) \\[4mm] R_b = P_{Zmax}\displaystyle\sum_{i=1}^{N_i}(K_q \cdot \sin^2\varphi_i + \sin\varphi_i \cdot \cos\varphi_i) \end{array}\right\}$$

整理有

$$\left.\begin{array}{l} R_a = P_{Zmax}\displaystyle\sum_{i=1}^{N_i}(K'_i - K_q K''_i) = P_{Zmax}\displaystyle\sum_{i=1}^{N_i}K_{ai} \\[4mm] R_b = P_{Zmax}\displaystyle\sum_{i=1}^{N_i}(K_q K'_i + K''_i) = P_{Zmax}\displaystyle\sum_{i=1}^{N_i}K_{bi} \end{array}\right\} \tag{7.13}$$

式中　K_{ai}、K_{bi}—— 分别为截齿垂直（a 轴方向）和水平（b 轴方向）载荷分量对最大截割力的比例系数，$K_{ai} = K'_i - K_q K''_i$，$K_{bi} = K_q K'_i + K''_i$；

K'_i、K''_i—— 比例系数，$K'_i = \sin^2\varphi_i$，$K''_i = \sin\varphi_i \cdot \cos\varphi_i$。

图 7.4 为比例系数 K'_i、K''_i、K_{ai} 和 K_{bi} 随 φ 的变化关系。

螺旋滚筒载荷的两个集中分量 R_a 和 R_b 作用点的确定：参与截煤的截齿沿坐标轴 a 和 b 的分力对螺旋滚筒轴线 c 取力矩，即

$$\left.\begin{array}{l} M_{Ra} = \dfrac{D_c}{2}P_{Zmax}\displaystyle\sum_{i=1}^{N_i}K_{ai}\sin\varphi_i \\[4mm] M_{Rb} = \dfrac{D_c}{2}P_{Zmax}\displaystyle\sum_{i=1}^{N_i}K_{bi}\cos\varphi_i \end{array}\right\} \tag{7.14}$$

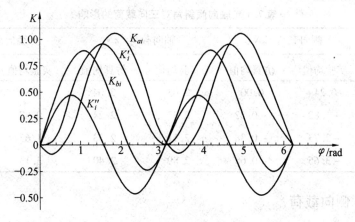

图 7.4 K'_i、K''_i、K_{ai}、K_{bi} 随 φ 的变化关系

令 R_a 和 R_b 的作用点 (L_{ac}, L_{bc})，由式 (7.13) 和 (7.14) 得，$M_{Ra} = R_a \cdot L_{ac}$，$M_{Rb} = R_b \cdot L_{bc}$，即

$$\left. \begin{array}{l} \dfrac{D_c}{2} P_{Z\max} \displaystyle\sum_{i=1}^{N_i} K_{ai} \sin \varphi_i = L_{ac} \cdot P_{Z\max} \displaystyle\sum_{i=1}^{N_i} K_{ai} \\[3mm] \dfrac{D_c}{2} P_{Z\max} \displaystyle\sum_{i=1}^{N_i} K_{bi} \cos \varphi_i = L_{bc} \cdot P_{Z\max} \displaystyle\sum_{i=1}^{N_i} K_{bi} \end{array} \right\}$$

(7.15)

则有

$$L_{ac} = \frac{D_c \displaystyle\sum_{i=1}^{N_i} K_{ai} \sin \varphi_i}{2 \displaystyle\sum_{i=1}^{N_i} K_{ai}}$$

$$L_{bc} = \frac{D_c \displaystyle\sum_{i=1}^{N_i} K_{bi} \cos \varphi_i}{2 \displaystyle\sum_{i=1}^{N_i} K_{bi}}$$

从式 (7.15) 可以看出不仅载荷的大小是变化的，其作用点也随之变化。因此，截齿排列得好坏对采煤机及其螺旋滚筒的受力影响很大。

7.2 截齿三向载荷峰值的拟合模型

不同轴向倾斜角的轴向、径向和侧向实验载荷谱分别如图 5.13、图 5.17 和图 5.21 所示，其实验和仿真的均值见表 7.1。由表 7.1 可知，侧向载荷与轴向倾斜角近似呈线性关系。

表 7.1　轴向倾斜角对三向载荷的影响

$\theta/(°)$	侧向载荷 /kN		轴向载荷 /kN		径向载荷 /kN	
	实验均值	仿真均值	实验均值	仿真均值	实验均值	仿真均值
0	0.24	0.00	2.03	2.04	0.81	0.66
5	-1.82	-0.32	2.37	2.24	0.87	0.70
10	-2.73	-0.38	2.51	2.33	1.62	0.74
15	-3.65	-0.68	2.89	2.40	3.13	0.77

7.2.1　侧向载荷

截齿在截割过程中,截齿的侧向载荷可以看作是左右垂直于截齿轴线侧向载荷之差,截齿侧向载荷与煤岩截割阻抗、切削厚度线性相关。由实验数据计算得到侧向载荷,以此给出在实验条件下侧向载荷波峰拟合峰值与轴向倾斜角和切削厚度的关系模型:

$$X_s = \begin{cases} -\dfrac{Ah}{A_0 h_0}\left[K_1\theta + K_2(\theta + \alpha + \Delta\alpha - \varphi)\right], & \theta + \alpha + \Delta\alpha - \varphi > 0 \\ \\ -K_1\theta\dfrac{Ah}{A_0 h_0}, & \theta + \alpha + \Delta\alpha - \varphi \leqslant 0 \end{cases}$$

(7.16)

式中　A_0——实验煤岩截割阻抗,$A_0 = 200$ kN/m;

　　　h_0——实验最大切削厚度,$h_0 = 20$ mm;

　　　h——切削厚度,$h = h_0\sin(4.27t)$ mm;

　　　K_1——轴向倾斜角系数;

　　　K_2——崩落角影响系数;

　　　$\alpha + \Delta\alpha$——截齿当量半锥角,$\alpha + \Delta\alpha = 0.951$ rad;

　　　φ——崩落角,在实验范围内取 $\varphi = \dfrac{(80 - 2h) \times \pi}{180}$,rad。

变量 (θ, h, F_x) 的 n 组实验数据 $(\theta_{il}, h_{il}, X_{si})(i = 1, 2, \cdots, n)$ 应满足

$$\left.\begin{aligned} X_{s1} &= -\frac{Ah_1}{A_0 h_0}\left[K_1\theta_1 + K_2(\theta_1 + \alpha + \Delta\alpha - \varphi)\right] + \varepsilon_1 \\ X_{s2} &= -\frac{Ah_2}{A_0 h_0}\left[K_1\theta_2 + K_2(\theta_2 + \alpha + \Delta\alpha - \varphi)\right] + \varepsilon_2 \\ &\vdots \\ X_{sn} &= -\frac{Ah_n}{A_0 h_0}\left[K_1\theta_n + K_2(\theta_n + \alpha + \Delta\alpha - \varphi)\right] + \varepsilon_n \end{aligned}\right\}$$

(7.17)

式中 K_1、K_2——待估参数;

$\varepsilon_1, \varepsilon_2, \cdots, \varepsilon_n$——$n$ 个相互独立且服从同一正态分布 $N(0, \sigma^2)$ 的随机变量。

利用侧向载荷实验数据 (θ_i, h_i, X_{si}) $(i = 1, 2, \cdots, n)$ 估计参数 K_1、K_2,而估计参数 K_1、K_2 的原则是使 $\sum\limits_{i=1}^{n} \varepsilon_i^2$(误差平方和)在误差允许范围内,即最小二乘法。此时有

$$Q(K_1, K_2) = \sum_{i=1}^{n} \varepsilon_i^2 = \sum_{i=1}^{n} \left(X_{si} - \left(-\frac{Ah}{A_0 h_0} [K_1 \theta + K_2 (\theta + \alpha + \Delta\alpha - \varphi)] \right) \right)^2$$

(7.18)

因此,K_1 和 K_2 的估计值 $\hat{K}_1$ 和 $\hat{K}_2$ 应为方程组的解:

$$\left.\begin{array}{l} \dfrac{\partial Q(K_1, K_2)}{\partial K_1} = 2\sum_{i=1}^{n} \left(X_{si} - \left(-\dfrac{Ah}{A_0 h_0}[K_1\theta + K_2(\theta + \alpha + \Delta\alpha - \varphi)] \right) \right) \left(\dfrac{Ah}{A_0 h_0} \times \theta \right) = 0 \\[4mm] \dfrac{\partial Q(K_1, K_2)}{\partial K_2} = 2\sum_{i=1}^{n} \left(X_{si} - \left(-\dfrac{Ah}{A_0 h_0}[K_1\theta + K_2(\theta + \alpha + \Delta\alpha - \varphi)] \right) \right) \cdot \\[4mm] \qquad\qquad\qquad \left(\dfrac{Ah}{A_0 h_0}(\theta + \alpha + \Delta\alpha - \varphi) \right) = 0 \end{array}\right\}$$

(7.19)

求得 $K_1 = 21.372$ 和 $K_2 = 0.128$。

将实验数据代入式(7.16)可得侧向载荷峰值与轴向倾斜角和切削厚度的三维关系,如图 7.5 所示。当轴向倾斜角一定时,截齿的侧向载荷幅值随着切削厚度增大而增大;当切削厚度一定时,随轴向倾斜角的增大侧向载荷幅值呈线性增大。

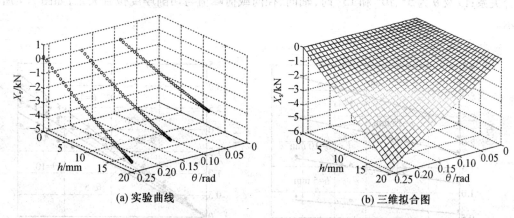

(a) 实验曲线   (b) 三维拟合图

图 7.5   侧向载荷峰值与轴向倾斜角和切削厚度关系

分别取图 7.5 中切削厚度 h 为 5、10、15 和 20 mm 时,做出侧向载荷峰值与轴向倾斜角拟合关系;以及 θ 为 5°、10° 和 15° 时,侧向载荷峰值与切削厚度拟合关系如图 7.6 所示。

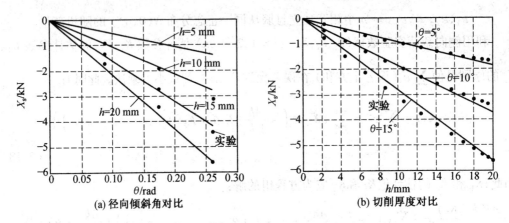

图 7.6　侧向载荷拟合结果与实验数据对比

7.2.2　轴向载荷

对轴向载荷采用最小二乘法进行拟合,建立轴向载荷与轴向倾斜角和切削厚度的模型:

$$A_s = \begin{cases} \dfrac{Ah}{A_0 h_0}[2.38 + 3.57\theta + 1.60(\theta + \alpha + \Delta\alpha - \varphi)], & \theta + \alpha + \Delta\alpha - \varphi > 0 \\[3mm] \dfrac{Ah}{A_0 h_0}[2.38 + 3.57\theta], & \theta + \alpha + \Delta\alpha - \varphi \leqslant 0 \end{cases}$$

$$(7.20)$$

分别取切削厚度 h 为 5、10、15 和 20 mm 时,给出轴向、径向载荷峰值与轴向倾斜角拟合关系;以及 θ 为 5°、10° 和 15° 时,轴向、径向载荷峰值与切削厚度拟合关系,如图 7.7 所示。

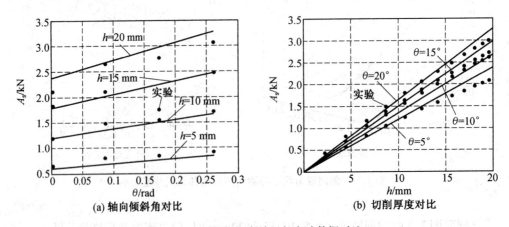

图 7.7　轴向载荷拟合结果与实验数据对比

7.2.3 径向载荷

对径向载荷也同样进行最小二乘法拟合,构建其数学模型:

$$P_s = \begin{cases} \dfrac{Ah}{A_0 h_0}[0.75 + 8.072\theta + 5.174(\theta + \alpha + \Delta\alpha - \varphi)], & \theta + \alpha + \Delta\alpha - \varphi > 0 \\ \dfrac{Ah}{A_0 h_0}[0.75 + 8.072\theta], & \theta + \alpha + \Delta\alpha - \varphi \leqslant 0 \end{cases}$$

$$(7.21)$$

分别取切削厚度 h 为 5、10、15 和 20 mm 时,获得径向载荷峰值与轴向倾斜角拟合关系;以及 θ 为 5°、10° 和 15° 时,轴向、径向载荷峰值与切削厚度拟合关系如图 7.8 所示。从图 7.6 ~ 7.8 可以看出,所给出的拟合关系与实验结果是吻合的,变化规律具有一致性。

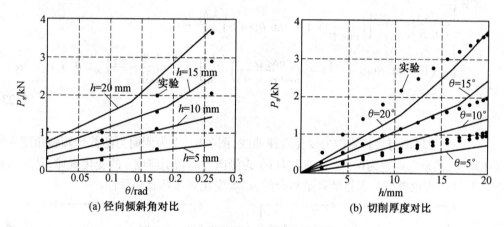

图 7.8 径向载荷拟合结果与实验数据对比

7.3 截齿三向载荷理论模型的求解

7.3.1 侧向载荷

实验得到不同倾斜角 $\theta = 0°$、5°、10°、15° 的截齿侧向载荷曲线(在特定截割的截割阻抗),如图 5.21 所示。式(2.95)中的 K_A 和 K 系数反映截齿与煤岩相互作用的综合因素,根据图 5.21 的侧向载荷曲线,利用实验数据 $(\theta_m, h_i, F_{\theta_{mi}})(i = 1, 2, \cdots, n; m = 0, 1, 2, 3)$ 估计式(2.95)中参数 K_A 和 K,参数估计的原则是使误差平方和 $\sum\limits_{m=0}^{\theta_m} \sum\limits_{i=1}^{n} \varepsilon_{\theta_{mi}}^2$ 最小,即采用最小二乘法算法反求出 K_A 和 K。若给定 θ_m,切削厚度 $h_i = 0 \sim h_0, h_i = \Delta h \cdot i, i = 1, 2, \cdots, n$, $n = h_0/\Delta h$,截割实验侧向载荷谱 $F_{i\theta}$,则有

$$\Delta\varepsilon_i = \sum_{i=1}^{n_1}(X_{\theta_m i} - F_{\theta_m i})^2\Big|_{\theta\leqslant\varphi_2-\alpha} + \sum_{i=n_1+1}^{n}(X_{\theta_m i} - F_{\theta_m i})^2\Big|_{\theta>\varphi_2-\alpha}$$

在不同 θ_m 下，$m=0,5,10,15$，则有

$$Q(K_A,K) = \sum_{m=0}^{\theta_m}\sum_{i=1}^{n}\varepsilon_{mi}^2 = \sum_{m=0}^{\theta_m}\Big\{\sum_{i=1}^{n_1}(X_{\theta_m i} - F_{\theta_m i})^2\Big|_{\theta\leqslant\varphi_2-\alpha} +$$
$$\sum_{i=n_1+1}^{n}(X_{\theta_m i} - F_{\theta_m i})^2\Big|_{\theta>\varphi_2-\alpha}\Big\}_{\min} \tag{7.22}$$

求得 $K_A=0.47$、$K=3.57$ 和 $k=1$ 代入式(2.95)，即得到截齿侧向力数学模型：

$$X = \begin{cases} \dfrac{0.75A}{\tan\alpha\cos^2\beta_0}\Big[\Big(\dfrac{1}{\cos\theta}+1-\tan\theta\tan\alpha\Big)^2\dfrac{h_2}{h_0} - \\[2mm] \quad(1-\tan\theta\tan\alpha)^2\Big(1+\dfrac{\cos\alpha}{\cos(\alpha-\theta)}\Big)^2\dfrac{h_1}{h_0}\Big], \quad \theta\leqslant\varphi_2-\alpha' \\[4mm] \dfrac{0.24A}{\tan\alpha}\Big\{\dfrac{3.19}{\cos^2\beta_0}\Big[\Big(\dfrac{1}{\cos\theta}+1-\tan\theta\tan\alpha\Big)^2\dfrac{h_2}{h_0} - \\[2mm] \quad(1-\tan\theta\tan\alpha)^2\Big(1+\dfrac{\cos\alpha}{\cos(\alpha-\theta)}\Big)^2\dfrac{h_1}{h_0}\Big]+\dfrac{\alpha'+\theta-\varphi_2}{\sqrt2\sin\alpha}\Big\}, \quad \theta>\varphi_2-\alpha' \end{cases} \tag{7.23}$$

　　图7.9为理论与实验侧向力变化规律曲线，图7.9(a)为侧向力随截齿倾斜角度 θ 的变化规律，其最大误差为6.7%。图7.9(b)为侧向力随切削厚度 h 的变化规律，其最大误差为7.2%，理论模型与实验结果是吻合的，二者变化规律具有一致性。

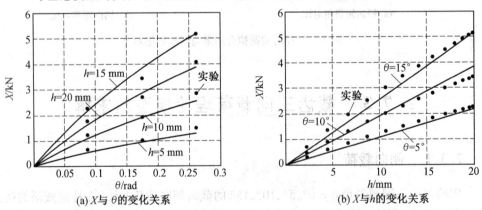

(a) X 与 θ 的变化关系　　　　(b) X 与 h 的变化关系

图7.9　理论与实验侧向力曲线

7.3.2　轴向载荷

　　轴向载荷的求解同7.3.1节，根据图5.13不同轴向倾斜角的轴向实验载荷谱，采用最小二乘算法反求出 $K'_A=10.2844$、$K'=0.7258$ 和 $k'=1.2$，代入式(2.96)，即得到截齿轴向力数学模型，理论与实验轴向力随 θ 和 h 的变化规律如图7.10所示。

$$A = \begin{cases} \dfrac{0.68A}{\cos^2\beta_0}\Big[1.2\Big(1+\dfrac{\cos\alpha}{\cos(\alpha+\theta)}\Big)^2\dfrac{h_2}{h_0}+\Big(1+\dfrac{\cos\alpha}{\cos(\alpha-\theta)}\Big)^2\dfrac{h_1}{h_0}\Big], & \theta\leqslant\varphi_2-\alpha' \\[3mm] 5.14A\Big\{\dfrac{0.13}{\cos^2\beta_0}\Big[1.2\cdot\Big(1+\dfrac{\cos\alpha}{\cos(\alpha+\theta)}\Big)^2\dfrac{h_2}{h_0}+\Big(1+\dfrac{\cos\alpha}{\cos(\alpha-\theta)}\Big)^2\dfrac{h_1}{h_0}\Big]+ \\[3mm] \qquad \dfrac{\alpha'+\theta-\varphi_2}{\sqrt{2}\sin\alpha}\Big\}, & \theta>\varphi_2-\alpha' \end{cases}$$

$$(7.24)$$

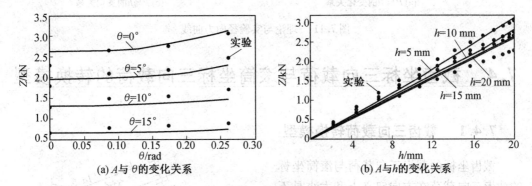

(a) A 与 θ 的变化关系　　　　(b) A 与 h 的变化关系

图 7.10　理论与实验轴向力曲线

7.3.3　径向载荷

径向载荷的求解同 7.3.1 节,根据图 5.17 不同轴向倾斜角的径向实验载荷谱,采用最小二乘法算法反求出 $K''_A=138.7401$、$K''=0.1667$ 和 $k''=1$ 代入式(2.97),即得到截齿径向力数学模型,理论与实验径向力随 θ 和 h 的变化关系如图 7.11 所示。

$$P = \begin{cases} \dfrac{0.48A\cos\alpha}{\cos^2\beta_0}\Big[\Big(1+\dfrac{\cos\alpha}{\cos(\alpha+\theta)}\Big)^2\dfrac{h_2}{h_0}+\Big(1+\dfrac{\cos\alpha}{\cos(\alpha-\theta)}\Big)^2\dfrac{h_1}{h_0}\Big], & \theta\leqslant\varphi_2-\alpha' \\[3mm] \dfrac{69.37A\cos\alpha}{\sin\alpha}\Big\{\dfrac{0.007}{\cos^2\beta_0}\Big[\Big(1+\dfrac{\cos\alpha}{\cos(\alpha+\theta)}\Big)^2\dfrac{h_2}{h_0}+\Big(1+\dfrac{\cos\alpha}{\cos(\alpha-\theta)}\Big)^2\dfrac{h_1}{h_0}\Big]+ \\[3mm] \qquad \dfrac{\alpha'+\theta-\varphi_2}{\sqrt{2}\sin\alpha}(f+1)\Big\}, & \theta>\varphi_2-\alpha' \end{cases}$$

$$(7.25)$$

由图 7.9 ~ 7.11 可见,侧向力、轴向力和径向力的理论值与实验测试结果趋势基本一致,数值大小吻合性较好,验证了镐形截齿三向力学模型的准确性。

由 7.2 节和 7.3 节的截齿三向载荷的线性拟合模型与三向载荷的理论模型的求解可知,两种方法三向载荷的变化规律具有一致性,若截割阻抗 A 不同,可近似按 A_0/A 修正上述计算结果。

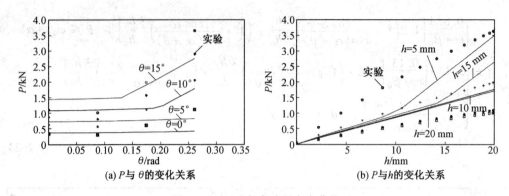

(a) P 与 θ 的变化关系　　　　(b) P 与 h 的变化关系

图 7.11　理论与实验径向力曲线

7.4　截齿坐标三向载荷与滚筒坐标三向载荷的转换模型

7.4.1　截齿三向载荷转换模型

截齿坐标的截齿三向载荷与滚筒坐标的截齿三向载荷在方向定义上和大小是不同的,截齿三向载荷与滚筒三向载荷的关系如图 7.12 所示。传感器实测截齿坐标三向载荷为:轴向载荷 A_s、径向载荷 P_s 和侧向载荷 X_s;截齿坐标齿尖三向载荷:轴向载荷 A、径向载荷 P 和侧向载荷 X;滚筒坐标下截齿三向载荷:截割阻力 P_z、推进阻力 P_y 和侧向阻力 X_o,截齿的参数与测力传感器的杠杆比 b_1($b_1 = L_1 / L_2$) 有关。由于实验装置的结构

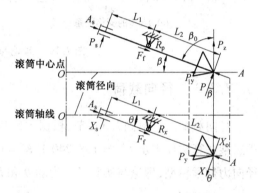

图 7.12　截齿三向载荷与滚筒三向载荷的关系

特点,在齿座与齿套间的支撑点产生摩擦力。滚筒的截割阻力、推进阻力和侧向阻力的三向载荷由于方向的特殊性,实验很难测得,因此,通过坐标转换模型可间接获得。

由图 7.12 可见,实测截齿坐标下的三向载荷与截齿坐标齿尖三向载荷有以下关系:

$$\left.\begin{array}{l} A = A_s + F_f \\ P = b_1 P_s \\ X = b_1 X_s \end{array}\right\} \tag{7.26}$$

考虑齿套与齿座间的支反力 R 产生的摩擦力 F_f(附加轴向力 ΔA):

$$\left.\begin{array}{l} R = \sqrt{R_p^2 + R_x^2} \\ F_f = f\sqrt{R_p^2 + R_x^2} \\ R_p = P_s + P = P_s(1 + b_1) \\ R_x = X_s + X = X_s(1 + b_1) \end{array}\right\} \tag{7.27}$$

式中 R_p、R_x——齿座与齿套间的支反力,kN;

F_f——齿座与齿套间的摩擦力,N;

f——摩擦因数,取 0.1。

截齿坐标齿尖三向载荷与滚筒坐标三向载荷的关系:

$$\left.\begin{aligned} P_\text{z} &= A\sin\beta\cos\theta + P\cos\beta\cos\theta - X\sin\beta\sin\theta \\ P_\text{y} &= A\cos\beta\cos\theta - P\sin\beta\cos\theta + X\cos\beta\sin\theta \\ X_\text{o} &= -A\cos\beta\sin\theta - P\sin\beta\sin\theta + X\cos\beta\cos\theta \end{aligned}\right\} \tag{7.28}$$

式中 β——截齿的安装角,(°);

θ——截齿沿滚筒轴线方向的倾斜角,(°)。

由式(7.26)~(7.28)得滚筒坐标三向载荷与截齿坐标三向载荷及其三向载荷测试值的关系矩阵:

$$\begin{bmatrix} A \\ P \\ X \end{bmatrix} = \begin{bmatrix} 1 & 0 & 0 \\ 0 & b_1 & 0 \\ 0 & 0 & b_1 \end{bmatrix} \begin{bmatrix} A_\text{s} + F_\text{f} \\ P_\text{s} \\ X_\text{s} \end{bmatrix} \tag{7.29}$$

$$\begin{bmatrix} P_\text{z} \\ P_\text{y} \\ X_\text{o} \end{bmatrix} = \begin{bmatrix} \sin\beta\cos\theta & \cos\beta\cos\theta & -\sin\beta\sin\theta \\ \cos\beta\cos\theta & -\sin\beta\cos\theta & \cos\beta\sin\theta \\ -\cos\beta\sin\theta & -\sin\beta\sin\theta & \cos\beta\cos\theta \end{bmatrix} \begin{bmatrix} A \\ P \\ X \end{bmatrix} \tag{7.30}$$

$$\begin{bmatrix} P_\text{z} \\ P_\text{y} \\ X_\text{o} \end{bmatrix} = \begin{bmatrix} \sin\beta\cos\theta & \cos\beta\cos\theta & -\sin\beta\sin\theta \\ \cos\beta\cos\theta & -\sin\beta\cos\theta & \cos\beta\sin\theta \\ -\cos\beta\sin\theta & -\sin\beta\sin\theta & \cos\beta\cos\theta \end{bmatrix} \begin{bmatrix} 1 & 0 & 0 \\ 0 & b_1 & 0 \\ 0 & 0 & b_1 \end{bmatrix} \begin{bmatrix} A_\text{s} + F_\text{f} \\ P_\text{s} \\ X_\text{s} \end{bmatrix} =$$

$$\begin{bmatrix} \sin\beta\cos\theta & b_1\cos\beta\cos\theta & -b_1\sin\beta\sin\theta \\ \cos\beta\cos\theta & -b_1\sin\beta\cos\theta & b_1\cos\beta\sin\theta \\ -\cos\beta\sin\theta & -b_1\sin\beta\sin\theta & b_1\cos\beta\cos\theta \end{bmatrix} \begin{bmatrix} A_\text{s} + F_\text{f} \\ P_\text{s} \\ X_\text{s} \end{bmatrix} \tag{7.31}$$

当 $\theta = 0$ 时

$$\begin{bmatrix} P_\text{z} \\ P_\text{y} \\ X_\text{o} \end{bmatrix} = \begin{bmatrix} \sin\beta & \cos\beta & 0 \\ \cos\beta & -\sin\beta & 0 \\ 0 & 0 & \cos\beta \end{bmatrix} \begin{bmatrix} 1 & 0 & 0 \\ 0 & b_1 & 0 \\ 0 & 0 & b_1 \end{bmatrix} \begin{bmatrix} A_\text{s} + F_\text{f} \\ P_\text{s} \\ X_\text{s} \end{bmatrix} =$$

$$\begin{bmatrix} \sin\beta & b_1\cos\beta & 0 \\ \cos\beta & -b_1\sin\beta & 0 \\ 0 & 0 & b_1\cos\beta \end{bmatrix} \begin{bmatrix} A_\text{s} + F_\text{f} \\ P_\text{s} \\ X_\text{s} \end{bmatrix}$$

7.4.2 转换实例与分析

实验条件:截齿长度为 160 mm,齿身长为 90 mm,测力杠杆比为 0.739,尖夹角为 75°,齿尖合金头伸出长度为 14 mm,煤岩截割阻抗为 180~200 kN/m,截割臂转速为 41 r/min,安装角为 45°,截齿倾角为 10°,牵引速度为 0.82 m/min,实验测试得到镐形截齿三向截割载荷谱,如图 7.13 所示。截齿轴向、径向和侧向实验载荷是力传感器上的示值,由均值可以看出其变化规律与采煤机滚筒截割煤岩的月牙形同步。

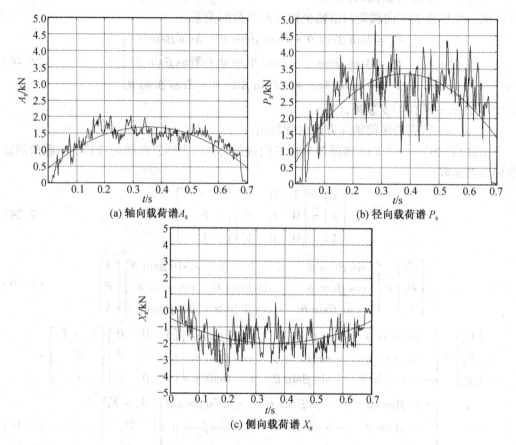

(a) 轴向载荷谱 A_s　　　　　　　　　(b) 径向载荷谱 P_s

(c) 侧向载荷谱 X_s

图 7.13　镐形截齿坐标的三向实验载荷谱

　　实验获得的截齿坐标下的三向载荷谱及其均值曲线见图 7.13,利用式(7.31)转化成滚筒坐标下的截割阻力 P_z、推进阻力 P_y 和侧向阻力 X_o。采用等周期采样方法,对实验载荷谱进行数值化,代入转换模型进行解算,并拟合出滚筒坐标下载荷截齿三向瞬时载荷谱,即将图 7.13 的载荷谱转化成 P_z、P_y 和 X_o,如图 7.14 所示。

　　通过截齿坐标三向载荷与滚筒坐标三向载荷的转换方法,得到了滚筒坐标三向载荷谱与实验载荷谱基本一致的变化趋势,滚筒坐标三向载荷谱的峰值和均值大小依次为截割阻力、侧向阻力和推进阻力。由图 7.13 和图 7.14 可以看出,两种坐标系下的三向载荷大小有较大的不同,滚筒坐标 P_z 约是截齿坐标 A 的 1.5 倍,滚筒坐标 P_z 近似等于截齿坐标 P,滚筒坐标 P_y 约是截齿坐标 A 的 0.16 倍,滚筒坐标 X_o 的均值约等于滚筒坐标 P_y 的均值。滚筒坐标的侧向阻力是驱动截齿自转的力,其波动频率快、幅值较大,是造成截齿横向断裂的原因之一。

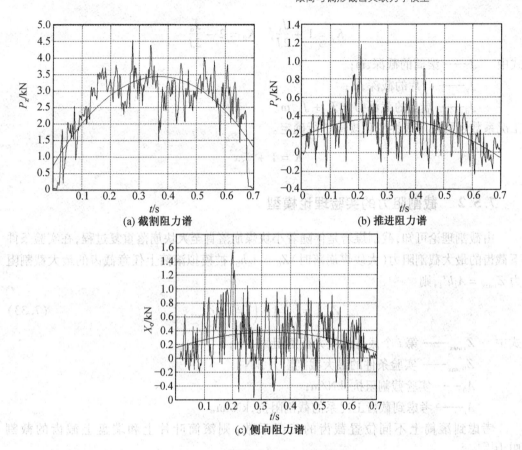

(a) 截割阻力谱　　　　　　　　　(b) 推进阻力谱

(c) 侧向阻力谱

图 7.14　滚筒坐标的三向载荷谱

7.5　滚筒实验 – 理论截割阻力模型

截割阻力的计算是采煤机设计和分析的前提,尽管类比刀型截齿的镐形截齿截割阻力模型可以计算截割阻力,但由于公式系数不易确定,故在实际应用中比较困难,由于截割载荷谱记录了众多参数组合下的煤破碎机理演化信息,依据其特点建立以单截齿截割阻力曲线谱建立滚筒截割阻力的实验与理论模型。

7.5.1　截齿工况系数

在煤壁的压酥效应、滚筒几何约束的截割条件下,滚筒上不同位置的截齿截割工况条件是不同的,以滚筒轴向截深为 x 轴,当 $x = 0$ 时,为叶片采空区侧截齿的工况系数 $K = 1$;当 $x = J$ 时,为端盘煤壁侧截齿的工况系数 $K = 2$,设沿滚筒的截深方向工况系数以线性关系变化,则有滚筒截齿的工况系数方程:

$$K = 1 + \frac{1}{J}x \qquad (7.32)$$

由式(7.32)求得螺旋滚筒叶片区间截齿和端盘区间截齿的平均工况系数为

$$K_y = 1 + \frac{J_y}{2J}, \quad K_d = 2 - \frac{J_d}{2J}$$

式中　　J——滚筒的截深，m；

　　　　J_y——叶片的截深，m；

　　　　J_d——端盘的截深，$J = J_y + J_d$，m。

工况系数还可按非线性变化规律进行确定。

$$K = 1 + \frac{1}{J^2} x^2$$

7.5.2　截割阻力的实验理论模型

由截割理论可知，截割煤岩是伴随着小块煤崩落直至大块崩落重复过程，在实验条件下截齿的最大截割阻力（大块煤崩落时）$Z_0 = A_0 h_0$，被模拟滚筒上任意截齿的最大截割阻力 $Z_{imax} = A_i h'_i$，则

$$Z_{imax} = \left(\frac{A_i}{A_0}\right) \cdot \left(\frac{h'_i}{h_0}\right) \cdot Z_{0max} \tag{7.33}$$

式中　　Z_{imax}——第 i 个截齿的最大截割阻力，kN；

　　　　Z_{0max}——实验条件的最大截割阻力，kN；

　　　　A_0——实验截割阻抗，kN/m；

　　　　A_i——考虑到截齿工况系的截割阻抗，kN/m。

考虑到滚筒上不同位置截齿的工况系数，则滚筒叶片上和端盘上截齿的截割阻力[67]：

$$Z_{imax} = h'_i A_i = h'_i A K_y$$

$$Z_{jmax} = h''_j A_j = h''_j A K_d$$

1. 煤崩落周期

在截齿截割煤岩实验条件的截割阻力曲线谱中，测得大块煤崩落的周期 T_0，大块煤崩落周期与切削厚度成正比（大块煤崩落与能量积聚成正比）。第 i 截齿任意切削厚度截割煤时，煤的大块崩落的周期 T_i 和平均周期 $\overline{T_i}$ 为

$$T_i = T_0 \frac{h'_i}{h_0}$$

$$\overline{T_i} = T_0 \frac{\overline{h'_i}}{h_0}$$

2. 截齿截割阻力曲线谱模型

在实验条件下的大块煤崩落周期内，随机瞬间截割阻力为

$$Z_0(t) = \left[Z_{0min} + \frac{Z_{0max} - Z_{0min}}{T_0} \cdot (t + T_0 R(i)) \right] \tag{7.34}$$

式中　　Z_{0min}——实验条件下大块煤崩落前后截割阻力最小值，N；

　　　　Z_{0max}——实验条件下大块煤崩落前后截割阻力最大值，$Z_{0min} = \alpha Z_{0max}$，根据实验数

值统计确定,一般可取 $\alpha = 0.1 \sim 0.2$,N;

t—— 截齿截割时间,$t = 0 \sim T_{i\max}$,s;

$R(i)$—— 瑞利分布随机数,反映了任意截齿在同一时刻,煤崩落周期内,所处的起始截割阻力状态(最大值与最小值截割阻力之间)。

由式(7.33)和式(7.34)得叶片截齿随机瞬时截割阻力为

$$Z_i(t) = \left[\alpha Z_{i\max} + (Z_{i\max} - \alpha Z_{i\max}) \cdot \left(\frac{t}{T_i} + R(i)\right)\right]$$

$$= \left[\alpha + (1 - \alpha) \cdot \left(\frac{t}{T_i} + R(i)\right)\right] \cdot \frac{A h'_i}{A_0 h_0} K_y Z_{0\max} \tag{7.35}$$

同理,得端盘截齿随机瞬时截割阻力为

$$Z_j(t) = \left[\alpha Z_{j\max} + (Z_{j\max} - \alpha Z_{j\max}) \cdot \left(\frac{t}{T_j} + R(j)\right)\right]$$

$$= \left[\alpha + (1 - \alpha) \cdot \left(\frac{t}{T_j} + R(j)\right)\right] \cdot \frac{A h''_j}{A_0 h_0} K_d Z_{0\max} \tag{7.36}$$

7.5.3　滚筒截割阻力模型 I

考虑截齿的排列方式、切削厚度和煤的崩落周期,对实验截割阻力载荷谱进行辨识。采用随机数的方式,确定任意截齿截割阻力叠加的起点值,以此为起始点,在大块煤崩落周期内截齿截割阻力进行线性插值,顺延叠加求得滚筒的截割阻力曲线谱[67],由式(7.35)和式(7.36)可得滚筒截割阻力模拟模型I

$$P_z(t) = \sum_{i=0}^{N} Z_i(t) + \sum_{j=0}^{M} Z_j(t)$$

$$= \frac{A Z_{0\max}}{A_0 h_0}\left\{K_y \sum_{i=0}^{N}\left[\alpha + (1 - \alpha) \cdot \left(\frac{t}{T_i} + R(i)\right)\right] \cdot h'_i +\right.$$

$$\left. K_d \sum_{j=0}^{M}\left[\alpha + (1 - \alpha) \cdot \left(\frac{t}{T_j} + R(j)\right)\right] \cdot h''_j\right\} \tag{7.37}$$

其中,当 $\dfrac{t}{T_i} + R(i) \leqslant 1$ 时,

$$\frac{t}{T_i} + R(i) = \frac{t}{T_i} + R(i)$$

当 $\dfrac{t}{T_i} + R(i) > 1$ 时,

$$\frac{t}{T_i} + R(i) = \frac{t}{T_i} + R(i) - 1$$

当 $i = j$ 时,同理。

7.5.4　滚筒截割阻力模型 II

基于截齿截割平均切削厚度的条件下,对式(7.37)的模拟算法进行简化,在大块煤崩落周期(平均切削厚度、大块煤崩落平均值周期)内截齿截割阻力线性插值,算法原理

同滚筒截割阻力模拟模型 Ⅰ,得滚筒截割阻力模拟模型 Ⅱ,则

$$P_z(t) = \frac{A_i Z_{0\max}}{A_0 h_0} \left\{ K_y \overline{h'} \sum_{i=0}^{N} \left[\alpha + (1 - \alpha) \cdot \left(\frac{t}{T_i} + R(i) \right) \right] + \right.$$

$$\left. K_d h'' \sum_{j=0}^{M} \left[\alpha + (1 - \alpha) \cdot \left(\frac{t}{T_j} + R(j) \right) \right] \right\} \qquad (7.38)$$

其中,当 $\dfrac{t}{T_i} + R(i) \leqslant 1$ 时,

$$\frac{t}{T_i} + R(i) = \frac{t}{T_i} + R(i)$$

当 $\dfrac{t}{T_i} + R(i) > 1$ 时,

$$\frac{t}{T_i} + R(i) = \frac{t}{T_i} + R(i) - 1$$

当 $i = j$ 时,同理。

7.5.5 滚筒截割阻力模型 Ⅲ

式(7.37) 和(7.38) 给出的算法,是利用实验测定的截割阻力曲线谱中,大块煤崩落周期内的截割阻力的最小值和最大值,采用线性插值方法计算任意时刻的截割阻力,这种算法忽略了小块煤崩落的截割阻力高频成分。对实测的截割阻力曲线谱进行离散采样,代替上述方法的线性插值,叶片和端盘截齿截割阻力的采样值,即

$$P_{zik}(t) = \frac{A}{A_0} \cdot \frac{h'_i}{h_0} \cdot K_y \cdot Z_{0k}$$

$$P_{zjk}(t) = \frac{A}{A_0} \cdot \frac{h''_j}{h_0} \cdot K_d \cdot Z_{0k}$$

式中　P_{z0k}——实验截割阻力特征曲线瞬时值,kN;

　　　　k——实验截割阻力特征曲线上采样的总点数,$k = 1, 2, \cdots, G$。

基于上述条件,由式(7.35) 可得滚筒截割阻力模拟模型 Ⅲ:

$$P_z(k\Delta T) = \left(\sum_{i=1}^{N} Z_{ik} + \sum_{j=1}^{M} Z_{jk} \right) \bigg|_{k=\text{INT}[GR(i) \,\, GR(j)]}, \quad \left(\sum_{i=1}^{N} Z_{ik} + \sum_{j=1}^{M} Z_{jk} \right) \bigg|_{k=\text{INT}[GR(i) \,\, GR(j)]+1},$$

$$\left(\sum_{i=1}^{N} Z_{ik} + \sum_{j=1}^{M} Z_{jk} \right) \bigg|_{k=\text{INT}[GR(i) \,\, GR(j)]+2}, \cdots,$$

$$\left(\sum_{i=1}^{N} Z_{ik} + \sum_{j=1}^{M} Z_{jk} \right) \bigg|_{k=\text{INT}[GR(i) \,\, GR(j)]+G} \qquad (7.39)$$

式中　　$\text{INT}(G \cdot R(i), G \cdot R(j))$——第 i 或 j 截齿截割阻力叠加起始离散序列号(取整数);当 $k < G$ 时,k 取值不变;当 $k > G$ 时,$k = k - G$;

　　　　N、M——滚筒叶片上和端盘上参与截割煤的截齿总数;

　　　　ΔT——离散数值叠加平均间隔。

$$\Delta T = \Delta T_0 \frac{h'_i}{h_0}$$

式中 ΔT_0——单齿截割阻力曲线谱离散采样间隔。

7.5.6 数值模拟与结果分析

煤截割实验条件与滚筒和截齿实际工作的结构形式和安装角相同,实验条件 1 为硬度较低的韧性煤,切削厚度 $h_0 = 0.03$ m,其截割煤的当量截割阻抗为 $A_0 = 200$ kN/m,其单齿截割实验 1 的截割阻力曲线谱如图 7.15 所示。实验条件 2 为硬度较大的脆性煤,切削厚度 $h_0 = 0.015$ m,截割煤的当量截割阻抗 $A_0 = 240$ kN/m,截割实验 2 的截割阻力谱如图 7.16 所示。

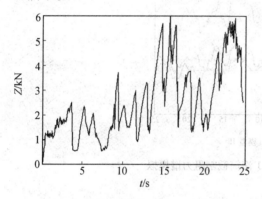

图 7.15 单截齿实验 1 的截割阻力谱　　　图 7.16 单截齿实验 2 的截割阻力谱

某滚筒式采煤机的主要技术参数:截割功率 $N = 610$ kW,传动效率 $\eta = 0.8$,滚筒直径 $D_c = 2$ m;滚筒截深 $J = 0.8$ m,$J_y = 0.63$ m,$J_d = 0.17$ m,滚筒转速 $n = 35$ r/min,工作牵引速度 $v_q = 6$ m/min,采煤机额定截割力为 133 kN,煤的当量截割阻抗 $A = 220$ kN/m。

依据实验条件 1 和 2 的单齿截割阻力载荷谱,辨识出整个滚筒的截割阻力谱,实际采煤机工作条件下的截割阻力模拟结果如图 7.17 和图 7.18 所示,图 7.17 和图 7.18 分别为模型 Ⅰ、模型 Ⅱ、模型 Ⅲ 模拟结果,三种模型的截割阻力谱的均值见表 7.2,仿真结果表明截割阻力谱的波动性,且叶片上的截割阻力均值大于端盘上的截割阻力均值,各占 55% 和 45% 左右(三种模型的均值),两组实验结果均证明三种截割阻力模型具有很好的吻合度。

表 7.2 三种模型的截割阻力曲线谱的均值

模型	实验条件 1				实验条件 2			
	P_{zy}/kN	P_{zd}/kN	P_{zg}/kN	P_z/kN	P_{zy}/kN	P_{zd}/kN	P_{zg}/kN	P_z/kN
Ⅰ	57(60%)	39(40%)	97	133	57(56%)	44(44%)	101	133
Ⅱ	49(52%)	46(48%)	95	133	56(54%)	43(46%)	99	133
Ⅲ	63(56%)	50(44%)	113	133	65(56%)	52(44%)	117	133
平均值	56(55%)	45(45%)	101	133	59(56%)	46(44%)	105	133

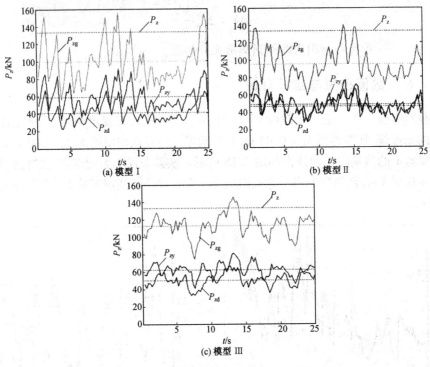

图 7.17　实验条件 1 滚筒截割阻力谱模拟

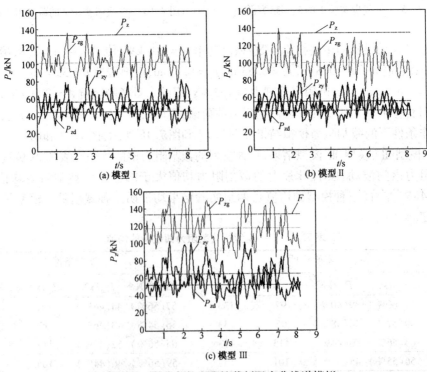

图 7.18　实验条件 2 滚筒截割阻力曲线谱模拟

第8章　分形、混沌与熵的截割性能评价

截齿截割载荷谱反映截齿截割煤岩的动态过程,载荷谱特征蕴含的信息可以反映截齿的截割性能和煤岩破碎效率,通过多截齿参数可调式旋转截割试验台测试截割煤岩的载荷谱,采用分形、混沌和熵等理论研究载荷谱的分形维数、混沌特征及其载荷谱熵的数学描述,从载荷谱角度评价截割性能提供新的方法。

8.1　非闭合曲线的分形维数

8.1.1　盒维数

分形维数 D_b 度量了系统填充轨迹空间的能力,盒维数是以测度关系求取的维数[68],其数学表述为:设集合 $X \subset \mathbf{R}^2$,在欧氏距离下,用边长为 ε 的小盒子紧邻地去覆盖 X(本问题 X 为一曲线),设 $N(X,\varepsilon)$ 为覆盖 X 所需的小盒子数,则

$$N(X,\varepsilon)\varepsilon^{D_b} = L'$$

式中　L'——分形曲线的初始分形长度,mm。

整理得

$$\lg N(X,\varepsilon) = D_b\lg \varepsilon^{-1} + \lg L'$$

则 X 的盒维数为

$$D_b = \lim_{\varepsilon \to 0} \frac{\mathrm{d}[\lg N(X,\varepsilon)]}{\mathrm{d}[\lg \varepsilon^{-1}]}$$

8.1.2　非闭合截割阻力谱的分形特征

1. 截割阻力谱分形长度

B. B. Mandellbrot 定义的分形曲线长度:

$$L(\varepsilon) = L'\varepsilon^{1-D_B} \tag{8.1}$$
$$N_L(X,\varepsilon)\varepsilon^{D_b} = L'$$

一般常采用 ε 作为分形步长度量分形曲线谱的长度,则有

$$L(\varepsilon) = \lim_{\varepsilon \to 0} N_L(X,\varepsilon)\varepsilon$$

当 ε 较小时,$L(\varepsilon) = N_L(X,\varepsilon)\varepsilon$,分形曲线的长度反映了曲线轨迹的复杂程度,截齿截割阻力谱分形长度 $L(\varepsilon)$ 越大,则表明截割阻力谱的变化越剧烈,同时反映截齿截割煤岩过程中小块煤的粒度所占的比例越大。

2. 截割阻力谱与横坐标轴围成的面积

截齿截割阻力谱与坐标轴所围成的面积,其物理意义可以视为截割能耗的一种描述,

即

$$A = \int_0^{x_m} Z_i \, \mathrm{d}x$$

式中　Z_i——截割阻力谱。

根据分形几何理论,计算覆盖整条曲线谱围成面积所需要的分形盒子数 $N_A(X, \varepsilon)$,其面积为

$$A(\varepsilon) = \lim_{\varepsilon \to 0} N_A(X, \varepsilon) \varepsilon^2 \tag{8.2}$$

式中　$A(\varepsilon)$——分形曲线面积。

当 ε 值较小时,

$$A(\varepsilon) = N_A(X, \varepsilon) \varepsilon^2$$

3. 非闭合曲线长度与其围成面积的关系

B. B. Mandelbrot 提出"闭合"分形曲线的周长同其自身围成面积的关系为

$$R(\varepsilon) = L(\varepsilon)^{\frac{1}{D_b}} / \sqrt{A(\varepsilon)} \tag{8.3}$$

在不同分形尺度下的同一分形曲线,由式(8.3)中的比例系数 $R(\varepsilon)$(形状因子)判断分形集在数理统计意义上不同尺度下的自相似特性。同时,求得分形曲线的分形维数,对式(8.3)两边进行求导得

$$\lg(\varepsilon) = 2\lg L(\varepsilon)/D_b - 2\lg R(\varepsilon)$$

对一系列不同的 ε,可得到相应的 $\lg A(\varepsilon) - \lg L(\varepsilon)$ 曲线,其斜率为 $2/D_b$,即

$$\frac{2}{D_b} = \lim_{\varepsilon \to 0} \frac{\mathrm{d}[\lg A(\varepsilon)]}{\mathrm{d}[\lg L(\varepsilon)]}$$

当 ε 取值较小时,

$$D_b \approx 2 \frac{\lg[L_2(\varepsilon_2)] - \lg[L_1(\varepsilon_1)]}{\lg[A_2(\varepsilon_2)] - \lg[A_1(\varepsilon_1)]}$$

"非闭合"的特性曲线,即以坐标轴为基准的特性曲线[69],如图8.1所示,该曲线可采用以坐标轴为对称映射成闭合曲线,则有

$$A'(\varepsilon) = 2A(\varepsilon)$$

$$L'(\varepsilon) = 2L(\varepsilon) \Rightarrow N'_L(X, \varepsilon) = 2N_L(X, \varepsilon)$$

即分形特征的维数相等,由式(8.3)可得

$$\begin{aligned}
D'_b &= \frac{\lg[N'_{L2}(X, \varepsilon_2)] - \lg[N'_{L1}(X, \varepsilon_1)]}{\lg \varepsilon_2^{-1} - \lg \varepsilon_1^{-1}} \\
&= \frac{\lg[2N_{L2}(X, \varepsilon_2)] - \lg[2N_{L1}(X, \varepsilon_1)]}{\lg \varepsilon_2^{-1} - \lg \varepsilon_1^{-1}} \\
&= \frac{\lg[N_{L2}(X, \varepsilon_2)] - \lg[N_{L1}(X, \varepsilon_1)]}{\lg \varepsilon_2^{-1} - \lg \varepsilon_1^{-1}} = D_b
\end{aligned}$$

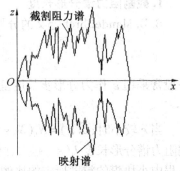

图 8.1　非闭合的特性曲线

故,由式(8.3)推得"非闭合"曲线围成的面积与曲线的长度关系为

$$R(\varepsilon) = \frac{[2L(\varepsilon)]^{\frac{1}{D_b}}}{\sqrt{2A(\varepsilon)}} = \frac{L(\varepsilon)^{\frac{1}{D_b}}}{\sqrt{A(\varepsilon)}} \cdot 2^{\frac{2-D_b}{2D_b}} \tag{8.4}$$

8.2 截割阻力谱的分形特征

8.2.1 分形盒维数

应用盒维数对截割阻力谱时间序列进行定量计算[70-71],获得不同截齿安装角度与其分形维数的关系。

步骤 1 初始化序列 $Z = (z_1, z_2, \cdots, z_N)$;

步骤 2 标准化截割阻力数据 $Z' = (z'_1, z'_2, \cdots, z'_N)$,其中

$$z'_i = \frac{z_i - \min(z_i)}{\max(z_i) - \min(z_i)} \times N$$

步骤 3 确定采煤机截割阻力时间序列盒维数 D_b 取盒维数码尺 $\varepsilon = \varepsilon_i$;

步骤 4 求覆盖到样本上的点的小盒子数量 $N(\varepsilon)$。

则截割时间序列盒维数为

$$D_b = \frac{\lg N(\varepsilon)}{-\lg \varepsilon} \tag{8.5}$$

根据盒维数算法,利用截割阻力时间序列的数据(图 4.7) 及 Matlab 软件,求得截割阻力时间序列的盒维数:当 $\beta = 40°$ 时,盒维数为 1.07;当安装角度为 45° 时,截齿截割时间序列的盒维数为 1.18,截割阻力谱的维数大于 1,截齿安装角度为 40° 时的盒维数小于安装角度为 45° 的盒维数。

8.2.2 分形关联维数

截割系统事先难以知道其究竟需要多少个变量才能进行完备描述,采用从现象反演研究的方法,由于截割煤岩系统具有混沌特征及奇怪吸引子的有界性,使得空间相关,相关积分正是在遍历性意义下度量了这种空间相关性。

1. C – C 方法计算截割阻力时间序列延迟时间 τ_d

为了从截割阻力谱时间序列中将吸引子分析出来,从而恢复吸引子的特性,一般采用时间延迟技术重构相空间。在构造一个非线性时间序列的嵌入时,时间延时 τ_d 的选择很重要,因为若序列的相对时间较长,采样序列的自相关性会使关联积分产生异常尖锋,导致关联维数估计质量下降,甚至得到虚假的估计值,采用 C – C 算法可求得截割阻力时间序列延迟时间 τ_d 的步骤为

步骤 1 计算截割阻力时间序列的标准差 σ,选取 $N = 3\,000$;

步骤 2 应用 Matlab 语言编写计算 $\bar{S}(t)$、$\Delta \bar{S}(t)$ 和 $S_{cor}(t)$;

步骤 3 根据上述算法计算结果绘制 $\Delta S(m,t)$、$\Delta \bar{S}(t)$ 和 $\bar{S}(t)$ 图。

根据 C – C 算法,采用 Matlab 软件编制程序进行计算,结果如图 8.2 所示:当 $\beta = 40°$

时,$\tau = 47$,时间窗为 163;当 $\beta = 45°$ 时,$\tau = 41$,时间窗为 142。

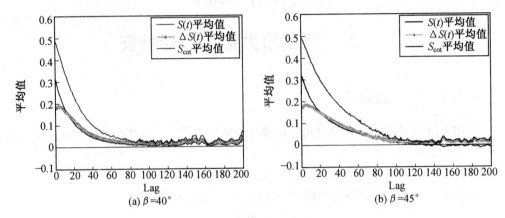

图 8.2　C – C 算法的延迟时间

2. 关联维数算法

在采用关联维数算法计算截割阻力动力系统的实测数据吸引子的关联维数时,相空间重构参数的选择对吸引子关联维数的计算估计量影响很大。根据 Takens 的理论,系统任一分量的演化都是由与之相互作用着的其他分量所决定,初始化嵌入维数 $m_0 = 2$,不断增加嵌入维数 $m_1 > m_0$,直至相应的维数估计值 $d(m)$ 不再随 m 的增大而稳定在一定误差范围内。此时得到的 d 即为吸引子的关联维数。截割阻力时间序列长度对吸引子关联维数的估计影响最大,当 $N \rightarrow \infty$ 时,关联维数的估计的各种偏差会有所改善。为了能够获得一个较为可靠的关联维数估计值,采样序列的长度大于某一最小值 $N_{\min}$,在研究截割阻力时间序列关联维数时序列长度 $N = 5\,000$、$r = 23$。

由分形几何知关联维数

$$D_2 = \lim_{r \to 0} \frac{\ln C(r)}{\ln r}$$

$$C(r) = \frac{1}{N(N-1)} \sum_{i=1, i \neq j}^{N} \sum_{j=1}^{N} H(r - \parallel X_i - X_j \parallel)$$

$$H(x) = \begin{cases} 1, & x \geqslant 0 \\ 0, & x < 0 \end{cases}$$

步骤 1　根据上述实验测得截割阻力实验数据,初始化截割阻力时间序列 $Z_1, Z_2, \cdots,$ Z_N。

步骤 2　利用时间序列 $Z_1, Z_2, \cdots, Z_N$,先设定一个较小的嵌入维数 m_0,重构相空间得到新的序列 $Y_1, Y_2, \cdots, Y_N$。

步骤 3　计算截割阻力时间序列关联积分 $C(r)$。

步骤 4　对 r 的某个取值范围,吸引子的维数 d 与累积分布函数 $C(r)$ 应满足对数线性关系,即 $d(m) = \ln C(r)/\ln r$,从而可用最小二乘法拟合得到对应于 m_0 的关联维数估计 $d(m_0)$。

步骤 5 增加截割阻力时间序列嵌入维数 m_0,重新计算步骤 3 和 4,确定相应的维数估计值 $d(m)$ 不再随着 m 的增大而在一定误差范围内不变为止。

应用 Matlab 软件,根据截割阻力时间序列关联维数算法编制关联维数程序,将上述参数赋予程序中,程序运行结果如图 8.3 所示。从图 8.3 中可看出,当 $\beta = 40°$ 时 $m = 1.02$,嵌入维数为 7.5;当 $\beta = 45°$ 时 $m = 1.15$,嵌入维数为 7.9。

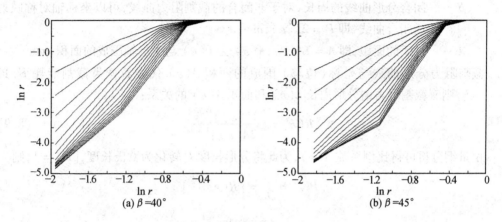

图 8.3　截割阻力谱时间序列关联维数

8.3　截割阻力谱分形当量能耗

设 Ω 是 R_n 空间的任意非空的有界子集,对于任意的一个 $\varepsilon > 0$,$N_\varepsilon(\Omega)$ 表示用来覆盖 Ω 所需边长为 ε 的 n 维盒子的最小数目。若存在 d,使得当 ε 趋于 0 时,$N_\varepsilon(\Omega)$ 与 ε^d 倒数成正比,则存在正数 k,使得 $\lim\limits_{\varepsilon \to 0} \dfrac{N_\varepsilon(\Omega)}{1/\varepsilon^{D_b}} = k$。两边取对数得

$$D_b = \lim_{\varepsilon \to 0} \frac{\lg k - \lg N_\varepsilon(\Omega)}{\lg \varepsilon} = \lim_{\varepsilon \to 0} \frac{\lg N_\varepsilon(\Omega)}{-\lg \varepsilon} \tag{8.6}$$

式中　　D_b——集合 Ω 的盒维数。

当集合 Ω 为截割阻力谱 $Z(t)$ 时,则式(8.6)为

$$D_b = \lim_{\varepsilon \to 0} \frac{\lg N_\varepsilon[Z(t)]}{-\lg \varepsilon} \tag{8.7}$$

分形盒维数可以描述截齿截割煤岩消耗能量的大小,盒维数越大,则其消耗的能量越大,反之则消耗能量越小[72-74]。

混沌动力系统的奇异吸引子往往是典型的分形,奇异吸引子的研究是近年来分形理论中最活跃和最有吸引力的一个领域,分形与分维为动力系统提供了简洁的几何语言,其思想和理论已经渗透到自然科学中的各个领域,由分形几何可知

$$L(\varepsilon) = L_0 \varepsilon^{1-D_b} \tag{8.8}$$

Mandelbrot 提出在分形几何中,闭合分形曲线的周长 P 和封闭的面积 A 的关系:

$$R(\varepsilon) = \frac{P^{1/D_b}}{A^{1/2}}$$

式中　$R(\varepsilon)$——比例系数；

　　　L_0——截割阻力谱分形初始长度，mm；

　　　ε——盒维数码尺；

　　　$L(\varepsilon)$——截割阻力谱分形长度，mm；

　　　D——盒维数；

　　　P——闭合分形曲线的周长，对于非闭合的截割阻力曲线，可以坐标轴对称映射成闭合曲线，即 $P = 2L(\varepsilon)$，mm；

　　　A——封闭的面积，即 $A = 2A(\varepsilon)$，$A(\varepsilon)$ 为 $L(\varepsilon)$ 与坐标轴围成的面积，mm^2。

截割阻力分形曲线与坐标（位移）围成的面积 $A(\varepsilon)$ 代表着截齿截割能耗 E，即 $A(\varepsilon) = E$，则有截割阻力谱分形周长 $L(\varepsilon)$ 和面积 $A(\varepsilon)$ 的关系：

$$R(\varepsilon) = \frac{[2L(\varepsilon)]^{1/D_b}}{[2A(\varepsilon)]^{1/2}} \tag{8.9}$$

由量纲分析可得比例系数 $R(\varepsilon)$，为此将分形长度 P 转化为欧氏长度，$[P] = 1$，则

$$[P^{\frac{1}{D_b}}] = \frac{1}{D_b} = [R(\varepsilon)A^{\frac{1}{2}}]$$

$$= [R(\varepsilon)] + \frac{1}{2}[A]$$

$$= [R(\varepsilon)] + 1$$

由式（8.9）求得

$$[R(\varepsilon)] = \frac{1 - D_b}{D_b}$$

$R(\varepsilon)$ 不是通常意义下的比例常数，为了保证在 $D_b = 1$ 回归到规整几何中的周长 – 面积的关系，$R(\varepsilon)$ 可构造成为

$$R(\varepsilon) = R_0(\varepsilon)^{\frac{1 - D_b}{D_b}} \tag{8.10}$$

由式（8.8）和式（8.9）求得 $L(\varepsilon)$ 与 $A(\varepsilon)$（当量截割能耗 E）的关系：

$$E = A(\varepsilon) = \frac{[2L(\varepsilon)]^{\frac{2}{D_b}}}{[\sqrt{2}R_0\varepsilon^{\frac{1-D_b}{D_b}}]^2} = \frac{[2N_{L(\varepsilon)}\varepsilon]^{\frac{2}{D_b}}}{[\sqrt{2}R_0\varepsilon^{\frac{(1-D_b)}{D_b}}]^2} \tag{8.11}$$

Feder 提出

$$R_0 = N_{L(\varepsilon)}^{1/D_b}\lambda \tag{8.12}$$

式中　λ——根据经验选取的适当小的正数，取 $\lambda = 0.001$；

　　　R_0——非规整的平面几何图形形状因子；

　　　$N_{L(\varepsilon)}$——覆盖 L 所需的小盒子数。

当安装角度为 45° 时，求得截割阻力谱分形的当量长度 $L_{45}(\varepsilon_2) = 2\,048\varepsilon_1$，$\varepsilon_1 = 0.801\,8 \times 10^{-3}$ m，$R_0 = 0.65$；当安装角度为 40° 时，求得截割阻力谱分形的当量长度 $L_{40}(\varepsilon_2) = 1\,845\varepsilon_2$，$\varepsilon_2 = 0.823\,7 \times 10^{-3}$ m，$R_0 = 0.85$。由式（8.11）可得截齿截割当量能耗，$E_{45} = 1.989$，$E_{40} = 1.860\,5$，有 $E_{45} > E_{40}$。

8.4   不同安装角与切削厚度的分形特征

为研究截齿安装角和切削厚度对截齿旋转截割性能的影响,实验采用锐齿,实验条件:煤壁截割阻抗为 180 ~ 200 kN/m,滚筒直径 $D = 1\ 460$ mm,滚筒转速 $n = 40.8$ r/min,牵引速度为 0.612、0.816 和 1.02 m/min,截齿长为 155 mm,截齿锥角为 85°,截线距为 60 mm,截齿为顺序式排列,安装角 β 分别为 30°、35°、40°、45° 和 50°。

将图 5.1 不同安装角和图 5.4 不同切削厚度的截割实验的轴向载荷谱序列进行归一化处理,根据盒维数算法[75-77],利用 Matlab 软件求得不同安装角和切削厚度截齿的盒维数,见表 8.1 和表 8.2。

表 8.1 不同安装角截齿的盒维数		表 8.2 不同切削厚度截齿的盒维数	
$\beta/(°)$	D_b	h_{max}/mm	D_b
30	1.388		
35	1.361	15	1.329
40	1.312	20	1.312
45	1.341		
50	1.380	25	1.304

由表 8.1 和表 8.2 可以看出,当安装角为 40°、最大切削厚度在 15 ~ 25 mm 变化时,截齿的盒维数呈非线性递减;当最大切削厚度为 20 mm,安装角在 30° ~ 50° 变化时,盒维数呈具有极值的凹形曲线变化,随着截齿安装角增大呈现先减小后增大的趋势。根据上述规律,得到盒维数与安装角的拟合关系,结果如图 8.4 所示。盒维数与切削厚度关系如图 8.5 所示。

由图 8.4 可见,当最大切削厚度 $h_{max} = 20$ mm 时,截齿盒维数与安装角的拟合关系为

$$D_b = 2.32 - 0.048\ 99\beta + 0.603\ 4 \times 10^{-3}\beta^2 \tag{8.13}$$

当安装角为 30° 和 50° 时,盒维数较大,在 40° ~ 45° 时,盒维数存在最小值。由图 8.5 可见,当安装角 $\beta = 40°$ 时,截齿的盒维数随切削厚度的增大逐渐减小,适当地增大切削厚度有利于降低比能耗。

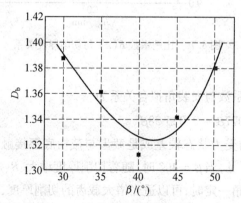

图 8.4   盒维数与安装角关系

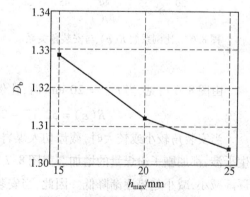

图 8.5   盒维数与切削厚度关系

8.5　截割粉煤量与块度的分形特征

8.5.1　截割粉煤量的分形特征

截割阻力谱的分形长度 $L(\varepsilon)$ 反映截齿在截割煤岩过程中载荷的波动程度。截割阻力谱与坐标轴所围成的面积 $A(\varepsilon)$ 的实际物理意义可以描述为截割相应质量煤岩所消耗的能量。

截割阻力谱所围成的面积 $A(\varepsilon)$ 和分形长度 $L(\varepsilon)$ 反映着截齿的性能,当面积 $A(\varepsilon)$ 一定时,分形长度 $L(\varepsilon)$ 越大,则反映截割阻力曲线的波动越剧烈,阻力曲线的波动反映着相应煤块的剥落,说明剥落粉煤量多,消耗能量也就越多。当分形长度 $L(\varepsilon)$ 一定时,截割阻力曲线围成面积 $A(\varepsilon)$ 越大,则粉煤量越少。比例系数 $R(\varepsilon)$ 反映分形长度 $L(\varepsilon)$ 与面积 $A(\varepsilon)$ 的比值关系,可用来衡量截割阻力曲线的轮廓波动程度的特征以及截割产生粉煤量的多少。

对截割实验的轴向载荷谱进行归一化处理,由式(8.1) ~ (8.3)计算出截齿的阻力曲线长度 L、围成面积 A 和比例系数 $R(\varepsilon)$。对 $R(\varepsilon)$ 进行拟合,得到 $R(\varepsilon)$ 与安装角和切削厚度的关系,结果如图 8.6 和图 8.7 所示。

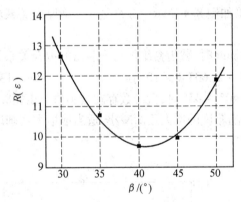

图 8.6　比例系数 $R(\varepsilon)$ 与安装角关系

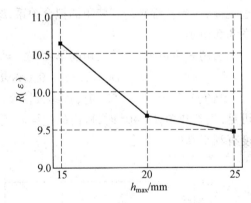

图 8.7　比例系数 $R(\varepsilon)$ 与切削厚度关系

由图 8.6 可见,当 $h_{max} = 20$ mm 时,比例系数与安装角拟合关系为

$$R(\varepsilon) = 52.17 - 2.077\beta + 0.025\,38\beta^2$$

当安装角较小或较大时,截齿切入煤岩的受力状态较差或是截齿与截槽底部接触发生干涉,都加剧了粉煤量的增加。由图 8.7 可见,当 $\beta = 40°$ 时,随着切削厚度增大,$R(\varepsilon)$ 逐渐减小,减小趋势逐渐降低。因此,当安装角一定时,可以适当增大截齿的切削厚度,这有利于降低截割过程中产生的粉煤量。

8.5.2 截割块煤率的分形特征

截割阻力谱的波动反映截齿在截割煤岩过程中载荷的波动程度。截割阻力谱与坐标轴所围成的面积 $A(\varepsilon)$ 的实际物理意义可表示为截割相应质量煤岩所消耗的能量。根据实验截割阻力谱,由式(8.1) ~ (8.3) 计算出截齿的阻力曲线长度 $L(\varepsilon)$、围成面积 $A(\varepsilon)$、比例系数 $R(\varepsilon)$。对 $R(\varepsilon)$ 进行拟合,得到比例系数 $R(\varepsilon)$ 与滚筒转速和牵引速度的关系。

截割阻力谱所围成的面积 $A(\varepsilon)$ 和分形长度 $L(\varepsilon)$ 反映着截齿的性能,当面积 $A(\varepsilon)$ 一定时,分形长度 $L(\varepsilon)$ 越大,则反映截割阻力谱的波动越剧烈,阻力谱的波动反映着相应煤块的剥落,说明截割产生的粉煤量多。当分形长度 $L(\varepsilon)$ 一定时,截割阻力谱围成面积 $A(\varepsilon)$ 越大,则截割块煤率越高。比例系数 $R(\varepsilon)$ 反映分形长度 $L(\varepsilon)$ 与面积 $A(\varepsilon)$ 的比值关系,可用来衡量截割阻力曲线的轮廓波动程度的特征以及截割产生粉煤量的多少。

利用 Matlab 软件求得在滚筒转速分别为 30.0、35.0、40.8 r/min 时,对应的 $R(\varepsilon)$ 分别为 8.872、9.375、9.734。根据比例系数的关系,给出了比例系数 $R(\varepsilon)$ 随滚筒转速和牵引速度的变化关系,如图 8.8 所示。

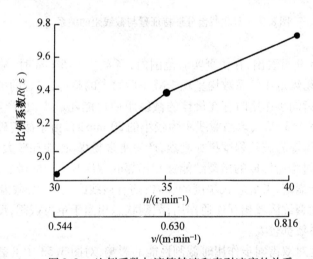

图 8.8   比例系数与滚筒转速和牵引速度的关系

由图 8.8 可见,随着滚筒转速和牵引速度的增大,比例系数 $R(\varepsilon)$ 呈线性增大的变化规律,说明在截齿安装角度和最大切削厚度相同的情况下,滚筒转速、牵引速度越大,块煤率越小。

8.5.3 双联截齿的分形特征

将截割阻力谱进行归一化处理,根据盒维数算法,利用 Matlab 软件求得图 3.29 截齿的盒维数,见表 8.3,双联截齿分形特征量与截线距的关系如图 8.9 所示。

表 8.3　不同截线距时的分形特征

S_j/mm	截齿 A		截齿 B	
	D_b	R	D_b	R
50	1.325	10.230	1.332	10.161
60	1.301	9.305	1.304	9.414
70	1.320	9.821	1.313	9.720
80	1.338	10.873	1.347	10.912

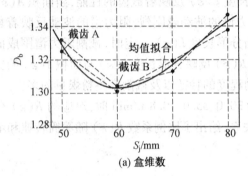
(a) 盒维数

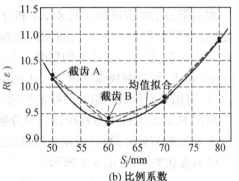
(b) 比例系数

图 8.9　双联截齿分形特征量与截线距的关系

由表 8.3 和图 8.9 可看出,在仿真实验范围内,当 h_{max} = 15 mm 时,随着截线距的增大,两齿的盒维数和粉煤量比例系数均呈现先减小后增大的趋势,二者的拟合值呈下凹形曲线变化,说明在双齿同步作用时存在最佳的截线距使比能耗最小,且产生少量粉煤,此时截线距为 58 mm,S_j = 3.9h_{max}。当截线距为较小的 50 mm 时,由于截齿破碎煤岩的微裂纹区域发生重叠,使得煤岩破碎程度更加剧烈,产生更多粉煤,比能耗较大;随着切削厚度的增大,截齿 A 截割过程所形成的微裂纹能够和相邻的截齿 B 形成的微裂纹互相影响,使得两齿间的煤岩易于崩落,形成较大块度的煤岩;随着截线距的增大,截齿 A 形成的裂纹区域无法与截齿 B 的裂纹区域相互连通作用,截割状态相当于单齿截割,反映能耗的盒维数和粉煤量的比例系数都较大。

为分析切削厚度对双齿同步作用时截割性能的影响,对图 3.53 中的截割阻力谱进行归一化处理,分别计算截齿 A 和截齿 B 的盒维数 D_b 和粉煤量分形特征的比例系数 $R(\varepsilon)$,结果见表 8.4。

表 8.4　不同切削厚度的分形特征

h_{max}/mm	截齿 A		截齿 B	
	D_b	$R(\varepsilon)$	D_b	$R(\varepsilon)$
15	1.338	10.873	1.347	10.912
20	1.305	9.564	1.293	9.627
25	1.294	9.347	1.278	9.216
30	1.307	9.615	1.321	9.503

对表 8.4 中数据进行绘图,得到盒维数 D_b 和粉煤量分形特征的比例系数 $R(\varepsilon)$ 与 h_{max} 的关系,如图 8.10 所示。

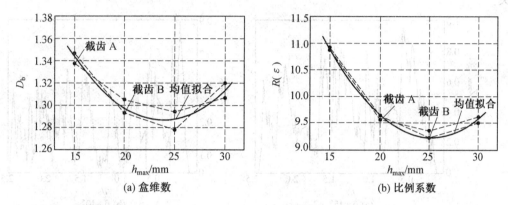

(a) 盒维数   (b) 比例系数

图 8.10   双联截齿分形特征量与切削厚度的关系

由表 8.4 和图 8.10 可以看出,在双联截齿同步作用截割煤岩的情况下,当截线距为 80 mm 时,盒维数 D_b 和比例系数 $R(\varepsilon)$ 随着切削厚度的增大呈先减小后增大的趋势。当切削厚度较小时,双齿同步作用截割煤岩产生的微裂纹没有扩展到相邻截齿,截割煤岩区域并未互相影响,由于切削厚度较小,截割产生的粉煤量也相对偏多;随着切削厚度的增大,煤岩产生的微裂纹区域逐渐增大,截齿 A 与截齿 B 的区域相互影响使煤岩更易于剥落,此时截割处于定相关的状态,存在最佳的切削厚度使两齿的平均盒维数最小,当截线距 $S_j = 80$ mm 时,最佳切削厚度 $h_{max} = 23$ mm,此时 $S_j = 3.5 h_{max}$;当切削厚度继续增大时,截齿截割形成的微裂纹大量延伸至相邻两截齿的截槽处,导致形成的煤岩块度较小,加剧粉煤量的增加。

8.6   截割阻力谱的混沌特征

煤岩破碎是一个动态过程,而载荷谱作为该过程的一个真实记录,蕴含了丰富的截齿截割煤岩动力信息,若将信号与微分方程组描述的解轨道曲线相比拟,则能给枯燥的数学序列重新赋予动态的几何图像。工程中的动力学系统通常是耗散型的系统,该系统的一个重要性质是相空间的一个体积元在流的作用下收缩,并最终使体积趋于零,煤岩截割系统已破碎出新的煤岩表面为标志,而新表面的形成是一种不可逆过程。混沌现象的发现使得在动态相互作用过程中模拟截齿载荷谱成为可能,而系统辨识的数值则代之以非线性动力学参量,截割载荷谱是描述煤岩破碎系统的一个子集,统计理论仅以这个子集为研究对象,对不同的子集加以识别,并标定出相应煤岩破碎的难易程度,而混沌理论则从子集间的相互作用中推演出截割系统的特性。

8.6.1   功率谱

在实验台上,分别测得截齿安装角 $\beta = 45°$ 和 $\beta = 40°$ 时的截割阻力谱,其中切削厚度

$h_0 = 0.015$ m,截割煤的当量截割阻抗 $A_0 = 240$ kN/m 的截割阻力谱,如图 8.11 所示,截齿的截割阻力是波动的,其大小及变化与煤试块的内部结构、硬度和煤的崩落过程等因素有关。

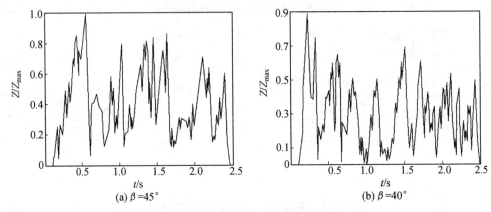

图 8.11　截齿截割阻力谱

　　周期运动的功率谱往往只在基频和它的倍频处出现尖峰,而准周期所对应的功率谱往往是几个不可约的基频率,并在它们叠加的所在频率处出现尖峰,在发生倍周期分岔时,其功率谱中就会出现分频及其他的倍频,经观察在这些频率点上功率谱图也往往都是尖峰,一般混沌运动的特征是在其功率谱中表现为出现噪声背景宽峰带的连续谱,同时其中也含有和周期运动对应的尖峰,这说明混沌运动的轨迹访问各个不同混沌带的平均周期,根据以上特点,可以很方便地识别不同运动的特征是周期的、准周期的、随机的或混沌的运动状态。

　　功率谱分析是计算机实验分析分岔和混沌的重要方法,混沌运动功率谱是宽带的连续谱,其表现形式是功率谱中出现噪声背景和宽峰[77-79]。令截齿截割阻力时间序列为 $x_1, x_2, \cdots, x_n$,对 n 个采样值加上周期条件 $x_{N+1} = x_j$,计算截割阻力时间序列的自相关函数 C_j:

$$C_j = \frac{1}{n} \sum_{t=1}^{N} x_i x_{i+j} \tag{8.14}$$

对 C_j 离散傅里叶变换,得到傅里叶系数 P_k:

$$P_k = \sum_{j=1}^{n} C_j \exp\left(\frac{12\pi x_j}{n}\right) \tag{8.15}$$

应用 FFT,对 x_j 做快速傅里叶变换,得到系数:

$$\left. \begin{array}{l} a_k = \dfrac{1}{n} \sum_{i=1}^{n} x_i \cos \dfrac{\pi ik}{n} \\[3mm] b_k = \dfrac{1}{n} \sum_{i=1}^{n} x_i \cos \dfrac{\pi ik}{n} \end{array} \right\} \tag{8.16}$$

计算 $P_k = a_k^2 + b_k^2$,求其平均值后得到功率谱 p_k,由式(8.14) ~ (8.16)编制 Matlab 程序,绘制截割阻力曲线功率谱,如图 8.12 所示。

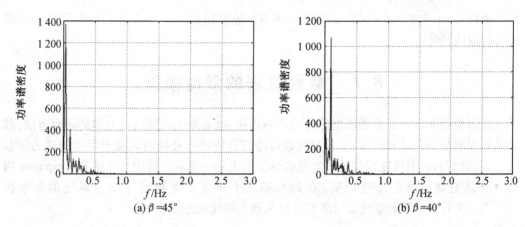

图 8.12   截割阻力曲线功率谱

截割阻力信号功率谱的特征是无显著主频且呈连续衰减趋势,表明是一种典型的非
周期现象,由图 8.12 可见,截齿截割功率谱伴有较宽带的连续谱且出现噪声背景和宽峰,
由此可判定截齿截割阻力具有混沌特征,同时 $\beta = 40°$ 时截割阻力功率谱密度的幅值小于
$\beta = 45°$ 时的幅值,这表明相同样实验条件下,截齿安装角度对截割阻力有影响。

8.6.2   Lyapunov 指数

截齿截割煤岩的完成是以煤岩出现新表面为标志,而新表面的形成是一种不可逆过
程,描述系统各向是膨胀还是收缩的数值特征量是 Lyapunov 指数,Lyapunov 指数度量了
相邻轨道的平均指数的发散或收敛问题,从而给出了关于一个吸引子稳定的信息,对 n 维
空间有 n 个实指数,也称谱,按大小排列成 $\lambda_1 \geqslant \lambda_2 \geqslant \cdots \geqslant \lambda_n$,若对最大指数 $\lambda_1 > 0$ 成
立,则系统是混沌的,从而可以把对初始条件变化的敏感性和不规则性用正的 Lyapunov
指数表征。截割阻力曲线 Lyapunov 指数图如图 8.13 所示。

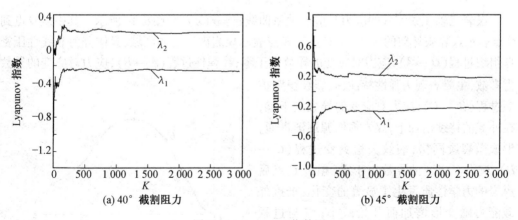

图 8.13   Lyapunov 指数图

由图 8.13 可见,40° 和 45° 截割阻力序列的最大 Lyapunov 指数均大于零,说明截割系统具有混沌特征。

8.7   截割煤岩的混沌模型

煤岩失稳的研究经典的强度理论已不再适用,故必须引入新的动力学的研究方法,截齿截割煤岩是一个动态过程,全程曲线载荷谱的具体特征及数值取决于相应的动力学参数,因而静态的极限强度仅仅是煤岩抗破碎流形上的一个点。应用功率谱和 Lyapunov 指数分析截割载荷谱的混沌特征,在此基础之上建立了截割混沌动力系统的数学模型[80-83],进而分析截割系统是以阵发性分叉通向混沌状态演变的。

8.7.1   分形损伤刚度

分形维数可以描述煤岩损伤的演化过程,煤岩损伤演化的盒维数 D_b 随外载线性增加,煤岩裂纹分形维数与外加载荷之间的关系为

$$\left(\frac{F}{F_c}\right) \sim D_b \tag{8.17}$$

式中 F——煤岩瞬时载荷,N;

F_c——煤岩破坏时的载荷,N。

煤岩裂纹分形长度与其分形维数的关系为

$$\left(\frac{x}{\delta}\right)^{D-1} = D_b \tag{8.18}$$

式中 δ——煤岩损伤裂纹的分形破坏的临界长度,m;

x——煤岩损伤裂纹的分形损伤长度,m。

将式(8.17) 和式(8.18) 进行整理,有近似关系:

$$\left(\frac{F}{F_c}\right) \sim \left(\frac{x}{\delta}\right)^{D_b-1} \tag{8.19}$$

煤岩三轴压缩实验的应力与应变关系曲线 $\sigma = \sigma(\varepsilon)$,如图 8.14 所示。其中从 O 点到 C 点表示煤岩破坏前的区域,从 C 点到 E 点表示煤岩破坏后的区域,具体分为非线性压密自组织过程($O \rightarrow A$),应力对应变的导数大于零;线弹性过程($A \rightarrow B$),应力对应变的导数为常数,主要表现为弹性特性;微裂纹稳定扩展过程($B \rightarrow C$),应力对应变的导数大于零,在外载的持续增加下,煤岩损伤源逐渐贯通,形成微裂纹网格;裂纹失稳突变过程($C \rightarrow D$),应力对应变的导数小于零,超过 C 点后煤岩的力学性质发生了显著的变化,抵抗外载能力随变形增加而开始减小;参与过程($D \rightarrow E$),应力对应变的导数小于零,这时煤岩已破碎为块体,但块体间摩擦力的存在减

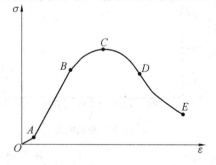

图 8.14   煤岩压缩应力 - 应变曲线

缓了煤岩丧失抵抗外载能力速率。

由式(8.19)及煤岩在外载荷作用下煤岩的应力与应变的关系(图8.14),将煤岩 C – E 段的刚度表示为

$$K = k\mathrm{e}^{-\left(\frac{x}{\delta}\right)^{D_b-1}} \tag{8.20}$$

式中 k—— 不同煤岩的刚度系数。

8.7.2　截割载荷谱的混沌时序

截割系统具有 λ 型分叉突变的失稳机制,故可用式(8.21)逼近截割阻力信号 $u(t)$,将其离散化成差分方程:

$$
\begin{aligned}
z_{n+1} &= g(z_n) \\
&= z_n + (a_0 + a_1 z_n + a_2 z_n^2 + a_3 z_n^3)\tau
\end{aligned}
\tag{8.21}
$$

截齿截割煤岩将形成离散的碎屑,而非连续的切屑表现在载荷截割曲线上,其为剧烈的起伏,每一波峰都对应破碎煤能量的释放,造成煤块崩落、截齿的突然跃进,其跃进破碎现象是截割系统能量储存与释放的结果。

式(8.21)表示与截割阻力序列具有相同的特征,与经典的时间序列方法建模的主要区别在于不含有随机项,其定态点的个数取决于参数 $a_i (i = 0,1,2,3)$,截齿截割煤岩系统具有 λ 型分叉突变的失稳机制,故可假定截割阻力信号 $z(n)$ 具有三次多项式形式,假设有三个定态解 B_1、B_2 和 B_3,则截割阻力可表示为

$$
\begin{aligned}
z_{n+1} &= g(z_n) \\
&= z_n - b(z_n - B_1)(z_n - B_2)(z_n - B_3)
\end{aligned}
\tag{8.22}
$$

取一个特例,若 $B_1 = 6$、$B_2 = -6$ 及 $B_3 = 2$,式(8.22)所逼近的截割动力系统随着分叉参数 b 的不同,而具备不同的状态。

逼近截割载荷谱的动力系统模型随着分叉参数 b 的变化,模拟截割动力系统具有不同的特征,图8.15的模拟截割信号分别与图8.16逼近截割载荷谱的分叉图相对应。图8.15(a)说明模拟截割系统在该分叉参数下一开始有短暂的振荡,最后系统趋于平稳,图8.15(b)和图8.15(c)说明模拟截割系统具有不同的振荡周期,最后以一定的周期做等幅振荡,图8.15(d)和图8.15(e)说明随着分叉参数的增大,截割动力系统进入混沌状态。模拟截割阻力信号的混沌态的时间历程能够完备地模拟实际载荷信号,进而可以更好地研究截割工作机构的力学特性。

8.7.3　截割动力学模型

截齿截割煤岩是一个动态过程,而载荷谱作为该过程的一个真实记录,其蕴含了丰富的动力学信息,若将信号与微分方程组描述的解轨道曲线相比拟,则能给枯燥的数字序列重新赋予了动态的几何图像,单截齿物理模型考虑到机械传动系统和弹性扭矩轴的弹性作用,将单截齿截割煤岩系统简化为弹簧 – 质量系统来分析,如图8.17所示。单截齿实验的驱动机构由液压缸提供动力,其中液压大小正比于负载,负载正比于驱动速度,驱动力 F 用 Cx_3^2 来表征,x_1 为截齿侵入位移,其取决于煤岩对截齿的截割阻力特性,实际截齿

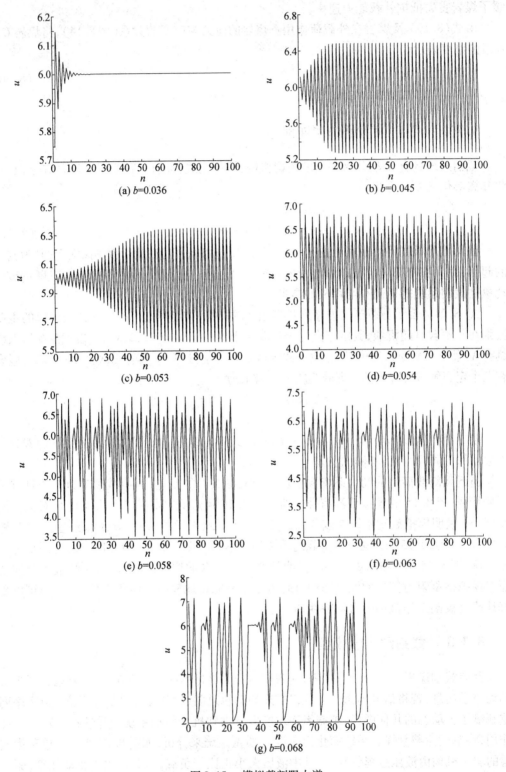

图 8.15   模拟截割阻力谱

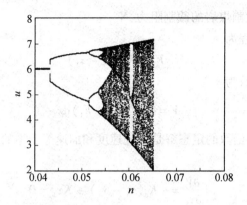

图 8.16　逼近截割载荷谱的分叉图

截割煤岩过程中能量积聚阶段的侵入位移 x_1 远小于能量释放阶段的跃进位移，x_3 为驱动机构设定的位移，它根据截割煤岩工作机构类型和煤岩的机械物理性质确定，其是可控制的量，一般情况下 x_1 不等于 x_3，综合考虑截齿的质量，建立单截齿截割煤岩的混沌动力学模型如式 (8.23) 所示。

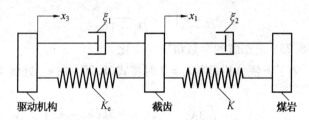

图 8.17　单截齿截割煤岩力学模型

$$\left.\begin{aligned} m_t\ddot{x}_1 &= K_e(x_3 - x_1) - k\exp\left[-\left(\frac{x_1}{\delta}\right)^{D_b-1}\right]x_1 - \xi_2\dot{x}_1 \\ m_f\ddot{x}_3 &= C\dot{x}_3^2 - K_e(x_3 - x_1) - \xi_1\dot{x}_3 \end{aligned}\right\} \tag{8.23}$$

式中　　x_1——截齿侵入位移，m；

　　　　x_3——驱动系统位移，m；

　　　　K_e——驱动系统等效的弹簧刚度，N/m；

　　　　m_t——截齿等效质量，kg；

　　　　ξ_1——驱动系统等效阻尼系数，N/(m·s^{-1})；

　　　　ξ_2——煤岩等效阻尼系数，N/(m·s^{-1})；

　　　　C——驱动系统常数，N/(m·s^{-1})^2；

　　　　m_f——驱动系统运动质量，kg。

由式 (8.20) 得截齿破碎煤岩力的本构方程为

$$F_1 = Kx_1 \tag{8.24}$$

式中　F_1——截齿截割煤岩的截割阻力，N。

截齿的截割力方程为

$$F_2 = K_e(x_3 - x_1) \tag{8.25}$$

截割系统的势函数为

$$V = -\int_0^{x_1}(F_2 - F_1)\,dx_1 \tag{8.26}$$

式(8.26)截割系统势函数的定态解是系统速度和加速等于零的点，即在该点相应外力为零

$$\frac{\partial V}{\partial x_1} = -K_e(x_3 - x_1) + Kx_1 = 0 \tag{8.27}$$

式(8.27)正是 Thom 突变理论描述的基点流形，当 $K = ke^{-\left(\frac{x_1}{\delta}\right)^{D_b-1}}$ 时，对式(8.27)求 x_1 的三阶导数，其定态解个数发生变化的分叉点满足

$$\frac{\partial^3 V}{\partial x_1^3} = \left[(D_b-1)^2\left(\frac{x_1}{\delta}\right)^{D_b-1} - (D_b-1)^2 - (D_b-1)\right]\left(\frac{x_1}{\delta}\right)^{D_b-1}\frac{k}{\delta}\left[-\left(\frac{x_1}{\delta}\right)^{D_b-1}\right] = 0 \tag{8.28}$$

即

$$x_{1e} = \delta\left(1 + \frac{1}{D_b-1}\right)^{\frac{1}{D_b-1}}$$

截割动力系统式(8.23)定态解的个数将发生变化。

通常 $D_b < 2$，为了方便分析，当 $D_b = 2$ 时将式(8.20)在 x_{1e} 处做 Taylor 展开，保留前三项整理得

$$h(x) = x^3 + \left(\frac{3K_e}{2ke^{-2}} - \frac{3}{2}\right)x - \frac{3k(x_3 - x_{1e})}{4k\delta e^{-2}} + \frac{3}{2} \tag{8.29}$$

式(8.29)有极值点的充分必要条件是

$$\frac{3K_e}{2ke^{-2}} - \frac{3}{2} < 0$$

即

$$\frac{K_e}{ke^{-2}} < 1 \tag{8.30}$$

由式(8.18)可知 $ke^{-2} < ke^{-\left(\frac{x_1}{\delta}\right)^{D_b-1}}$，故当驱动系统的刚度小于煤岩的刚度时煤岩发生跃进破碎，从振动角度分析，在满足条件式(8.30)时，工作机构所受冲击载荷小且所受振动较小，从而保护了截割煤岩的工作机构和传动链，进而提高了采煤机的可靠性；从能量角度分析，煤岩截割的工作机构的能量释放率应大于煤岩所需的能量，这样一方面减少电机出现堵转及受损，另一方面可减小煤岩破碎所需的能耗。

将截割系统参数 $K_e/m_t = 6$、$D_b = 2$、$\xi_2\dot{x}_1 = 0.3$、$C/m_f = 20$、$K_s/m_f = 7$ 和 $\xi_1\dot{x}_3 = 0.03$ 代入式(8.23)，K/m_t 为截割系统向混沌转变的分叉参数，当 $K/m_t = 4.3$ 时截割系统的三维相图如图 8.18 所示，载荷的变化如图 8.19 所示。

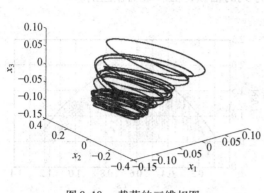

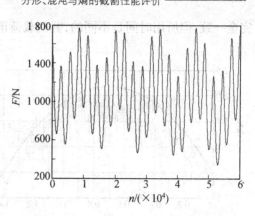

图 8.18　载荷的三维相图　　　　　图 8.19　载荷的变化

由图 8.18 和图 8.19 可见,模拟载荷谱与实际截割阻力信号很相似,表明所建立的逼近的截割动力系统模型基本上能体现煤破碎的特征。对单截齿截割煤岩的动力系统仿真结果表明,在满足式(8.30)的条件下,式(8.23)表征的模拟截齿截割煤岩系统可以描述截割煤岩的动力学过程,通过改变模型的参数,可以辨识出与其对应截割阻力的变化特征,其混沌载荷信号可以作为截齿截割煤岩系统的加载信号,为从混沌角度研究截齿截割煤岩时的动力学特性仿真提供了理论依据和方法。

8.8　截割载荷谱的熵模型

煤岩具有各向异性、非均质、有层理和节理且发育不尽相同的特点,截割破碎过程的微观态很难准确地描述,截割破碎的结果集中反映在随机载荷谱上,它综合反映出煤岩特性、破碎机构参数与工作参数耦合作用结果,因此,提取具有随机谱信息的特征来研究其宏观破碎特性是有效的方法。关键要测试瞬时载荷谱的全息多尺度细节信息,基于随机载荷谱的特征值,建立截割破碎效果和能力的评价模型,并采用适合的数学方法和算法,获得关联性参数的影响规律。采用熵理论对随机载荷谱进行关联性分析,建立随机载荷谱微观特征推演出宏观特性的数学模型,给出了随机载荷谱幅值熵的数学描述和算法,提出载荷谱能量积聚段载荷增量占比率的描述方法,以截齿截割煤岩的力学过程为例,在时域范畴内探讨在切削厚度相同条件下不同滚筒转速的煤岩破碎载荷谱特征及效果。

8.8.1　截割实验载荷谱

实验条件:截齿安装角为 $45°$,$h_{max} = 0.02$ m,测得截割转速和牵引速度分别为 $n = 20$ r/min、$v_q = 0.40$ m/min;25 r/min、0.50 m/min;30 r/min、0.60 m/min;35 r/min、0.70 m/min 和 40 r/min、0.8 m/min 的截割载荷谱,等切削厚度试验截割载荷谱(沿截齿轴向瞬时载荷)及其峰值拟合曲线如图 8.20 所示。

在切削厚度 $h = v_q/n$ 相同的条件下,可看出随着截割转速和牵引给速度同步增加,各工况截割阻力基本不变(峰值拟合曲线),如图 8.20(f)所示,虽然截割的路程(半周)

完全一致,但所用时间是不同的,截割载荷谱序列的幅频特征有着明显区别。

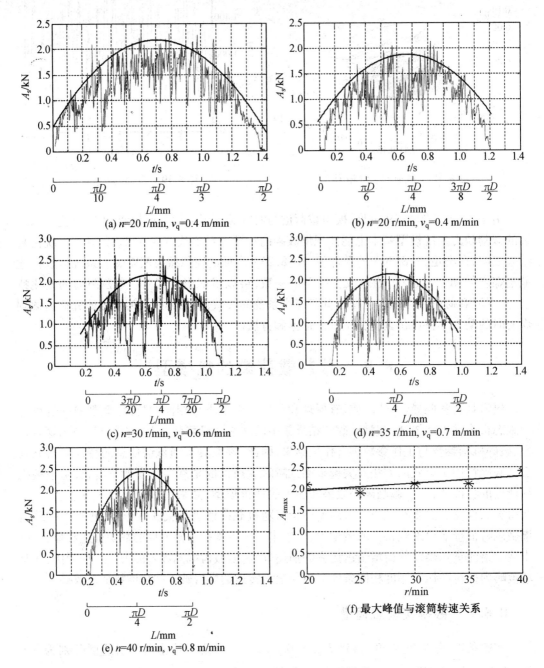

图 8.20　等切削厚度实验截割载荷谱

　　因其煤岩具有各向异性、非均质、有层理和节理且发育不尽相同的特点,截割破碎过程的微观态很难准确地描述,截割破碎的结果集中反映在载荷谱上,它综合反映出煤岩特性、破碎机构参数与工作参数耦合作用结果,因此,提取具有随机谱信息的特征来研究其宏观破碎特性是有效的方法。关键要测试载荷谱的全息多尺度细节信息,截割破碎过程的动态测试,采用适合的数学方法和算法,从而给出截割破碎效果和能力的评价模型以及关联性参数的影响规律。

8.8.2　随机载荷谱幅值熵

在不同的地质条件和工作参数作用下,煤岩破碎效果不同,从细观角度直接研究截割破碎的历程难以精确及定量地描述,利用随机载荷谱,同时引入"熵"的概念进行研究综合物理特性的评价方法,"熵"是对随机场不确定性的度量,是紊乱程度的测度,故可采用"熵"值对煤岩破碎程度进行理论度量。

1. 载荷谱幅值特征的描述

1850 年,R. Clausius 提出了热力学第二定律的表述(熵增定律),1877 年,L. E. Boltzmann 给出了著名的玻耳兹曼熵定律数学描述,即 $S = k \ln W$(k 为玻耳兹曼常数,W 为宏观态出现的概率),1948 年,C. E. Shannon 提出了信息熵的概念,并给出了定量的计算公式,$H(x) = -P_i \ln P_i$,其中 P_i 为信源中第 i 种信号出现的频率,$\ln P_i$ 为带来的信息量,$H(x)$ 表征了信息量的大小。文中基于信息论中的概念,研究截割煤岩破碎过程载荷的不确定性来评价煤岩破碎程度,设 $Z = \{z_i\}$,$i = 1, 2, \cdots, n$,Z 为一个有 n 个特征值的载荷序列(信源),如图 8.20 所示。随机载荷谱的细观态放大可看出明显的规律性特征如图 8.21 所示。图 8.21(b) 中的随机载荷谱具有双侧非对称,且大小不等的锯齿状特征,表现出了随机载荷与时间的累积叠加的特性。由图 8.21(b) 可见,载荷谱可反映出煤岩崩落的随机状态与截割载荷状态的对应关系,其表征的物理意义是不同的,具体可以表征为载荷递增的速度、载荷递增的幅值增量和载荷作用煤岩时能量积聚的状态。

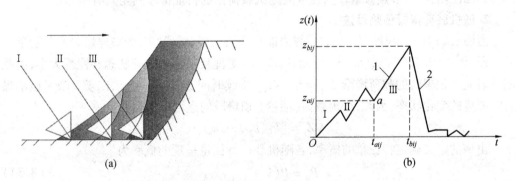

图 8.21　截割过程与载荷谱细观特征

(1) 载荷幅值递增的细观状态量。

图 8.21(a) 中截齿由 Ⅰ → ⋯ Ⅱ → ⋯ Ⅲ,反映了煤岩产生不同程度破碎过程,表出载荷谱的幅值特征值序列,即将图 8.21(b) 中随机载荷谱中的上下峰值点数值化(b 和 a 点),即载荷谱特征序列值描述为

$$(z_j, t_j) = \{(z_{aij}, t_{aij}), (z_{bij}, t_{bij})\} \tag{8.31}$$

依据载荷数值序列,提出用向量 $\mathbf{Z}_{ij}$ 进行描述载荷谱的载荷积聚线 ab 和利用 $\mathbf{S}_{ij}$ 描述位移量,即

$$\mathbf{Z}_{ij} = \{(z_{bij} - z_{aij}), v_j(t_{bij} - t_{aij})\}$$
$$\mathbf{S}_{ij} = \{0, v_j(t_{bij} - t_{aij})\}$$

（2）载荷谱递增时序段的能量特征量。

不同的随机曲线具有其特定的物理意义,由图 8.21 可见,随机载荷谱对应特征向量描述,可得其叉积 ΔE 为

$$\Delta E = \mathbf{Z}_{ij} \times \mathbf{S}_{ij}$$

由叉积的物理意义可知,其模的大小反映了煤岩破碎能量的作用效率,即

$$\|\mathbf{Z}_{ij} \times \mathbf{S}_{ij}\| = \|\mathbf{Z}_{ij}\| \cdot \|\mathbf{S}_{ij}\| \cdot \sin\theta_{ij}$$

整理得

$$\|\mathbf{Z}_{ij} \times \mathbf{S}_{ij}\| = (z_{bij} - z_{aij})(t_{bij} - t_{aij})v_j \tag{8.32}$$

式中 $\|\mathbf{Z}_{ij}\| = \sqrt{(z_{bij} - z_{aij})^2 + v_j^2(t_{bij} - t_{aij})^2}$;

$\|\mathbf{S}_{ij}\| = v_j(t_{bij} - t_{aij})$;

$\sin\theta_{ij} = \dfrac{(z_{bij} - z_{aij})}{\|\mathbf{Z}_{ij}\|}$。

同理,根据功能原理,假设截齿截割速度 v_j 为常数,则载荷积聚段的能耗为

$$W = \int_{t_{aij}}^{t_{bij}} z_{ij} \cdot v_j \cdot \mathrm{d}t_{ij} \quad \text{或} \quad W \approx \frac{v_j}{2}[t_{bij} - t_{aij}] \cdot [z_{bij} - z_{aij}] \tag{8.33}$$

由式（8.33）可以看出其几何意义为锯齿状下围包面积,代表着做功或截割破碎煤岩能耗,对比式（8.32）可知 $\|\mathbf{Z}_{ij} \times \mathbf{S}_{ij}\|$ 反映了煤岩破碎能量特性,因此,对随机载荷谱按式（8.31）给出的特殊节点参量作为提取的随机载荷谱的特征值序列是具有实际意义的。

2. 随机载荷谱幅值熵算法

由图 8.21 所示,线段"1"为破碎煤岩能量积聚区段,线段"2"为破碎煤岩崩落能量释放区段,由式（8.32）和式（8.33）可知,区段"1"更能反映煤岩破碎状态和能耗大小,由截割煤岩能量积聚时的载荷增量 $\Delta z_{ij} = z_{bij} - z_{aij}$,持续时间 $\Delta t_{ij} = t_{bij} - t_{aij}$,二者反映了截割煤岩时能量的变化状态,因此,给出载荷（能量）积聚段的递增率序列:

$$\nabla \mathbf{Z}_j = [k_{1j}, k_{2j}, \cdots, k_{nj}]$$

由熵的定义确定特征量的概率,各随机载荷特征量呈现的概率为

$$P_{ij} = P(k_{ij})|_{i=1,2,\cdots,n_j} \tag{8.34}$$

$$\sum_{i=1}^{n_j} P_{ij} = 1$$

（1）描述载荷梯度的特征量

$$\{k_{ij}\} = \left\{\frac{\Delta z_{ij}}{\Delta t_{ij}}\right\} = \left\{\frac{z_{bij} - z_{aij}}{t_{bij} - t_{aij}}\right\}_{i=1,2,\cdots,n_j} \tag{8.35}$$

式中 $\{k_{ij}\}$——第 j 个截割循环,有 n_j 个载荷状态随机量,$j = 1, 2, \cdots, m, i = 1, 2, \cdots, n_j$。

式（8.34）中 P_{ij} 可分别用载荷谱的单一积聚线 ab 斜率特征量所占的比率 $\mathbf{Z}_{ij}$ 的梯度

$\Delta k_{ij} = \dfrac{k_{ij}}{\sum k_{ij}}$ 来描述：

$$\Delta k_{1ij} = \frac{k_{ij}}{\sum\limits_{i=1}^{n_j} k_{ij}} = \frac{\dfrac{\Delta z_{ij}}{\Delta t_{ij}}}{\sum\limits_{i=1}^{n_j} \dfrac{\Delta z_{ij}}{\Delta t_{ij}}} \tag{8.36}$$

斜率特征反映了煤岩截割破碎的过程中，单位载荷（能量）递增（积聚）的速率。间接地反映了煤岩崩落的频率。

（2）描述载荷幅值的特征量。

由式（8.36）可知，只反映了载荷谱幅值递增梯度，若取 Δt_{ij} 的平均值，则式（8.36）可简化为载荷谱幅值增量值所占的比率来描述：

$$\Delta k_{2ij} = \frac{\Delta z_{ij}}{\sum\limits_{i=1}^{n_j} \Delta z_{ij}} \tag{8.37}$$

（3）描述载荷谱的能量特征量。

由式（8.37）可看出，只表示出载荷谱幅值量，为了同时反映出式（8.36）和式（8.37）的物理含义则有叉积模（与能量成正比）所占的比率来描述：

$$\Delta k_{3ij} = \frac{\| \boldsymbol{Z}_{ij} \times \boldsymbol{S}_{ij} \|}{\sum\limits_{i=1}^{n_j} \| \boldsymbol{Z}_{ij} \times \boldsymbol{S}_{ij} \|} = \frac{\| \boldsymbol{Z}_{ij} \| \cdot \| \boldsymbol{S}_{ij} \| \cdot \sin \theta_{ij}}{\sum\limits_{i=1}^{n_j} \left[\| \boldsymbol{Z}_{ij} \| \cdot \| \boldsymbol{S}_{ij} \| \cdot \sin \theta_{ij} \right]} = \frac{\Delta z_{ij} \cdot \Delta t_{ij}}{\sum\limits_{i=1}^{n_j} (\Delta z_{ij} \cdot \Delta t_{ij})} \tag{8.38}$$

载荷谱三种特征值的物理意义是不同的，梯度式（8.36）特征着重反映在截割过程中，单位能量与载荷递增（积聚）的速率；幅值特征表征在一个煤岩崩落中，载荷变化的大小，与煤岩崩落程度正相关变化，同时，间接地反映煤岩崩落的块度（在每一个积聚载荷的增量值，即斜率相同）。因载荷的大小，反映煤岩崩落的大小的程度，间接反映煤岩崩落的块度；能量特征式（8.38）直接反映载荷作用持续时间的累积，表现出破碎能耗变化，因此，综合考虑则会更符合实际截割的状态。

由 $P_{ij} = \Delta k_{1ij}, \Delta k_{2ij}, \Delta k_{3ij}$，且满足

$$\sum_{i=1}^{n_j} P_{ij} = \sum_{i=1}^{n_j} \Delta k_{1ij} = \sum_{i=1}^{n_j} \Delta k_{2ij} = \sum_{i=1}^{n_j} \Delta k_{3ij} = 1$$

则有随机载荷谱熵的数学模型

$$S_j = -\sum_{i=1}^{n_j} (\Delta k_{ij} \ln \Delta k_{ij}) \tag{8.39}$$

其中 P_{ij} 可按式（8.36）～（8.39）给定的随机载荷三种特征量的算法，代入式（8.39）分别可得随机载荷幅值梯度熵、随机载荷幅值熵和随机载荷能量熵。

以上给出三种特征量，从不同角度反映了其熵值，由此可见，三种算法的特征量确定方法，均未能完全揭示载荷谱的特性，故，综合各特征量，可以反映截割实际，为更准确地通过载荷谱评价煤岩的破碎特性，采用加权方法，给出特征融合的随机载荷谱综合熵。

$$S_j = - \sum_{m=1}^{3} (\zeta_m \cdot S_{mj}) = - \left\{ \zeta_1 \sum_{i=1}^{n_j} (\Delta k_{1ij} \ln \Delta k_{1ij}) + \zeta_2 \sum_{i=1}^{n_j} (\Delta k_{2ij} \ln \Delta k_{2ij}) + \zeta_3 \sum_{i=1}^{n_j} (\Delta k_{3ij} \ln \Delta k_{3ij}) \right\}$$

$$\sum_{m=1}^{3} \zeta_m = 1$$

$$\zeta_m = \frac{\sum_{i=1}^{n_j} (\Delta k_{mij} \ln \Delta k_{mij})}{\sum_{m=1}^{3} \sum_{i=1}^{n_j} (\Delta k_{mij} \ln \Delta k_{mij})}$$

3. 煤岩破碎程度与能耗评价

将如图 8.20 所示随机载荷谱峰值点进行数值化,分别利用式(8.36) ～ (8.38)给出的特征量描述算式,代入载荷谱幅值熵算式(8.39),分别得出了载荷谱梯度、幅值和能量熵值的变化规律,如图 8.22 所示,三种特征对应熵的变化趋势随截割转速的增大有着正相关性,但这三者的变化规律有一定区别。

载荷谱幅值熵与滚筒转速的线性拟合关系(熵函数):

$$S_j(n) = 13(1 + 0.02n)$$
$$(8.40)$$

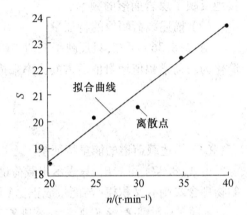

图 8.22　不同转速下载荷谱幅值的综合熵

在切削厚度相同的条件下,随着滚筒转速的增大(牵引速度同步增大),载荷随机序列的无序度增大,煤岩破碎越无序,煤岩被破碎程度增大,过破碎,导致比能耗增大。通过载荷数学谱特征的提取,给出描述载荷谱特性的综合熵模型,其可以揭示与载荷谱关联的参数对截割性能的影响规律,该方法评价随机载荷谱特定的性能具有一定的普遍意义。

8.8.3　载荷谱频谱熵

为了研究煤岩破碎载荷谱蕴含的内在信息,应用快速傅里叶变换(FFT)方法,从频域角度,给出滚筒不同转速下载荷谱的幅频特性曲线,分析其载荷谱的能量分布形态,如图 8.23 所示。由图 8.23 可见,截割能量在低频段,集中在 0 ～ 5 Hz,反映出煤岩截割破碎过程的能量分布规律,但从频域角度不能直接反映破碎煤岩能力与效果的定量关系,同理,基于"熵"理论,以载荷频谱为研究对象,建立频谱熵的数学算式,探讨煤岩破碎效果与能力的判别方法。

设 $A_j = \{a_{ji}\}$,$i = 1, 2, \cdots, n_j$;$j = 1, 2, \cdots, m$,a_{ji} 频率谱的幅值序列,则煤岩破碎频谱熵的数学描述为

$$W_j = - \sum_{i=1}^{n_j} p_i \ln p_i$$

$$(8.41)$$

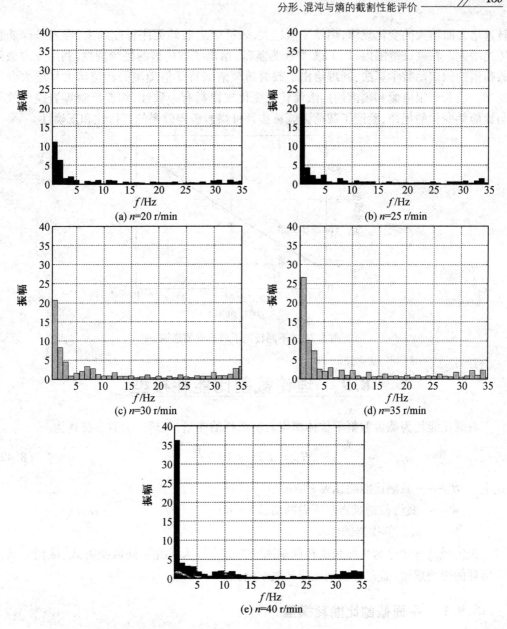

图 8.23 频域分析

$$p_i = \frac{a_{ji}}{\sum\limits_{i=1}^{n_j} a_{ji}}$$

根据式(8.41)及图 8.23 频谱曲线,给出了频谱熵随滚筒转速变化的曲线图,如图 8.24 所示,随滚筒转速的增大,频谱熵值呈增大的变化趋势。即频谱熵值越大,煤岩破碎越剧烈,因此,采用载荷频谱熵来评价煤岩破碎效果和能耗,与载荷谱幅值熵有着相同的特征。在时域范围内,建立了煤岩破碎载荷谱熵的数学描述方法,得出了熵特征值随滚筒转速增大而增大的变化规律,熵特征值越大,表征煤岩破碎无序程度越大,煤岩破碎能耗随之增大。在频域范围内,以 FFT 变换为基础,给出了载荷谱的幅频特性,利用煤岩破碎载荷谱的频谱熵数学算法,同理给出了载荷谱频谱熵特征值随滚筒转速增大呈增大变化规律。载荷谱幅值熵和频谱熵随滚筒转速变化规律具有一致性,均能反映煤岩破碎效果与比能耗变化的规律,验证了载荷谱熵算法评价煤岩破碎效果的可行性和正确性。

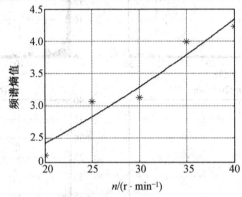

图 8.24   不同转速下载荷谱频谱熵

8.9   理论截割比能耗模型

截割比能耗为截齿截割单位体积煤岩所消耗的能量,其理论的数学描述为

$$H_W = 2.78 \times 10^{-4} \frac{W}{V} \tag{8.42}$$

式中 H_W——截割比能耗,$kW \cdot h/m^3$;

　　　　W——截齿截割煤岩时所做的功,$kN \cdot m$;

　　　　V——被截割煤岩的体积,m^3。

截齿截割煤岩分为平面和旋转截割两种方式[84],为研究不同截割方式、截割参数对比能耗的影响规律,需建立截割比能耗数学模型。

8.9.1   平面截割比能耗模型

假设平面截割破碎煤岩时,截槽是对称的,截割比能耗与截齿工作参数的关系如图8.25 所示。

平面截割煤岩时所做的功为

$$W_1 = \int_0^t P(t) \, dt \tag{8.43}$$

式中 $P(t)$——截齿截割功率,$P(t) = Z(t)v(t)$,kW;

　　　　$Z(t)$——截齿截割阻力,kN;

　　　　$v(t)$——截齿直线截割速度,m/s。

被截割煤岩的体积为

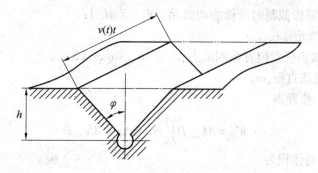

图 8.25   截齿平面截槽

$$V_1 = \int_0^t S(t) v(t) \, \mathrm{d}t \tag{8.44}$$

式中 $S(t)$ —— 截槽断面面积,$S(t) = h^2 \tan \varphi$,m^2。

根据式(8.42)比能耗定义,并令 $S(t) = h^2 \tan \varphi$,$Z(t) = Ah$,h 为常值,且 $Z(t)$ 为平均截割阻力,整理得

$$H_{W_1} = \frac{\int_0^t Z(t) v(t) \, \mathrm{d}t}{\int_0^t S(t) v(t) \, \mathrm{d}t} = \frac{A}{h \tan \varphi} \tag{8.45}$$

8.9.2   旋转截割比能耗模型

旋转截割煤岩的切削厚度随时间变化而变化,滚筒旋转一周时切削厚度先增大后减小,呈月牙形,截齿旋转截割煤岩的截槽断面如图 8.26 所示。

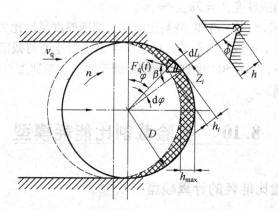

图 8.26   截齿旋转截割煤岩的截槽断面

截齿旋转截割煤岩时所做的功为

$$W_2 = \int_0^\varphi \mathrm{d}W \tag{8.46}$$

式中 $\mathrm{d}W$——截齿截割时所做的功微元,$\mathrm{d}W = Z_i\mathrm{d}L$,J;

　　　　$\mathrm{d}L$——微元弧长,m;

　　　　Z_i——截齿任意位置截割阻力,$Z_i = Ah_{max}\sin\varphi$,kN;

　　　　D——滚筒直径,m。

由式(8.46)整理得

$$W_2 = Ah_{max}D\int_0^{\frac{\pi}{2}}\sin\phi\mathrm{d}\varphi = Ah_{max}D \qquad (8.47)$$

被截割煤岩的体积为

$$V_2 = 2\int_0^{\frac{\pi}{2}}S_i\mathrm{d}L$$

式中 S_i——任意截槽断面面积,$S_i = (h_{max}\sin\varphi)^2\tan\phi_i$,m²;

$$V_2 = Dh_{max}^2\int_0^{\frac{\pi}{2}}\sin^2\varphi\tan\phi_i\mathrm{d}\varphi \qquad (8.48)$$

若取崩落角为平均值 $\overline{\phi} = \dfrac{1}{N}\sum_{i=1}^{N}\phi_i$,则有

$$V_2 = \frac{\pi}{4}Dh_{max}^2\tan\overline{\phi} \qquad (8.49)$$

将式(8.47)和(8.49)代入式(8.42),整理得

$$H_{W_2} = \frac{4A \times 2.78 \times 10^{-4}}{\pi h_{max}\tan\overline{\phi}}$$

或

$$H_{W_2} = \frac{8A \times 2.78 \times 10^{-4}}{\pi^2\overline{h}\tan\overline{\phi}} \qquad (8.50)$$

式中 $\overline{h}$——平均切削厚度,$\overline{h} = 2h_{max}/\pi$,m。

由式(8.44)和式(8.49)可知,截割比能耗与切削厚度呈反比关系,平面和旋转截割比能耗的理论模型基本一致。由于最大切削厚度为牵引速度与截割转速的比值,在最大切削厚度不变条件下,式(8.50)的理论模型未能反映出截割速度与牵引速度同步变化时对比能耗的影响关系。

8.10   实验截割比能耗模型

8.10.1   实验比能耗的计算模型

由图8.20等切削厚度实验截割载荷谱可见,在切削厚度 $h = \dfrac{v}{n}$ 相同的条件下,随着截割转速 n 和牵引进给速度 v 同步增加。基于上述实验可知,当截齿旋转截割时,切削厚度呈月牙形状规律变化,其截齿的截割功率为

$$P_S(t) = F(t)v_t(t) \qquad (8.51)$$

式中　$F(t)$—— 实验截齿瞬时截割阻力,kN;

　　　$v_t(t)$—— 截齿截割圆周线速度,$v_t(t) = \pi Dn/60$,m/s。

由式(8.43)离散化,整理得截割煤岩所做功为

$$W_S = \frac{\pi Dn}{60} \int_{t_0}^{t} F(t) \, dt = \frac{\pi Dn}{60} \sum_{i=0}^{k} F(t_0 + i\Delta t) \Delta t \tag{8.52}$$

式中　n—— 数据采样点数,$n = (t - t_0)/\Delta t$。

当 $h_{max} = 0.005 \sim 0.025$ m($\varphi = 0 \sim \frac{\pi}{2}$) 时,煤岩截槽崩落角 $\phi = 1.42 - 0.23\varphi$,由式 (8.42)得被截割煤岩体积为

$$V_S = Dh_{max}^2 \int_0^{\frac{\pi}{2}} \sin^2\varphi \cdot \tan(1.32 - 0.23\varphi) \, d\varphi \tag{8.53}$$

按实验测得的离散数据计算得

$$V_S = Dh_{max}^2 \sum_{j=0}^{m_0} \sin^2(j\Delta\varphi) \cdot \tan(1.32 - 0.23j\Delta\varphi) \Delta\varphi \tag{8.54}$$

式中　$m_0 = \frac{\pi}{2\Delta\varphi}$。

当安装角为45°时,$F(t) \approx 1.6F_z(t)$,$F_z(t)$ 为实验瞬时测试截齿轴向载荷,如图8.20 所示,根据式(8.52) 和式(8.54) 得比能耗实验计算模型为

$$H_{W_s} = \frac{(0.4\pi n \sum_{i=0}^{n_0} F_z(t_0 + i\Delta t) \Delta t) \times 2.78 \times 10^{-4}}{15h_{max}^2 \sum_{j=0}^{m_0} \sin^2(j\Delta\varphi) \cdot \tan(1.32 - 0.23j\Delta\varphi) \Delta\varphi} \tag{8.55}$$

根据比能耗实验模型,给出了比能耗随截割转速变化曲线,如图 8.27 所示。在最大切削厚度不变的前提下,比能耗随截割转速和牵引速度有同步增大的变化趋势,若按线性规律进行拟合,或近似按二次非线性规律,$H_{W_s} = a + bn^2$,则有下式,单位截割转速的比能耗增率为2%:

$$H_{W_s} = 0.614\,1 + 0.007\,272n \tag{8.56}$$

在实验的条件(参数范围) 下,由式(8.56) 和式(8.50) 可得

$$k\left[\frac{4A \times 2.78 \times 10^{-4}}{\pi h_{max} \tan \overline{\phi}}\right] = [0.614\,1 + 0.007\,272n]$$

修正的旋转截割比能耗理论模型为

$$H_{W_s} = \frac{4A \times 2.78 \times 10^{-4}}{\pi h_{max} \tan \overline{\phi}}[0.71 + 0.008\,5n] \tag{8.57}$$

不同截割转速和牵引速度下截割实验载荷谱的幅频特性曲线,如图8.28 所示。截割能量集中在低频段,且随截割转速、牵引速度的同步增大,其最大幅值呈增大的变化趋势,表明截割消耗的能量随之变大。

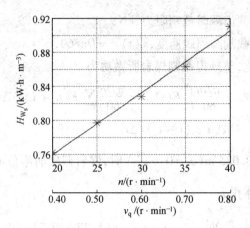

图 8.27 比能耗与截割转速和牵引速度关系

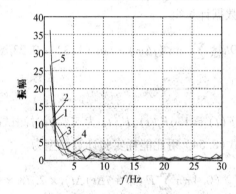

图 8.28 截割载荷幅频特性

1—$n = 20$ r/min,$v_q = 0.40$ m/min;2—$n = 25$ r/min,$v_q = 0.50$ m/min;

3—$n = 30$ r/min,$v_q = 0.60$ m/min;4—$n = 35$ r/min,$v_q = 0.70$ m/min;

5—$n = 41$ r/min,$v_q = 0.82$ m/min

8.10.2 比能耗的多截齿实验测算法

采用截割单位体积煤岩所消耗能量表征截割比能耗的大小,在不同安装角和切削厚度的实验条件下,研究截齿的截割性能。实验测得1、2和3号三个锐齿在不同安装角和切削厚度时的轴向载荷谱和滚筒的测试功率谱,其中,安装角 $\beta = 40°$,切削厚度 $h_{max} = 15$ mm 时,截齿轴向载荷谱和滚筒功率谱如图 8.29 和图 8.30 所示。

在实验条件下,旋转截割煤岩的三个截齿在任意 t 时刻的截割功率 $P(t)$ 为

$$P(t) = \omega \cdot T(t)$$

滚筒的瞬时扭矩 $T(t)$ 为

$$T(t) = \frac{D}{2} \cdot (Z_1(t) + Z_2(t) + Z_3(t))$$

则瞬时截割功率 $P(t)$ 为

$$P(t) = \frac{\pi n D}{60} \cdot (Z_1(t) + Z_2(t) + Z_3(t)) \tag{8.58}$$

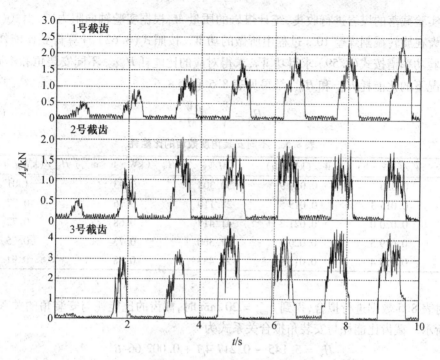

图 8.29　截齿轴向载荷谱

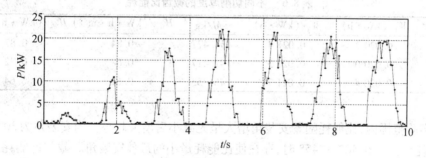

图 8.30　滚筒测试功率谱

截齿在旋转截割月牙形断面的煤岩时,所需的功 W 为

$$W = \int_0^{10} P(t)\,\mathrm{d}t \tag{8.59}$$

当 $\beta = 40°$ 时,由 $Z = 1.4F_z$,将式(8.58)代入式(8.59)得

$$W = \frac{7\pi nD}{300} \cdot \int_0^{10} \big(F_{1z}(t) + F_{2z}(t) + F_{3z}(t)\big)\,\mathrm{d}t \tag{8.60}$$

对 1、2 和 3 号截割臂所测得的轴向阻力谱进行序列化处理,可得截齿截割月牙形断面的煤岩所需的功 W 为

$$W = \frac{7\pi nD}{600} \cdot \sum_{i=1}^{N} \big[F_{1z}(t) + F_{1z}(t + \Delta t) + F_{2z}(t) + F_{2z}(t + \Delta t) + F_{3z}(t) + F_{3z}(t + \Delta t) \big] \cdot \Delta t \tag{8.61}$$

对实验截落的煤岩进行收集,统计煤岩的质量 M,根据实验轴向阻力谱,由式(8.61)计算截齿在旋转截割煤壁 10 s 过程中所做的功 W_1,按照式(8.62)计算得到比能耗 H_{W_1};根据实验功率谱按式(8.59)求得功 W_2,求得对应的比能耗 H_{W_2}。不同安装角和不同切削厚度工况下的比能耗 H_{W_1} 和 H_{W_2},结果见表8.5 和表8.6。

$$H_w = \frac{W}{V} = \frac{\rho W}{M} \tag{8.62}$$

表8.5　不同安装角度截齿的比能耗

$\beta/(°)$	$W_1/(kW \cdot h)$	$W_2/(kW \cdot h)$	M/kg	$H_{W_1}/(kW \cdot h \cdot m^{-3})$	$H_{W_2}/(kW \cdot h \cdot m^{-3})$
30	0.020 1	0.021 9	30.305	0.93	1.01
35	0.015 3	0.015 5	28.110	0.76	0.77
40	0.020 0	0.021 3	41.417	0.68	0.72
45	0.019 5	0.020 1	37.360	0.73	0.75
50	0.015 4	0.015 9	24.483	0.88	0.91

对表8.5 数据进行拟合,得到 $h_{max} = 20$ mm 时,截齿的比能耗与安装角的关系,如图8.31 所示。截齿比能耗与安装角拟合关系式为

$$H_w = 5.145 - 0.217\ 4\beta + 0.002\ 664\beta^2$$

表8.6　不同切削厚度的截齿比能耗

h_{max}/mm	$W_1/(kW \cdot h)$	$W_2/(kW \cdot h)$	M/kg	$H_{W_1}/(kW \cdot h \cdot m^{-3})$	$H_{W_2}/(kW \cdot h \cdot m^{-3})$
15	0.020 7	0.021 4	34.477	0.84	0.87
20	0.020 0	0.021 3	41.417	0.68	0.72
25	0.020 4	0.021 7	46.753	0.62	0.64

在实验范围内,比能耗随着安装角增大呈先减小后增大趋势。当安装角为30° 或50° 时,比能耗最大。在40° ~ 45° 时,存在使比能耗最小的最佳安装角。截割比能耗与切削厚度的定性关系,如图8.32 所示,根据表8.5 中数据得到安装角 $\beta = 40°$ 时,截齿比能耗与切削厚度拟合关系,如图8.33 所示。

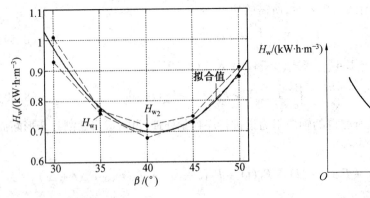

图8.31　比能耗与安装角的关系　　　　　图8.32　切削厚度对截割比能耗影响

在实验范围内,截齿比能耗与切削厚度的拟合关系为

$$H_w = 0.394\ 9 \cdot e^{11.57/h_{max}}$$

截齿的比能耗与切削厚度呈指数关系,随着切削厚度的增大而减小,减小趋势逐渐减弱。由图 8.31 可以看出,由于实验台截割机构机械传动效率的影响,利用功率谱计算的比能耗 H_{w2} 比轴向载荷谱计算的 H_{w1} 稍大,但二者在总体上具有较好的吻合度,说明实验中截齿三向载荷的检测方式是正确可行的,并具有良好的检测精度。

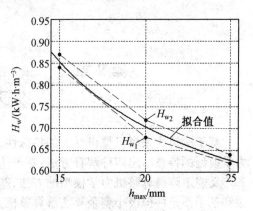

图 8.33   比能耗与切削厚度关系

8.10.3   安装角和切削厚度的比能耗模型

基于以上单因素实验,由实验数据计算得到的比能耗,以此给出在实验条件下比能耗与安装角和切削厚度的关系模型:

$$H_w = [0.4 + 0.001\ 5\ (\beta - K_\varphi \alpha)^2] \cdot e^{\frac{10}{K_c h_{max}}}$$

(8.63)

式中 K_c—— 合金头类型系数,$K_c = 0.70 \sim 1.10$,棱齿 $K_c = 1.10$,锐齿 $K_c = 0.87$,钝齿 $K_c = 0.70$;

K_φ—— 崩落角影响系数,$K_\varphi = 0.85 \sim 1.15$,韧性煤 $K_\varphi = 0.85$,脆性煤 $K_\varphi = 1.15$;

α—— 截齿半锥角,实验中为42.5°。

由式(8.56)可得,旋转截割比能耗与安装角和切削厚度的三维关系,如图 8.34 所示。当切削厚度一定时,截齿的比能耗随着安装角增大呈先减小后增大的趋势。当安装角一定时,随切削厚度的增大比能耗呈非线性减小。

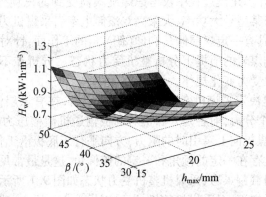

图 8.34   截割比能耗与安装角和切削厚度的关系

第9章 滚筒式采煤机整机
力学模型与解算方法

基于滚筒式采煤机整机受力的特殊性,建立采煤机的代数方程式整机力学模型,针对力学模型的特点给出四种解算方法:基于伪满秩解算整机力学模型的方法、基于最小二乘和广义逆矩阵解算整机力学模型的方法、基于改进双逐次投影法解算整机力学模型的方法和基于预条件拟极小剩余算法解算整机力学模型的方法。

9.1 正常工况下采煤机的整机力学模型

采煤机工作条件恶劣复杂,运行空间受到严格的限制,其工作可靠性尤为重要。在确定导向滑靴、支撑滑靴、牵引驱动轮与齿轨等关键承载部件的参数,以及进行采煤机整机结构设计、强度校核时,首先应定量分析采煤机整机受力特性。应充分考虑煤层倾角、俯采角和仰采角等参数和采煤机牵引力和截割功率匹配等工作动力参数等的制约因素,准确确定牵引机构的齿轨与驱动轮啮合的向上分力,根据不同工作条件来确定采煤机的截割功率和牵引力的匹配值,分析采煤机整机受力,进而求出导向滑靴和支撑滑靴的受力规律,使计算结果更接近生产实际,进而指导采煤机的设计。

9.1.1 整机的受力状态

采煤机是个复杂的机械系统,在建立采煤机整机力学模型之前,必须做一些简化。采煤机滚筒是个较复杂的结构,它是影响采煤机效率的一个重要因素。忽略不计传动齿轮的弹性、摇臂的振动、滚筒在轴向的位移,仅考虑滚筒所受的截割阻力、推进阻力、轴向阻力三项外载荷,不计惯性力对其影响。

采煤机运行中其他振动及载荷,如摇臂的震动、传动齿轮的弹性等因素均可视为次要的影响因素,忽略不计。建模过程中仅考虑螺旋滚筒受到的三项外负载:截割阻力、推进阻力和轴向阻力。以某型号大功率、大采高双滚筒电牵引采煤机为分析研究对象,在综采工作面,常见工况是具有一定煤层倾角和仰(俯)角的工作面,针对此种工况,在假定采煤机向上牵引行走截割煤岩的前提下分析整机受力状态。分析在不同煤层倾角和仰(俯)角工况下采煤机整机受力变化规律。

采煤机重量 G 是决定采煤机牵引阻力的重要因素,在有煤层倾角 α 时,将它分解成 $G\sin\alpha$ 和 $G\cos\alpha$ 两个分力,前者是采煤机对刮板输送机溜槽压力的组成部分,方向垂直于底板;后者是在采煤机向上牵引时的阻力,方向平行于底板沿工作面向下。

煤层工作面总是存在一定的倾角和一定的俯仰角,这是最常见的工况。针对此工况,假设采煤机向上牵引截割煤岩,采煤机整机受力状态如图9.1所示。

根据刚体静力学知识,对采煤机整机,以采煤机重心为原点,建立三维直角坐标系,沿 x、y、z 三个坐标轴方向列出力平衡方程[90],$\sum F_x = 0$,$\sum F_y = 0$,$\sum F_z = 0$。

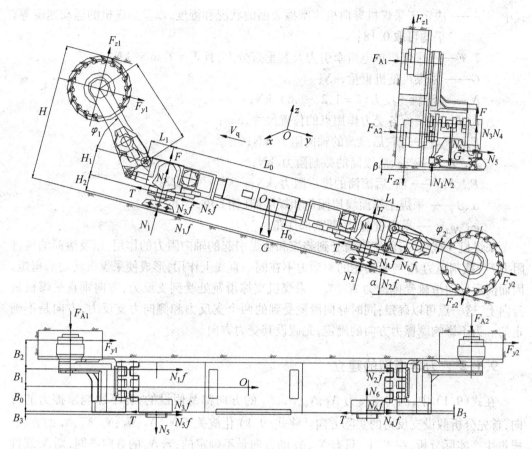

图9.1　采煤机整机受力状态

以采煤机重心为 O 点,建立其力矩平衡方程, $\sum M_{yOz} = 0$, $\sum M_{xOy} = 0$, $\sum M_{xOz} = 0$,即

$$2T - G\sin\alpha - (F_{y1} + F_{y2}) - (\sqrt{N_1^2} + \sqrt{N_2^2} + \sqrt{N_3^2} + \sqrt{N_4^2} + \sqrt{N_5^2} + \sqrt{N_6^2})f = 0$$

$$N_1 + N_2 + N_3 + N_4 + (F_{z1} - F_{z2}) - G\cos\alpha\cos\beta + 2F = 0$$

$$F_{A1} + F_{A2} + N_5 - N_6 + G\cos\alpha\sin\beta = 0$$

$$2TH_0 - (\sqrt{N_3^2} + \sqrt{N_4^2} + \sqrt{N_5^2} + \sqrt{N_6^2})fH_0 - (\sqrt{N_1^2} + \sqrt{N_2^2})f(H_0 + H_2) + (N_1 + N_3)\frac{L_0}{2} - (N_2 + N_4)\frac{L_0}{2} +$$

$$F_{z1}(L\cos\varphi_1 + L_1 + \frac{L_0}{2}) + F_{y1}(L\sin\varphi_1 + H_1 - H_0) + F_{z2}(L\cos\varphi_2 + L_1 + \frac{L_0}{2}) - F_{y2}(L\sin\varphi_2 + H_0 - H_1) = 0$$

$$2TB_0 - (\sqrt{N_3^2} + \sqrt{N_4^2})fB_0 - \sqrt{N_5^2}f(B_3 + B_0) - \sqrt{N_6^2}f(B_0 - B_3) + (\sqrt{N_1^2} + \sqrt{N_2^2})fB_1 - (N_5 + N_6)\frac{L_0}{2} +$$

$$(F_{y1} + F_{y2})(B_2 + B_1) - F_{A1}(L\cos\varphi_1 + L_1 + \frac{L_0}{2}) + F_{A2}(L\cos\varphi_2 + L_1 + \frac{L_0}{2}) = 0$$

$$(N_1 + N_2)B_1 + N_6H_0 - N_5H_0 - (N_3 + N_4)B_0 + F_{z1}(B_1 + B_2) - F_{z2}(B_1 + B_2) +$$

$$F_{A1}(L\sin\varphi_1 + H_1 - H_0) - F_{A2}(L\sin\varphi_2 + H_0 - H_1) - 2B_0F = 0$$

$$(9.1)$$

式中　　f——决定于采煤机导向机构摩擦表面的状况和湿度,以及采煤机的运动速度等,平均可取 0.18;

T、F——采煤机单电机牵引力及其垂直分力,且 $F = T\tan\gamma$,kN;

G——采煤机整机重量,kN;

N_i——滑靴支反力 $(i = 1,2,\cdots,6)$,kN;

L_i、B_i、H_i——各受力作用点的位置尺寸,mm;

F_{A1}、F_{A2}——前、后滚筒的轴向阻力,kN;

F_{z1}、F_{z2}——前、后滚筒的截割阻力,kN;

F_{y1}、F_{y2}——前、后滚筒的推进阻力,kN;

α、β——采煤工作面煤层倾角和煤层仰(俯)角,(°);

φ_1、φ_2——采煤机前、后截割部摆角,(°)。

采煤机在截煤时,由于滚筒受到装煤和截煤引起的轴向阻力的作用,以及滚筒的推进阻力 F_y、截割阻力 F_z 与驱动轮的驱动力不在同一直线上作用,形成使采煤机转动的扭矩,因而前后导向滑靴受侧向力 N_5、N_6。采煤机支撑滑靴处受到支反力,方向垂直采煤机机身向上,这一点可以确定;同时导向滑靴受到的两个支反力和侧向力支反力,方向是不确定的。为不影响摩擦力方向的确定,先假设其受力方向。

9.1.2　力学模型的建立

在式(9.1)中,因为支反力 N_3、N_4、N_5、N_6 的方向都是假设的,为不影响摩擦力的方向,首先分析假设支反力的实际方向。将式(9.1)化成关于 N_1、N_2、N_3、N_4、N_5、N_6 的方程,根据生产实际分析,在 N_i 中,只有 N_3、N_5 的方向是不确定的,若 N_3 的方向不同,则 N_i 线性方程组就有不同的特性,式(9.2)中的"$\pm$,$\mp$"对应采煤机上行和下行符号,若 N_3 的方向向上时,为上行符号;若 N_3 的方向向下时,为下行符号,在各支反力方向均已确定的条件下,有

$$
\left.
\begin{aligned}
&N_1 + N_2 + N_3 + N_4 + N_5 + N_6 = \frac{2}{f}T - \frac{1}{f}\big[G\sin\alpha + (F_{y1} + F_{y2})\big] = \frac{2}{f}T - \frac{1}{f}G\sin\alpha + C_{01} \\
&N_1 + N_2 + N_3 + N_4 = G\cos\alpha\cos\beta - (F_{z1} - F_{z2}) - 2T\tan\gamma + C_{02} \\
&N_5 - N_6 = -G\cos\alpha\sin\beta - F_{A1} - F_{A2} = -G\cos\alpha\sin\beta + C_{03} \\
&N_1\Big[f(H_0 + H_2) - \frac{L_0}{2}\Big] + N_2\Big[f(H_0 + H_2) + \frac{L_0}{2}\Big] + N_3\Big(fH_0 \mp \frac{L_0}{2}\Big) + \\
&N_4\Big(fH_0 + \frac{L_0}{2}\Big) + N_5 fH_0 + N_6 fH_0 = 2TH_0 + C_{04} \\
&-N_1 fB_1 - N_2 fB_1 + N_3 fB_0 + N_4 fB_0 + N_5\Big[\frac{L_0}{2} + f(B_0 + B_3)\Big] + N_6\Big[\frac{L_0}{2} + f(B_0 - B_3)\Big] = 2TB_0 + C_{05} \\
&N_1 B_1 + N_2 B_1 \mp N_3 B_0 - N_4 B_0 - N_5 H_0 + N_6 H_0 = 2B_0 T\tan\gamma + C_{06}
\end{aligned}
\right\}
$$

$$(9.2)$$

式中　$C_{01} = -1/f(F_{y1} + F_{y2})$;

$C_{02} = F_{z2} - F_{z1}$;

$C_{03} = -(F_{A1} + F_{A2})$;

$C_{04} = F_{z1}(L\cos\varphi_1 + L_1 + L_0/2) + F_{y1}(L\sin\varphi_1 + H_1 - H_0) + F_{z2}(L\cos\varphi_2 + L_1 + L_0/2) - F_{y2}(L\sin\varphi_2 + H_0 - H_1)$;

$C_{05} = (F_{y1} + F_{y2})(B_2 + B_1) - F_{A1}(L\cos\varphi_1 + L_1 + L_0/2) + F_{A2}(L\cos\varphi_2 + L_1 + L_0/2)$;

$C_{06} = F_{z2}(B_1 + B_2) - F_{z1}(B_1 + B_2) - F_{A1}(L\sin\varphi_1 + H_1 - H_0) + F_{A2}(L\sin\varphi_2 + H_0 - H_1)$ 。

令

$n_{11} = f(H_0 + H_2) - L_0/2$;

$n_{12} = f(H_0 + H_2) + L_0/2$;

$n_{13} = (fH_0 \mp L_0/2)$;

$n_{14} = fH_0 + L_0/2$;

$n_{25} = f(B_0 + B_3) + L_0/2$;

$n_{26} = f(B_0 - B_3) + L_0/2$ 。

将式(9.2)写成矩阵形式,即

$$A\begin{bmatrix} N_1 \\ N_2 \\ N_3 \\ N_4 \\ N_5 \\ N_6 \end{bmatrix} = B\begin{bmatrix} T \\ P_j \\ \cos\alpha \\ \sin\alpha \\ \cos\beta \\ \sin\beta \end{bmatrix} + \begin{bmatrix} C_{01} \\ C_{02} \\ C_{03} \\ C_{04} \\ C_{05} \\ C_{06} \end{bmatrix} \qquad (9.3)$$

式中

$$A = \begin{bmatrix} 1 & 1 & 1 & 1 & 1 & 1 \\ 1 & 1 & \pm 1 & 1 & 0 & 0 \\ 0 & 0 & 0 & 0 & 1 & -1 \\ n_{11} & n_{12} & n_{13} & n_{14} & fH_0 & fH_0 \\ -fB_1 & -fB_1 & fB_0 & fB_0 & n_{25} & n_{26} \\ B_1 & B_1 & \mp B_0 & -B_0 & -H_0 & H_0 \end{bmatrix}$$

$$B = \begin{bmatrix} \dfrac{2}{f} & 0 & 0 & -\dfrac{1}{f}G & 0 & 0 \\ -2\tan\gamma & 0 & G\cos\beta & 0 & 0 & 0 \\ 0 & 0 & -G\sin\beta & 0 & 0 & 0 \\ 2H_0 & 0 & 0 & 0 & 0 & 0 \\ 2B_0 & 0 & 0 & 0 & 0 & 0 \\ 2B_0\tan\gamma & 0 & 0 & 0 & 0 & 0 \end{bmatrix}$$

为求线性方程组(9.3),首先应分析方程解的存在情况,鉴于N_3的不同方向,对矩阵$\boldsymbol{A}$进行初等变换,当N_3的方向垂直机身向上时,$R(\boldsymbol{A}) = 6$;同理,当N_3的方向垂直机身向下时,$R(\boldsymbol{A}) = 5$。

由此可见,由于支反力$N_3(N_5)$随煤层倾角变化,导致其方向的不确定性,进而影响式(9.3)解的不确定。由于采煤机整机力学模型的特殊性,因此,在其解算过程中,应充分考虑支反力$N_3(N_5)$的方向,以便获得不同的整机力学模型系数矩阵$\boldsymbol{A}$。以往计算支反力时,通常将截割功率定为额定功率,而牵引力按额定的最大值,这样的参数匹配不符合生产实际。因为在实际生产中,当煤层倾角增大时,牵引力随之增大,截割功率此时不一定是额定值,因此,该计算方法不能准确反映采煤机整机受力的变化规律,基于此,在充分考虑不同工作条件下,以及牵引力与截割功率满足动力平衡关系,求解采煤机力学模型。

根据以上分析,求解式(9.3)首先应该明确两点:一是,根据系数矩阵$\boldsymbol{A}$的不同,判断前导向滑靴支反力N_3的方向,选择不同的系数矩阵$\boldsymbol{A}$来计算;二是,给出牵引力与额定截割功率的约束方程,以解决采煤机在实际工作状态下的动力匹配关系。

9.1.3 模型求解的约束方程

1. 牵引力与截割功率的匹配方程

采煤机的牵引力与煤层倾角、滚筒工作参数、滚筒截割功率和整机自重等参数存在数学关系,见式(9.4)。式(9.4)反映了在不同工况下,截割功率与牵引力的平衡匹配关系[86]:

$$2T = \frac{19.1\eta_j(1 + k_3\frac{1 - a}{a}) \cdot 0.8}{nD(0.58 + 0.0067\alpha)}P_j + \frac{G\sin \alpha}{(0.58 + 0.0067\alpha)} \tag{9.4}$$

式中　P_j——采煤机单个截割电动机功率(P_H为额定功率),kW;

　　　η_j——截割部的传动效率,$\eta_j = 0.85$;

　　　k_3——后滚筒的工作条件系数,通常$k_3 = 0.8$;

　　　a——滚筒直径D与采高H的比值,一般$a = 0.57$;

　　　n——螺旋滚筒转速,r/min;

　　　D——螺旋滚筒的直径,m。

假设$T = T_{max}$,由式(9.4)计算出P_j,当$P_j \leq P_H$时,则有P_j取值不变,$T = T_{max}$;当$P_j > P_H$时,则有$P_j = P_H$,$T \leq T_{max}$(T的大小按P_H由式(9.4)求出)。

2. 牵引力约束方程

为保证解算的准确性和可靠性,根据式(9.3)求出的支反力,在考虑运行参数、工况等因素条件下,牵引力不仅应满足式(9.4)平衡条件,还应符合式(9.5),即牵引力大小应该不小于摩擦力、滚筒截割推进阻力和采煤机的下滑力三者之和,即

$$2T_{max} \geq f\sum_{i=1}^{6} \sqrt{N_i^2} + G\sin \alpha + F_{y1} + F_{y2} \tag{9.5}$$

否则,按一定步长减小截割功率P_j,再利用式(9.5)重新求出T_{max},重新计算各支反力。

9.1.4 外载荷的计算

采煤机所受法向作用力主要是采煤机重力,由于截割阻力的方向时刻在变化,滑靴各

个方向受力是不稳定的。在实际计算中,将螺旋滚筒所受到的阻力分解为截割阻力、推进阻力、轴向阻力,截割阻力 F_z 沿煤层高度方向,推进阻力沿采煤工作面方向,两者作用在螺旋滚筒的齿尖上,轴向阻力沿滚筒轴线方向,轴向阻力 F_A 集中作用在沿滚筒轴线方向偏距 e 处,$e \leqslant 0.39D$(螺旋滚筒直径)。

螺旋滚筒 F_A、F_y 和 F_z 可按下式估算:

$$\left.\begin{array}{c} F_z = \dfrac{19.1 P_H \eta_j}{nD} \\[2mm] F_A = \dfrac{F_z L_k K_2}{J} \\[2mm] F_y = K_q F_z \end{array}\right\} \tag{9.6}$$

式中　　K_q——与截齿磨损程度有关的系数,一般 $K_q = 0.6 \sim 0.8$,取 $K_q = 0.8$;

　　　　L_k——滚筒端盘部分截齿的截割宽度,m,取 $L_k = 0.15$;

　　　　J——滚筒有效截深,m;

　　　　K_2——考虑滚筒端盘部分接近半封闭截割条件的系数,一般取 $K_2 = 2$。

9.2　基于伪满秩解算整机力学模型的方法

采煤机整机力学模型是由六个代数方程为核心部分,动力参数匹配关系、牵引力约束条件等为辅助方程构成的,经分析得知整机力学方程组系数矩阵的秩具有不确定性,其随支反力 $N_3(N_5)$ 的方向不同而不同,即具有变化或非满秩特点。当 $R(A) = 5$ 时,式(9.3)有五个独立方程,但有六个支反力 N_i,根据工程数学理论可知,方程组有无穷多个解,最简便的处理方法是先假定一个变量值,算出其他变量。在满足安全性情况下,鉴于工程计算的特殊性,当采煤机沿工作面向上牵引,前截割滚筒截顶煤时,前支撑滑靴(靠近煤壁侧)有抬起的趋势,只有其他三个滑靴工作,此时形成三点支承,即前支撑滑靴不受力,$N_1 = 0$;当 $R(A) = 6$ 时,六个独立方程,六个支反力 N_i,可以正常求解,然而前支承滑靴被抬起,N_3 的方向向下的可能性更大。因此,假定 $N_1 = 0$ 来计算其他支反力是安全可行的。

解算整机力学模型时,应考虑以下条件:牵引力与截割功率的平衡匹配关系;牵引力应满足三项直接负载的约束条件;采煤机工况参数,煤层倾角、俯仰角、采高、煤质硬度等因素对采煤机滑靴所受载荷的影响;采煤机重心位置变化对滑靴所受载荷的影响等[87]。

9.2.1　分析实例

采煤机重 660 ~ 700 kN,最大牵引力 F_{max} 为 785 kN,单截割功率为 69 kW,滚筒转速为32.4 r/min,滚筒直径为 2.0(1.8)m,截深为 0.8 m,煤层仰俯倾角 $\beta = \pm 10°$,煤层倾角 $\alpha \leqslant 25°$,计算参数与支反力位置尺寸见表9.1,其算法流程如图9.2所示。解算的结果仅给出各支反力与煤层倾角和仰俯角的变化规律曲线。

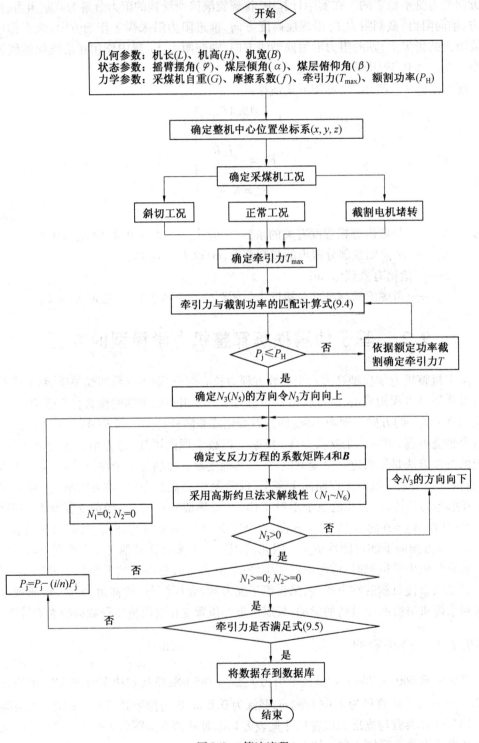

图 9.2　算法流程

表 9.1　实例参数

参数	H_0/mm	H_1/mm	H_2/mm	L/mm	L_0/mm	L_1/mm	B_0/mm	B_1/mm
数值	700	827	495	2 650	6 510	725	830	502
参数	B_2/mm	B_3/mm	φ_1/(°)	φ_2/(°)	P_H/kW	n/(r·min^{-1})	D/m	T/kN
数值	875	80	22	8	610	32.4	2	785
参数	β/(°)	J/m	F	α/(°)	H/m	G/kN	γ/(°)	
数值	0 ~ ±10	0.8	0.18	0 ~ 25	3.5	660	16	

9.2.2　煤层倾角和俯仰角对整机受力的影响

图 9.3 是正常截煤时煤层倾角和俯仰角对采煤机整机受力的影响曲线。由图 9.3 可见,当其他参数相同且固定不变时,随着煤层倾角的增大,后支撑滑靴所受压力逐渐减小,前导向滑靴下钩处所受拉力逐渐增大,侧面所受压力逐渐增大,后导向滑靴所受向上支持力没有显著变化,侧面受压,压力逐渐增大;而随着俯仰角的变化,除了对前导向滑靴下钩处所受拉力大小没有影响外,对其他各力均有影响。

9.2.3　俯仰角对整机受力的影响

由图 9.4(a) 可见,当采煤机仰(俯)角 $\beta = 0°$,煤层倾角 $\alpha < 20°$ 时,前导向滑靴受到的支反力 N_3 方向向下,随着 α 的增大,大小逐渐增大;后导向滑靴受到的支反力 N_4 方向向上,随着 α 的增大,数值的变化相对较小,但 N_4 的幅值最大;后支撑滑靴的支反力 N_2 随 α 的增大缓慢减小;而前导向滑靴所受侧向支反力 N_5 和后导向滑靴所受侧向支反力 N_6,数值均随着 α 的增大而增大,但 N_6 的幅值远大于 N_5。当 $\alpha > 20°$ 时,N_3 幅值基本不变,而 N_4 逐渐减小,其他支反力的变化趋势基本不变;在 $\alpha = 20°$ 左右处,各支反力尤其 N_3 和 N_4 的变化趋势明显改变,采煤机牵引力为额定最大值 $T = T_{max}$,截割功率为额定值 $P_j = P_H$,当 $\alpha < 20°$ 时,$P_j = P_H$,$T \leqslant T_{max}$,当 $\alpha > 20°$ 时,$T = T_{max}$,$P_j > P_H$,随着煤层倾角的不同,采煤机的动力参数匹配有所不同。

由图 9.4(a) ~ (c) 可见:随着煤层仰角 $\beta(> 0°)$ 增大,后导向滑靴所受支反力 N_4 总体幅值随之增大,最大值超过 400 kN,前导向滑靴所受支反力 N_3 变化不大,后支承滑靴的支反力 N_2 的幅值明显减小,后导向滑靴所受侧向支反力 N_6 明显增大,而前导向滑靴所受的侧向支反力 N_5 的方向要发生改变,在 $\alpha = 12°(\beta = 5°)$ 附近 N_5 改变方向,在 $\alpha = 22°$ $(\beta = 10°)$ 附近 N_5 改变了方向,由指向煤壁侧转为指向采空区侧。

由图 9.4(a)、(d)、(e) 可见:随着 $\beta(< 0°)$ 增大,后导向滑靴所受支反力 N_4 明显减小,其总体幅值小于相同大小仰角时的数值,前导向滑靴所受侧向支反力 N_5 明显增大,而其总体幅值大于相同大小仰角时的数值,后支撑滑靴所受支反力 N_2 明显增大,后导向滑靴所受侧向支反力 N_6 幅值明显减小。

随着煤层倾角的不同,截割功率与牵引力的匹配值是不同的,在分析实例给定的参数下,煤层倾角在 20° 左右,牵引力和截割功率同时达到额定的最大值,煤层倾角小于 20°

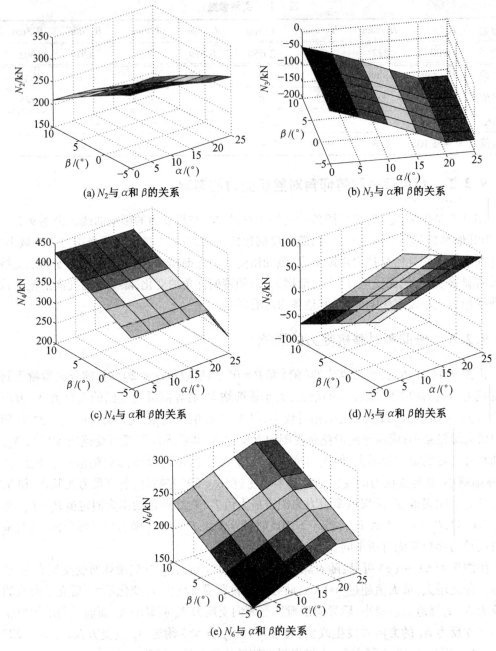

(a) N_2与α和β的关系　　　　　　(b) N_3与α和β的关系

(c) N_4与α和β的关系　　　　　　(d) N_5与α和β的关系

(e) N_6与α和β的关系

图9.3　α和β对整机受力的影响

时,随倾角增大牵引力增大,且牵引力小于额定最大值,而截割功率均为额定功率;煤层倾角大于20°时,截割功率随倾角增大而减小(牵引力能力所限制的结果),且牵引力均为额定最大值。

随着煤层倾角的增大而明显增大,实际工作过程中,在较大的煤层倾角工作条件下,导向滑靴的下钩处磨损严重,导致齿轨轮偏离正常啮合状态、轮齿磨损和折齿现象频发。

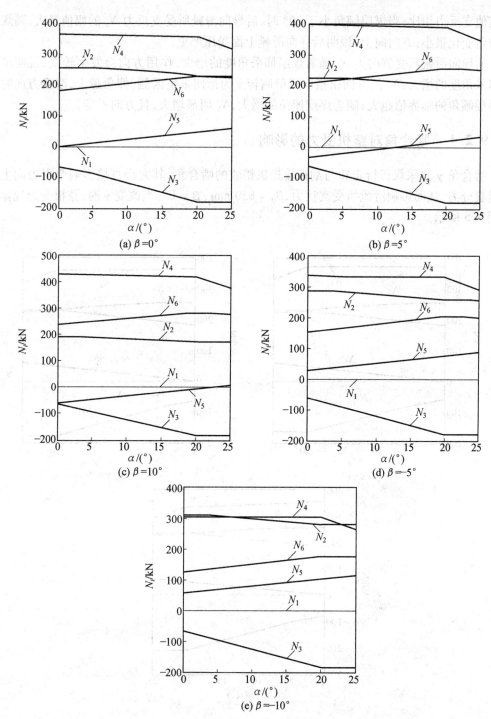

(a) $\beta=0°$

(b) $\beta=5°$

(c) $\beta=10°$

(d) $\beta=-5°$

(e) $\beta=-10°$

图 9.4　各支反力变化曲线

与其他支反力相比,当煤层倾角小于 20° 时,后导向滑靴所受支反力 N_4 的幅值最大,随煤层倾角变化很小,方向向上,说明后导向滑靴上面受压严重。

前导向滑靴所受侧向力 N_5 随着煤层仰采角度的增大,作用方向会发生转变,说明随着仰采角度的增大,N_5 的方向由指向煤壁侧转变为指向采空区侧,仰角越大,改变方向时的煤层倾角的临界值越大;随着煤层俯角的增大,N_5 明显增大,且方向不变。

9.2.4　啮合角对整机受力的影响

啮合角 γ 是采煤机行走轮与刮板输送机销轨的啮合角,其大小直接影响牵引力向上的垂直分力,从而影响滑靴所受支反力,$B_0 = 830\ \text{mm}$、$\beta = 0°$,当改变 γ 时,整机受力规律如图 9.5 所示。

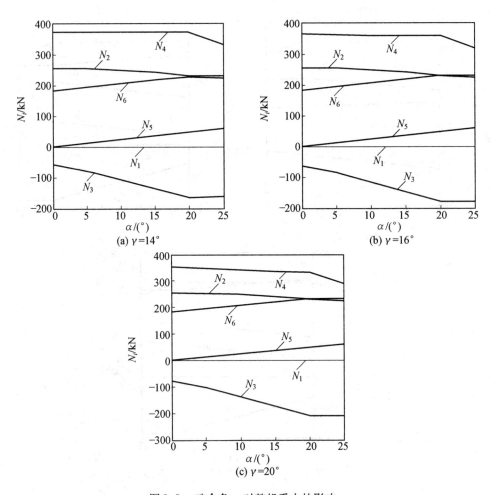

图 9.5　啮合角 γ 对整机受力的影响

由图 9.5(a) 可见,当 $\gamma = 14°$、$\alpha < 20°$ 时,N_3 方向向下,随着 α 的增大,数值大小逐渐增大,最小值是 55 kN 左右,最大值是 155 kN 左右;N_4 方向向上,随着 α 的增大,数值大小

不变,始终保持在 370 kN 左右,但 N_4 的幅值是最大;N_2 随 α 的增大缓慢减小,最大值为 250 kN,最小值约为 230 kN;N_6 方向指向煤壁侧,随着 α 的增大,逐渐增大,最大值约为 230 kN,最小值约为 185 kN。当 $\alpha > 20°$ 时,N_3、N_6、N_2 的方向和幅值均不再变化;N_4 随 α 的增大而减小。在 $\alpha = 20°$ 时,N_5 随 α 的增大而增大,变化范围在 $0 \sim 60$ kN,但 N_3、N_4、N_6、N_2 各支反力的变化趋势明显改变。

由图 9.5(a) ~ (c) 可见,随着 γ 的增大,各支反力的变化趋势没有变化,N_4、N_2、N_6、N_5 的幅值和方向没有变化。当 $\alpha > 20°$ 时,N_4 随着 α 的增大而减小,且 γ 越大,N_4 减小得越明显;N_3 幅值随着 γ 的增大明显增大。从定性分析的角度,驱动轮与销轨啮合角越大,牵引力向上的垂直的分力越大,因而与牵引力同方向的 N_4 相应变小,而与之相反方向向下的 N_3 相应变大,仿真结果与生产实际是吻合的。γ 越大,前导向滑靴下钩处所受拉力越大,磨损越严重。

9.2.5　滚筒转速对整机受力的影响

由图 9.6 可见,当 $B_0 = 830$ mm、$\beta = 0°$、$G = 750$ kN、$D = 1.8$ m 时,改变截割滚筒的转速,各支反力的变化趋势并没有改变,即支反力不受滚筒转速的影响。当 $0° < \alpha < 17.5°$ 时,N_4、N_2 分别保持在 410 和 300 kN 左右不变,N_6 和 N_3 随 α 的增大而缓慢增大,大小分别在 $200 \sim 250$ kN 和 $90 \sim 200$ kN 范围内,且 N_3 方向向下,此时前导向滑靴下钩处受拉越来越严重,后导向滑靴侧面受压越来越严重;当 $17.5° < \alpha < 25°$ 时,各支反力方向没有改变,但 N_4 随 α 的增大而迅速减小,从 410 kN 减小到 200 kN;而 N_6 缓慢减小;N 缓慢增大;N_3 迅速增大。N_5 始终随着 α 的增大而缓慢增大,在 $\alpha = 17.5°$ 时,变化趋势不变。说明当其他参数不变时,滚筒转速并不影响各力的变化趋势,$\alpha = 17.5°$ 始终是 N_2、N_3、N_4、N_6 变化趋势的拐点,此时,牵引力为额定最大值 $T = T_{\max}$,截割功率为额定值 $P_j = P_H$,采煤机的牵引力和截割功率均达到最大值。当 $\alpha < 17.5°$ 时,$P_j = P_H$,$T \leqslant T_{\max}$,当 $\alpha > 17.5°$ 时,$T = T_{\max}$,$P_j > P_H$,随着煤层倾角的不同采煤机的动力参数匹配有所不同。

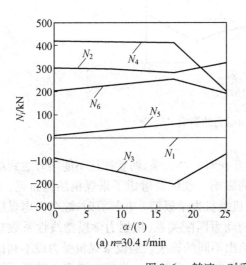

(a) n=30.4 r/min

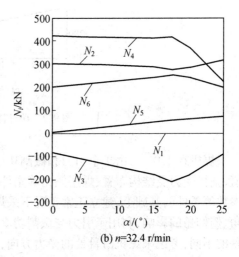

(b) n=32.4 r/min

图 9.6　转速 n 对采煤机整机受力的影响

9.2.6　采煤机重量对整机受力的影响

图9.7是改变采煤机重量G时,各支反力随煤层倾角的变化曲线。由图9.7可见,当其他参数不变,增加采煤机重量时,后支撑滑靴处所受压力增大。且牵引力与截割阻力共同达到最大值时的煤层倾角减小,$G = 700$ kN时,$\alpha = 20°$,$G = 750$ kN时,$\alpha = 17.5°$,前导向滑靴下钩处所受向下的压力有所减小,机身自重的增加缓解前导向滑靴下钩处的受力。

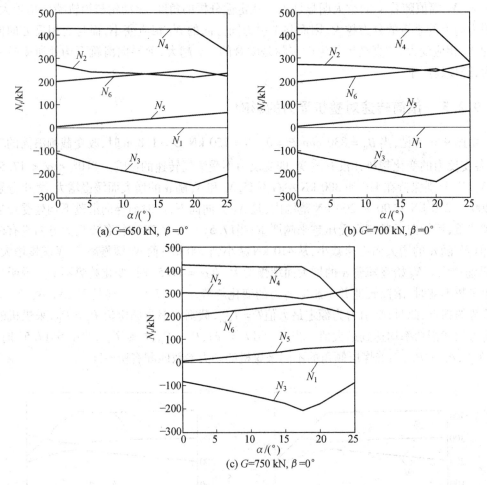

(a) $G=650$ kN, $\beta =0°$　　　　　　(b) $G=700$ kN, $\beta =0°$

(c) $G=750$ kN, $\beta =0°$

图9.7　G对整机受力的影响

采煤机在工作中,由于牵引力和截割功率存在着制约关系,两者往往不能同时达到最大值,整机受力受结构布置、煤层倾角等条件的影响。在综合考虑了采煤机结构布置、动力参数等条件的基础上,建立正常工况下采煤机整机力学模型。在解算时,综合考虑煤层倾角、俯仰角的影响,利用牵引力与截割功率的动力匹配关系,根据力学模型线性系数矩阵秩的不同,考虑采煤机滑靴处的受力方向,给出不同的算法。假设采煤机受力最不利情况,前支撑滑靴抬起时,利用 Matlab 软件仿真,得出不同参数下采煤机整机受力随煤层倾角的变化曲线,分析了驱动轮啮合角、滚筒转速、重心位置尺寸等参数对采煤机整机受力的影响。研究结果表明:滑靴受力的理论分析与生产实际是吻合的,准确地反映了动力参数匹配和各支反力的变化规律,说明分析和解算方法是正确的,也为采煤机斜切截煤整机受力提供一个算法基础。

9.3 基于最小二乘和广义逆矩阵解算整机力学模型的方法

当 N_3 方向垂直机身向上,系数矩阵 N 的秩 $R(N)=5$ 时,以往的解算方法均是在满足工程计算安全性的基础上,依据工作经验假定前导向滑靴不受力的条件下完成,即令 $F_{N1}=0$,这种求解算法主观上误差偏大,相比之下,整机力学模型在最小二乘意义下的解更接近实际。

9.3.1 力学模型的建立

采煤机主要性能参数为:整机重约为 1 460 kN,煤层适应倾角小于 12°,总装机功率为 2 600 kW,单截割电机功率为 1 000 kW,最大牵引力为 1 391 kN,滚筒直径为 3.2 m。采煤机主要技术参数和整机力学模型中的主要位置尺寸见表 9.2,整机力学模型如图 9.1 所示。

表 9.2　主要技术参数

参数	H_0/mm	H_1/mm	H_2/mm	L/mm	L_0/mm	L_1/mm	B_0/mm	B_1/mm
数值	1 200	1 269	556	3 440	7 300	925	1 000	600
参数	B_2/mm	B_3/mm	φ_1/(°)	φ_2/(°)	P_H/kW	n/(r · min^{-1})	D/m	T/kN
数值	1 167	166	52.7	16.76	1 000	25.66	3.2	1391
参数	β/(°)	J/m	μ	α/(°)	H/m	G/kN	γ/(°)	
数值	0 ~ ±10	0.865	0.18	0 ~ 12	6.2	1 460	16	

在求解式(9.3)之前,首先需要分析方程组的性质,判断方程组解的存在情况。即通过对系数矩阵 N 进行初等变换,确定系数矩阵的秩。当 N_3 方向垂直机身向上,$R(N)=6$;当 N_3 方向垂直机身向下,$R(N)=5$。由此可以看出,导向滑靴受到支撑力 $N_3(N_5)$ 方向的不确定性,直接影响了方程组解的存在情况。因此在整机力学模型解算的过程中,首先判断 $N_3(N_5)$ 的方向,以确定力学模型系数矩阵 N,从而确定对应有效的解算方法。

9.3.2 外载荷的计算

1. 截割滚筒载荷的确定

考虑螺旋滚筒受到的三项外负载:截割阻力 F_C、推进阻力 F_P 和轴向力 F_A。其中截割阻力与推进阻力为相互垂直的集中力,截割阻力 F_C 方向与滚筒截割方向一致,推进阻力 F_P 方向与牵引速度方向相反。螺旋滚筒截割阻力 F_{C1}、推进阻力 F_{P1} 和轴向力 F_{A1} 可按式 (9.6)进行确定。

2. 牵引力的确定

以往整机受力分析计算中,通常采用牵引力的额定最大值和截割电机的额定功率进行计算。但是采煤机并不实时以额定最大牵引力驱动行走,这种计算方法和实际生产情况有一定偏差,得到的计算结果也很难准确反映整机受力的变化规律。采煤机牵引力与整机重力、截割负载和煤层倾角等参数均存在一定数量关系,牵引力大小随工况不同而改变。采煤机并不实时以额定最大牵引力驱动行走,理论上采煤机牵引截割煤岩必须克服采煤机的牵引阻力,即

$$T_{max} \geqslant F_{P1} + F_{P2} + f(G\cos\alpha - F_{C1} + F_{C2} + F_{A1} + F_{A2}) + G\sin\alpha \tag{9.7}$$

采煤机在实际截割煤岩过程中,存在诸多不确定因素,如摩擦、振动等。为使计算结果更接近生产实际,在牵引力理论计算值上乘以安全系数 k_3,根据经验取 $k_3 = 1.2 \sim 1.25$,则采煤机匀速截割煤岩时牵引力计算式为

$$T_{max} \approx k_3(F_{P1} + F_{P2} + f(G\cos\alpha - F_{C1} + F_{C2} + F_{A1} + F_{A2}) + G\sin\alpha) \tag{9.8}$$

9.3.3　整机力学模型的最小二乘解算方法

采煤机整机力学模型在某种工况下没有通常意义下的解,即属于不相容方程组,为了获取更接近实际的采煤机整机受力规律,利用广义逆矩阵在线性方程组中的应用,求得"最小二乘"意义下的解。

1. 最小二乘原理

若线性方程组 $Ax = b$ 没有通常意义下的精确解,基于最小二乘原理,可以求其在某种意义下的最优近似解 x',使不相容奇异线性方程组 $Ax = b$ 的误差向量的2范数为最小,则有

$$\|Ax' - b\|_2 = \min \|Ax - b\|_2$$

即满足

$$\|Ax' - b\|_2 \leqslant \|Ax - b\|_2$$

x' 为方程组的最小二乘解。计算最小二乘解是寻求系统性能最优化或者总误差极小化的过程。传统的计算方法是先求出方程的误差平方和,再利用极值条件求解一个新的方程组,这样的解算步骤烦琐且麻烦。为寻求解算方法的简单化和标准化,可以应用广义逆矩阵理论。

2. 广义逆矩阵

对于任意复数矩阵 $A^{m \times n}$,如果存在复矩阵 $G^{m \times n}$ 满足以下四个定义方程:①$AGA = A$,②$GAG = G$,③$(AG)^H = AG$,④$(GA)^H = GA$ 中的全部或一部分,则矩阵 G 称为 A 的广义逆矩阵,简称广义逆,四个定义方程称为 Moore - Penrose 方程,简称为 M - P 方程。在四个定义方程中,每个方程均有各自的意义,对于不同的计算目的,可以采用满足部分方程的方式求出相对应的广义逆矩阵 G。譬如矩阵 G 满足方程中的第 i 个方程,则称 G 为 A 的一个 $\{i\}$ - 广义逆,记为 $A\{i\}$;若同时满足四个定义方程,则 G 为 A 的加号逆,或伪逆,或 Moore - Penrose 逆,记为 A^+。按照定义可以推知,满足1个、2个、3个、4个 M - P 方程的广义逆共有15种,但是常用的仅有 $A\{1\}$、$A\{1,2\}$、$A\{1,3\}$、$A\{1,4\}$、$A\{1,2,3,4\}$ 共5种。

其中 $A\{1,3\}$ 称为最小二乘广义逆,记为 A_l^-,对于不相容方程组的最小二乘解导致的残差的平方和是唯一最小的,文中需要求解整机力学模型的最小二乘解,但由定理可知,矩阵 A 的最小二乘广义逆矩阵并不唯一,则力学模型在最小二乘意义下的解是不唯一确定的,但在所有最小二乘解的集合中具有极小范数的最小二乘解是唯一确定的。

依据 A^+ 的定义和最小二乘广义逆定理可知,$y = A^+ b$ 是 $Ax = b$ 所有解集合中的一个最小二乘解,假定 a 为 $Ax = b$ 解集合中的任意一个,那么 a 是方程 $A^* Ax = A^* b$(A^* 是矩阵 A 的共轭转置)的解,即 $a = A^+ b + Z$(Z 是 $A^* Ax = 0$ 的解)。因为方程 $A^* Ax = 0$ 和 $Ax = 0$ 具有相同的解空间,所以 x 也是方程 $Ax = 0$ 的解,则有 $AZ = 0$。

因为

$$a^* a = (A^+ b + Z)^* (A^+ b + Z) = (A^+ b)^* (A^+ b) + Z^* Z + Z^* A^+ b + (A^+ b)^* Z$$

$$Z^* A^+ b = Z^* A^+ AA^+ b = Z^* (A^+ A)^* A^+ b = (A^+ AZ)^* A^+ b = 0$$

$$(A^+ b)^* Z = (A^+ AA^+ b)^* Z = (A^+ b)^* (A^+ A)^* Z = (A^+ b)^* (A^+ AZ) = 0$$

所以

$$a^* a = (A^+ b)^* (A^+ b) + Z^* Z \geqslant (A^+ b)^* (A^+ b)$$

则 $y = A^+ b$ 是 $Ax = b$ 最小二乘解集合中范数最小的,根据上述分析可得

$$a^* a = (A^+ b)^* (A^+ b) \Leftrightarrow Z = 0$$

得

$$a = A^+ b$$

因此,具有最小范数的最小二乘解是确定的。根据广义逆矩阵的定义可知,A^+ 同时满足四个定义方程,即 A^+ 既是减号逆、最小范数逆,同时也是最小二乘逆,因此方程的解 $a = A^+ b$ 是具有最小范数的最小二乘解,即方程的最佳逼近解。

9.3.4　模型解算方法

采煤工况不同整机力学模型会随之发生改变,因此力学模型系数矩阵的秩具有不确定性。若 N_3 方向垂直机身向下,系数矩阵 N 的秩 $R(N) = 6$,应用高斯 - 约旦法正常求解,利用广义逆矩阵在求解特殊线性方程组中应用的方法求解出的最佳逼近解更符合实际情况[88-89]。根据上述计算理论可知,整机力学模型必有唯一的 LNLS 解,即 $F'_N = N^+ M$,其中广义逆矩阵 N^+ 的计算方法主要有四种:奇异值分解法、满秩分解法、正交三角分解法和迭代方法,采用奇异值分解法进行解算,其流程如图 9.8 所示。

对矩阵 N 进行奇异值分解(Singular value decomposition,SVD)可得

$$N = U \begin{pmatrix} \Sigma & 0 \\ 0 & 0 \end{pmatrix} V^H \tag{9.9}$$

式中　　$N \in \mathbf{R}^{6 \times 6}$;

$\Sigma = \mathrm{diag}(\sigma_1, \sigma_2, \cdots, \sigma_5) > 0$;

σ_i——奇异值,$\sigma_1 \geqslant \sigma_2 \geqslant \cdots \geqslant \sigma_5 \geqslant 0$;

U——正交矩阵,$U = [u_1, u_2, \cdots, u_6] \in \mathbf{R}^{6 \times 6}$;

V^H——正交矩阵 V 的复共轭转置,$V = [v_1, v_2, \cdots, v_6] \in \mathbf{R}^{6 \times 6}$;

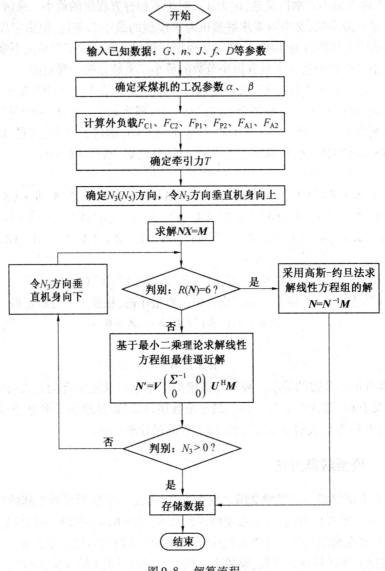

图 9.8　解算流程

依据广义逆矩阵的定义可得

$$N^+ = V\begin{pmatrix} \Sigma^{-1} & 0 \\ 0 & 0 \end{pmatrix} U^H \qquad (9.10)$$

式中　　$N^+ \in \mathbf{R}^{6\times6}$。

将式(9.10)代入式(9.3),整理得

$$N' = V\begin{pmatrix} \Sigma^{-1} & 0 \\ 0 & 0 \end{pmatrix} U^H M \qquad (9.11)$$

式中　　$N' = [N_1, N_2, \cdots, N_6]$。

根据采煤机整机受力的数学模型和上述计算方法,采用逐点计算法对不同工作条件

下的力学模型进行解算,利用 Matlab 软件编制整个计算过程的程序,得到采煤机支撑与导向滑靴受力变化规律。

9.3.5 解算结果与分析

对建立的整机受力数学模型进行仿真,得出随采煤工况煤层倾角和仰(俯)角的整机受力的规律,如图 9.9 所示。

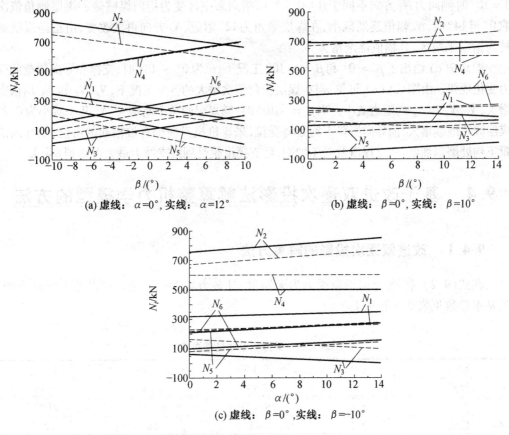

(a) 虚线:$\alpha=0°$,实线:$\alpha=12°$

(b) 虚线:$\beta=0°$,实线:$\beta=10°$

(c) 虚线:$\beta=0°$,实线:$\beta=-10°$

图 9.9 各滑靴所受载荷变化曲线

图 9.9(a) 给出了 $\alpha=0°$ 和 $\alpha=12°$ 工况下,煤层仰(俯)角 β 为 $-10°\sim10°$ 时,支撑和导向滑靴的受力变化规律。由图 9.9(a) 可见,煤层倾角 $\alpha=0°$ 时,β 依次取 $-10°$ 至 $10°$ 时,前、后支撑滑靴受到的支撑力(N_1、N_2)和前导向滑靴受到的侧向力(N_5)的数值大小均逐渐减小,其中 N_5 减小的速度稍大于 N_1 和 N_2,且在 $\beta=6°$ 左右时受力方向发生改变,由指向采空区侧改为指向煤壁侧,方向改变后 β 取 $6°\sim10°$ 时,N_5 数值大小逐渐增大。前、后导向滑靴受到的支撑力(N_3、N_4)和后导向滑靴受到的侧向力(N_6)的数值大小均呈增大趋势,且变化速度基本一致。α 分别为 $0°$ 和 $12°$ 时,支撑和导向滑靴受力的总体变化趋势基本没有变化,幅值除 N_4 变化不明显,其余各力的幅值都有明显变化,N_2 幅值改变最大。

图 9.9(b) 给出了 $\beta = 0°$ 和 $\beta = 10°$ 工况下,当 α 为 0° ~ 14° 时,支撑和导向滑靴的受力变化规律。由图 9.9(b) 可见,当 $\beta = 0°$ 时,在煤机适应倾角 0° ~ 14° 范围内,随 α 增大,N_3 呈逐渐减小趋势,但受力方向向上没有变化;N_4 也逐渐减小,但数值变化不明显,受煤层倾角 α 变化的影响较小。α 依次取 0° 至 14° 时,(N_1、N_2) 均以基本相同的变化速度增大,N_2 近似 N_1 的 2.9 倍,且 N_2 幅值最大。N_5 小于 N_6,两力共同作用以平衡截割阻力产生的扭矩。对比 $\beta = 0°$ 各力的变化,$\beta = 10°$ 时,N_1、N_2 和 N_5 均减小,N_3、N_4 和 N_6 均增大,且 $\beta = 10°$ 时侧向力 N_5 方向不同于 $\beta = 0°$ 时,由指向采空区变为指向煤壁侧。煤层倾角依次取 0° 至 14° 时,N_5 幅值逐渐减小,在煤层倾角为 12° 附近,N_5 方向再次改变,由指向煤壁侧转为指向采空区,且幅值逐渐增大。

图 9.9(c) 给出了 $\beta = 0°$ 和 $\beta = -10°$ 工况下,α 为 0° ~ 14° 时,支撑和导向滑靴的受力变化规律。由图 9.9(c) 可见,当在煤层俯角依次增大的各个工况下,N_1、N_2 和 N_5 均依次增大,N_3、N_4 和 N_6 均随之减小。当 $\beta = -10°$ 时,随煤层倾角不断增大,N_3 几乎减小为 0,若煤层倾角继续增大,前导向滑靴下钩处将受拉,采煤机机身前部有被抬起的可能,前导向滑靴下钩处磨损加剧,后支撑滑靴受压加剧,后支撑滑靴受到的支撑力最大可达到 840 kN。

9.4　基于改进双逐次投影法解算整机力学模型的方法

9.4.1　改进双逐次投影的解算方法

在式(9.2) 中,各导向滑靴受力为未知量,其余力均为已知量。现以某采煤机为例,其基本参数见表 9.3 和 9.4。

表 9.3　采煤机基本性能参数

参数	G/t	P/kW	$n/(r \cdot min^{-1})$	J/m
数值	150	2 500	40.8	0.865
参数	D/m	$\beta/(°)$	$\gamma/(°)$	$\alpha/(°)$
数值	3.2	45	16	12
参数	H/m	f	T/kN	—
数值	6.2	0.18	1 500	—

表 9.4　采煤机结构参数　　　　　　　　　　　　mm

参数	H_0	H_1	H_2	L_0	L_1	B_0	B_1	B_2	B_3	L	φ_1	φ_2
数值	1 200	1 270	560	7 300	930	1 000	600	1 170	170	1 250	53°	17°

经计算,该方程组系数矩阵为奇异阵,且方程之间不相容,属于不相容奇异线性方程组,方程组无精确解。双逐次投影法通过构建约束空间 λ 和搜寻空间 Ω 选取初始解,以及线性无关的向量 $\boldsymbol{v}_1$、$\boldsymbol{v}_2$,使得 $\Omega = \lambda = \text{span}\{\boldsymbol{v}_1, \boldsymbol{v}_2\}$。设 $\boldsymbol{x}$ 为方程组 $\boldsymbol{Ax} = \boldsymbol{b}$ 近似解,$\boldsymbol{x}$ 属于仿射空间 $\boldsymbol{Ax} = \boldsymbol{b}$,残向量 $\boldsymbol{b} - \boldsymbol{Ax}$ 与 λ 正交,满足

$$x \in x_0 + \Omega, \quad b - Ax \perp \lambda \tag{9.12}$$

采用双逐次投影法对方程组进行迭代,为了提高其计算精度,将迭代格式改进为

$$x_{k+1} = x_k + \delta\nu_1 + \eta\nu_2 \tag{9.13}$$

式中　　δ、η——常数。

定义内积和二范数如下:

$$\langle x,y \rangle_A = \langle Ax,y \rangle = y^{\mathrm{T}}Ax, \quad \forall x,y \in \mathbf{R}^n \tag{9.14}$$

$$\| x \|_A^2 = \langle Ax,x \rangle = x^{\mathrm{T}}Ax \tag{9.15}$$

令 $\langle A\nu_1,\nu_1 \rangle = a, \langle A\nu_1,\nu_2 \rangle = \langle A\nu_2,\nu_1 \rangle = c, \langle A\nu_2,\nu_2 \rangle = d, \langle Ax_k - b,\nu_1 \rangle = p_1, \langle Ax_k - b,\nu_2 \rangle = p_2$。

由式(9.12)可知,矩阵 A 半正定,则有:$a \geq 0, d \geq 0$。

寻找 x_{k+1},使得 $x_{k+1} \in x_k + \Omega, b - Ax_{k+1} \perp \lambda$,即

$$\left.\begin{array}{l} \langle b - Ax_{k+1},\nu_1 \rangle = 0 \\ \langle b - Ax_{k+1},\nu_2 \rangle = 0 \end{array}\right\} \tag{9.16}$$

即

$$\left.\begin{array}{l} \langle b - Ax_k - \delta A\nu_1 - \eta A\nu_1,\nu_1 \rangle = 0 \\ \langle b - Ax_k - \delta A\nu_1 - \eta A\nu_1,\nu_2 \rangle = 0 \end{array}\right\} \tag{9.17}$$

整理式(9.17),即

$$\left.\begin{array}{l} -p_1 - a\delta - c\eta = 0 \\ -p_2 - a\delta - d\eta = 0 \end{array}\right\} \tag{9.18}$$

$$f(x) = \frac{1}{2}\langle Ax,x \rangle - \langle b,x \rangle \to \inf \tag{9.19}$$

奇异不相容线性方程组 $Ax = b$ 的解,等价于求式(9.19)极小化问题的解。

由内积定义,可知

$$\begin{aligned} \| x_{k+1} - x_* \|_A - \| x_k - x_* \|_A &= \langle Ax_{k+1} - Ax_*,x_{k+1} - x_* \rangle - \\ &\quad \langle Ax_k - Ax_*,x_k - x_* \rangle = \langle Ax_{k+1},x_{k+1} \rangle - \\ &\quad 2\langle b,x_{k+1} \rangle - (\langle Ax_k,x_k \rangle - 2\langle b,x_k \rangle) \\ &= 2f(x_{k+1}) - 2f(x_k) \end{aligned} \tag{9.20}$$

式中　　x_*——方程组的某个精确解。

当 $2f(x_{k+1}) - 2f(x_k) < 0$ 时,迭代式收敛。由式(9.13)和式(9.19)可知

$$f(x_{k+1}) = f(x_k + \delta\nu_1 + \eta\nu_2) \tag{9.21}$$

又

$$f(x_k + \delta\nu_1 + \eta\nu_2) = f(x_k) + \delta\langle Ax_k - b,\nu_1 \rangle + \eta\langle Ax_k - b,\nu_2 \rangle + \frac{1}{2}\delta^2\langle A\nu_1,\nu_1 \rangle \tag{9.22}$$

整理式(9.21)和式(9.22)得

$$f(x_{k+1}) - f(x_k) = p_1\delta + p_2\eta + \frac{1}{2}a\delta^2 + c\delta\eta + \frac{1}{2}d\eta^2 \tag{9.23}$$

将式(9.23)记为 $g(\delta,\eta)$,若使得式(9.23)取得最小值,需满足

$$\left.\begin{array}{l}\dfrac{\partial g(\delta, \eta)}{\partial \delta} = p_1 + a\delta + c\eta = 0 \\[2mm] \dfrac{\partial g(\delta, \eta)}{\partial \eta} = p_2 + c\delta + d\eta = 0\end{array}\right\} \tag{9.24}$$

向量 $\boldsymbol{\nu}_1$、$\boldsymbol{\nu}_2$ 的选取,决定迭代方程(9.13)的收敛性及收敛速度,对求解方程组非常重要。由于 $c = 0$ 时,不易保证迭代的收敛性,因此,假定 $c \neq 0$。

9.4.2　解算结果与分析

将表 5.1、5.2 中数据代入方程组,使用双逐次投影法进行求解,得到煤层倾角 0° 及 12° 时各滑靴受力见表 9.5 和 9.6。

表 9.5　煤层倾角 12° 时各导向滑靴受力　　　　　　　　　　　kN

N_1	N_2	N_3	N_4	N_5	N_6
274	762	94	598	120	283

表 9.6　煤层倾角 0° 时各导向滑靴受力　　　　　　　　　　　kN

N_1	N_2	N_3	N_4	N_5	N_6
127	754	68	500	- 62	98

由于各滑靴受力与煤层倾角及俯仰角呈一定比例关系,当煤层倾角增大时,各滑靴所受力在数值上与煤层倾角呈正比。由表 9.5 和 9.6 可知,在研究范围内,随着煤层倾角的增大,各滑靴受力呈增大趋势,煤层倾角越大,滑靴受力状态越差。后导向滑靴比较特殊,其侧向力的方向随着煤层倾角的改变而变化,当煤层倾角小于 4° 时,其受力方向与另外三个滑靴方向相反;当煤层倾角大于 4° 时,由于滚筒轴向力的作用,采煤机整机受到倾覆力矩,有翻转的趋势,导致四个滑靴受力同向。

9.5　基于预条件拟极小剩余算法解算整机力学模型的方法

9.5.1　附加惯性力的确定

采煤机在行走过程中,由于摆线齿廓的行走轮与销齿在啮合时不共轭,会产生附加惯性力,摆线齿廓的行走轮一般由齿顶处的外摆线和齿根处的内摆线两部分组成。即

$$r_1(\lambda) = (R + r_a)\boldsymbol{K}_{\tau_1}\boldsymbol{j} - r_a\boldsymbol{K}_{\tau_2}\boldsymbol{j} \tag{9.25}$$

式中　R——采煤机行走轮节圆半径,mm;

　　　r_a——外摆线外滚圆半径,mm;

　　　$\boldsymbol{K}_{\tau}$——矢量矩阵中的旋转矩阵,二维情况下 $\boldsymbol{K}_{\tau} = \begin{bmatrix} \cos\tau & -\sin\tau \\ \sin\tau & \cos\tau \end{bmatrix}$;

τ_1— 旋转角，$\tau_1 = \lambda - \varepsilon$，(°)；

τ_2— 旋转角，$\tau_2 = \lambda\left(1 + \dfrac{R}{r_a}\right) - \varepsilon$，(°)；

λ— 滚圆圆心和节圆圆心连线与起始线的夹角，(°)；

ε— 行走轮节圆弦齿夹角的一半，(°)。

普通内摆线的矢量－矩阵方程为

$$\boldsymbol{r}_1(\lambda) = (R - r_{\mathrm{f}})\boldsymbol{K}_{\tau_3}\boldsymbol{j} + r_f\boldsymbol{K}_{\tau_4}\boldsymbol{j} \tag{9.26}$$

式中　　r_{f}——内摆线内滚圆半径，mm；

τ_3——旋转角，$\tau_3 = -\lambda - \varepsilon$，(°)；

τ_4——旋转角，$\tau_4 = \lambda\left(\dfrac{R}{r_{\mathrm{f}}} - 1\right) - \varepsilon$，(°)。

与行走轮配套的销齿是截距为 147 mm 的大截距销齿，其齿廓线上面部分采用半径为 80 mm 的圆弧曲线，下部分采用圆角曲线，中间用相切的直线过渡，圆弧段和过渡斜线段是主要的啮合区。代入实际的相关尺寸后，啮合区的矢量－矩阵方程为

圆弧段：

$$\boldsymbol{r}_2(\mu) = \boldsymbol{K}_{\mu}r\boldsymbol{i} \tag{9.27}$$

斜线段：

$$\boldsymbol{r}_2(\mu) = 60\boldsymbol{K}_{\tau_5}\boldsymbol{j} - \left(\dfrac{60\sin \mu}{\sin(145 - \mu)}\right)\boldsymbol{K}_{\tau_6}\boldsymbol{j} \tag{9.28}$$

式中　　μ——啮合过程中销齿滚动过的相对角度。

τ_5——旋转角，$\tau_5 = 40°$；

τ_6——旋转角，$\tau_6 = 15°$。

9.5.2　行走轮与销齿的啮合传动比

采煤机实际行走过程中，销排固定在地面上，行走轮一边转动一边前进。在不改变此实际相对运动关系的条件下，假设行走轮做定轴转动，销排做平移运动。行走轮转过 ψ 角度，原直角坐标 Oxy 变为 Ox_1y_1，销排所在坐标系 $O_2x_2y_2$ 向前平移了 $S(\psi)$，如图 9.10 所示。根据齿轮啮合原理的接触条件和相切条件，行走轮轮齿与销齿的啮合方程为

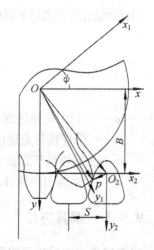

$$\left.\begin{aligned}\boldsymbol{K}_{-\psi}\boldsymbol{r}_1(\lambda) &= \boldsymbol{r}_2(\mu) + B\boldsymbol{j} + (S + C)\boldsymbol{i} \\ \dfrac{\mathrm{d}\,\boldsymbol{r}_2(\mu)}{\mathrm{d}\mu}\boldsymbol{K}_{(-\psi+\frac{\pi}{2})}\dfrac{\mathrm{d}\,\boldsymbol{r}_1(\lambda)}{\mathrm{d}\lambda} &= 0\end{aligned}\right\} \tag{9.29}$$

式中　　ψ——行走轮转过的角度，(°)；

B——行走轮与销齿啮合中心距，mm。

对行走轮与销齿的啮合方程两边对 ψ 求导，整理化简后，得到行走轮与销齿圆弧段啮合的传动比为

图 9.10　行走轮与销齿啮合矢量图

$$\frac{\mathrm{d}S}{\mathrm{d}\Psi} = \frac{\left[\boldsymbol{r}_1(\lambda)\ \dfrac{\mathrm{d}\,\boldsymbol{r}_1(\gamma)}{\mathrm{d}\Psi}\right]}{\left[\boldsymbol{K}_{-\Psi}\ \dfrac{\mathrm{d}\,\boldsymbol{r}_1(\lambda)}{\mathrm{d}\Psi}\boldsymbol{j}\right]} \tag{9.30}$$

行走轮与销齿的斜线段啮合的传动比为

$$\frac{\mathrm{d}S}{\mathrm{d}\Psi} = \frac{\left[\boldsymbol{K}_{15+\mu}\ \boldsymbol{r}_1(\lambda)\ \dfrac{\mathrm{d}\,\boldsymbol{r}_1(\gamma)}{\mathrm{d}\Psi}\right]}{\left[\boldsymbol{K}_{-\Psi}\ \dfrac{\mathrm{d}\,\boldsymbol{r}_1(\lambda)}{\mathrm{d}\Psi}\boldsymbol{j}\right]} \tag{9.31}$$

将式(9.25)~式(9.27)代入式(9.30),化简整理后可得到内、外摆线与圆形齿廓啮合传动比为

内摆线:

$$i_{\mathrm{n}} = R\,\frac{\cos\left(\dfrac{R\lambda}{2r_{\mathrm{f}}}\right)}{\cos\mu}$$

外摆线:

$$i_{\mathrm{w}} = R\,\frac{\cos\left(\dfrac{R\lambda}{2r_a}\right)}{\cos\mu} \tag{9.32}$$

将式(9.25)和式(9.28)代入式(9.31),化简整理后可得到外摆线与斜线段啮合传动比为

斜线段:

$$i_{\mathrm{x}} = R\,\frac{\cos(15+\mu)\cos\left(\dfrac{R\lambda}{2r_a}\right)}{\cos\mu} \tag{9.33}$$

根据传动比即可求解采煤机行走速度以及加速度,进而求解采煤机行走附加惯性力。

$$v = i\omega \tag{9.34}$$

$$a = \frac{\mathrm{d}v}{\mathrm{d}t} \tag{9.35}$$

$$F_G = ma \tag{9.36}$$

式中　　ω——行走轮角速度,(°)/s;

v——采煤机行走速度,mm/s;

a——采煤机行走加速度,mm/s^2;

m——采煤机质量,kg。

9.5.3　解算方法

采煤机受力力学模型的系数矩阵为奇异阵,故此方程无精确的解,但是采用Krylov子空间方法中拟极小剩余法(QMR)可以在求解某预条件下的近似解$x^{[90-91]}$。

QMR算法是Krylov子空间迭代法。令$\boldsymbol{x}^0$为初始向量,r^0为初始残差,令$K_k(A,r^0)$为

k 次 Krylov 子空间,即,$K_k(A,r^0) = \text{span}\{r^0, Ar^0, \cdots, A^{k-1}r^0\}$,构造迭代序列 $\{x^k\}$,使 $x^k \in x^0 + K_k(A,r^0)$,令 $\beta = \| r^0 \|_2, v^1 = r^0/\beta$,取 $w^1 = v^1$,由 Lanczos 算法可得 Lanczos 向量 v^1, $v^2, \cdots, v^k$,则

$$x^k = x^0 + [v^1, v^2, \cdots, v^k]z_k = x^0 + V_k z_k, \quad z_k \in \mathbf{R}^k$$

上式中 z_k 是最小二乘问题 $\min\limits_{z \in \mathbf{R}^n} \| d_{k+1} - \Omega_{k+1}H_k z \|$ 的唯一解,其中 $d_{k+1} = [\omega_1\ 0 \cdots 0]^T \in \mathbf{R}^{k+1}$,$\Omega_{k+1} = \text{diag}(\omega_1, \cdots, \omega_{k+1})$,$\omega_j > 0, j = 1, 2, \cdots, k + 1$,一般选取 $\omega_j = \| v_j \|$,由 Lanczos 算法可得 $AV_k = V_{k+1}H_k$,其中 H_k 是一个 $(k+1) \times k$ 的上 Hessenberg 矩阵。

对于线性方程组

$$Ax = B \tag{9.37}$$

当矩阵 A 是奇异矩阵式,A^{-1} 是不存在的,故选用一个奇异矩阵 M 作为奇异线性系统的预条件阵可能更合理。设 M 是奇异的,求解线性系统 $Ax = B$ 可以通过求解下面的预条件方程:

$$M^+ Ax = M^+ B \tag{9.38}$$

其中,$M \in \mathbf{R}^{n \times n}$ 为奇异的预条件子;M^+ 表示 M 的 Moore – Penrosen 逆,即满足 $MM^+ M = M, M^+ MM^+ = M^+, (MM^+)^T = MM^+, (M^+ M)^T = M^+ M$ 的唯一矩阵。当且仅当 $N(M^+ A) = N(A)$ 成立时,式(9.37) 与式(9.38) 同解。

采煤机力学模型的计算需要对式(9.3) 增广矩阵进行初等变换,首先要考虑到 N_3 的受力方向,当 N_3 受力向下时,系数矩阵 U 的秩是6,通过正常求解方式即可求解。当 N_3 方向向上时,系数矩阵 U 的秩为5。根据上述理论对奇异线性方程组 $Ux = A$ 进行求解。

首先求解两个初等变换阵 P 和 Q,它们分别交换矩阵 U 的第 i_k 和 k 行以及第 j_k 和 k 列,$k = 1, 2, \cdots, r$。即

$$W = P \begin{pmatrix} W_{11} & B \\ C & D \end{pmatrix} Q$$

使得 $W_{11} = W(i_1, i_2, \cdots, i_r; j_1, j_2, \cdots, j_r)$ 是秩5 的 W 的子式,然后根据下面式子求解 U^+

$$U^+ = Q^T \begin{pmatrix} W_{11}^T \\ B^T \end{pmatrix} R(W_{11}^T \quad C^T) P^T$$

式中　$R = (W_{11}^T W_{11}^T + BB^T)^{-1} W_{11} U_{11}^{-1} W_{11}(W_{11}^T W_{11} + C^T C)^{-1}$;

　　　　U_{11}—— 任意一个 r 阶的非奇异阵。

9.5.4　算例与分析

以某厚煤层采煤机为例,计算不同仰俯角和煤层倾角的工况下,支撑于导向滑靴的受力情况。基本性能参数为:机重约 1 460 kN,最大牵引力为 1 391 kN,单截割电机功率为 1 000 kW,螺旋滚筒转速为 25.66 n/min,螺旋滚筒直径为 3.2 mm,截深为 865 mm,采煤机主要技术参数和位置尺寸见表9.1。根据整机技术参数,通过式(9.6) 计算采煤机前螺旋滚筒截割阻力 F_{J1} 为 197.72 kN,推进阻力 F_{Z1} 为 158.17 kN 和轴向力 F_1 为 91.43 kN,后螺旋滚筒的截割阻力 F_{J2} 为 158.17 kN,推进阻力 F_{Z1} 为 126.53 kN 和轴向力 F_1 为 73.14 kN。通过式(9.5) 计算采煤机牵引力为572.14 kN。根据式(9.34) 和(9.35) 计算

采煤机行走速度和加速度如图 9.11 所示。

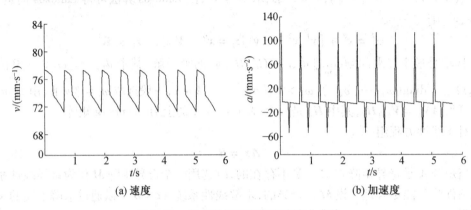

(a) 速度   (b) 加速度

图 9.11 行走轮速度和加速度变化曲线

摆线行走轮与啮齿啮合过程中,行走轮内摆线部分基本不参与啮合,行走轮的主要啮合区为外摆线部分。从图 9.11 中可以看出,采煤机行走速度在 74 mm/s 处上下波动,速度的变化主要分为两个阶段:外摆线与销齿圆弧段啮合和外摆线与销齿斜线段啮合。这两个阶段速度的变化都呈递减趋势,外摆线与圆弧段啮合到外摆线与斜线段啮合的过渡区域速度发生突变。加速度变化曲线中出现两个峰值,分别为 114.07 和 -53.25 mm/s²,其中加速度最大值 114.07 mm/s²,出现在行走轮的前一个齿退出啮合,后一个齿进入啮合的时刻;加速度第二峰值 -53.25 mm/s² 出现在销齿啮合区由圆弧段到斜线段过渡的时刻。

各滑靴所受载荷变化如图 9.12 所示,从图 9.12 中可以看出,仰俯角 β 在 -10° ~ 10° 变化,N_3、N_4、N_6 均有明显增大,其余滑靴受力均呈递减趋势,当 $\alpha = 0$° 时,大约在 $\beta = 6$° 处,N_5 的受力方向发生改变。当煤层倾角 α 在 0° ~ 14° 变化时,N_3 有略微下降,N_4 的值基本保持不变,其余滑靴受力均呈递增趋势。当 $\beta = 6$° 时,在大约 $\alpha = 10$° 处,N_5 的受力方向发生改变。

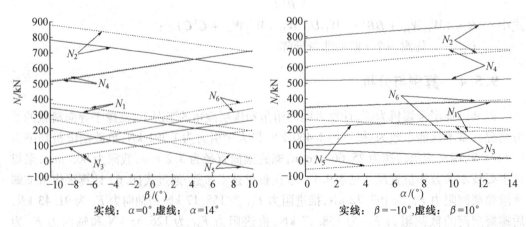

实线:$\alpha = 0$°,虚线:$\alpha = 14$°   实线:$\beta = -10$°,虚线:$\beta = 10$°

图 9.12 各滑靴所受载荷变化

对采煤机整机力学模型进行分析时,考虑了采煤机行走过程中,行走轮与销齿啮合时不共轭产生的附加惯性力,采用 krylov 子空间方法拟极小剩余法(QMR)对采煤机整机受力模型进行解算,通过迭代方法减小残差,解出各滑靴受力的最佳逼近值。行走轮与销齿啮合过程中,速度与加速度有两个突变点,第一个突变点发生在前一个轮齿脱出啮合下一个轮齿进入啮合的时刻;第二个突变发生在销齿的啮合区由圆弧段过渡到斜线段的时刻。随着仰俯角和煤层倾角由小到大,各个支撑反力基本呈线性变化,变化趋势受仰俯角的影响比较大。其中,N_1 和 N_2 随着仰俯角的增大而减小;N_3、N_4 和 N_6 随着仰俯角的增大而增大;N_5 随着仰俯角的增大先减小后增大。随着煤层倾角的增大,N_3 呈递减趋势,其余滑靴的受力均呈递增状态。N_4 受煤层倾角影响较小,其数值基本保持不变;N_2 数值较大,说明后支撑滑靴受力正压力较大,磨损严重;随着仰俯角的增大,N_5 先减小后增大,大约在 $\beta = 6°$ 时,受力方向发生改变,由原来滑靴与导轨的正压力变为滑靴下勾处于导轨的拉力,这种受力方式对于滑靴非常不利,严重影响滑靴的使用寿命。

9.6　特殊工况下的整机受力模型

9.6.1　斜切状态轴向力计算

采煤机斜切进刀时,有牵引方向进刀和轴向进刀。目前为了实现斜切进刀,国内外广泛采取在滚筒端盘的煤壁侧端安装端面截齿,同时在端盘上开有较大的排煤窗口,以降低斜切时滚筒轴向力的增量。根据滚筒载荷与截割煤体存在内在关系计算斜切的轴向力。

(1)滚筒截割阻力 F_z 与切削厚度基本呈线性关系,随切削厚度的增大而增大,而推进阻力 F_y 与截割阻力满足 $P_y = K_q F_z$ 关系,因此,切削厚度与 F_y 亦成比例关系。若将斜切时滚筒轴向进刀的推进阻力视为附加轴向力 ΔF_A,则可引申推论:滚筒牵引方向的推进阻力 F_y 和轴向推进阻力 ΔF_A 分别与各自方向的切削厚度成正比。

(2)滚筒切削煤体与各自切削方向的切削厚度成正比,即滚筒沿牵引方向的 F_y 和沿轴向的 ΔF_A,分别与各自方向切削煤体的体积成正比。

(3)斜切时滚筒端盘安装了端面截齿,轴向进刀靠端面截齿的齿尖来有序地完成正常破煤进刀,不是靠端盘周边上齿体甚至是截齿齿座的侧面强行挤压煤体。斜切时滚筒轴向进刀与牵引方向进刀的截割状态,在一定程度上是相似的。

采煤机斜切时,带有端面截齿的滚筒的轴向推进阻力 ΔF_A,可以利用滚筒沿轴向与牵引方向切削煤体的体积比进行比例计算。如果为了考虑最大载荷极限,则可将滚筒每旋转一周沿轴向及牵引方向的推进距离,分别视为两个截割方向的最大切削厚度,那么滚筒在上述两个方向切削煤体的体积比,可按滚筒每旋转一周,沿轴向和牵引方向所切削煤体的体积比来确定。

首先,先确定滚筒每旋转一周轴向进刀所切削煤体的体积,然后根据牵引方向单位体积切削煤体的推进阻力,按比例计算出斜切时滚筒轴向力增量 ΔF_A。斜切时采煤机整机回转模型如图 9.13 所示。

令 h 为滚筒旋转一周时,采煤机沿牵引方向的工作距离,即

$$h = \frac{v_q}{n}$$

式中　v_q——采煤机的工作牵引速度，m/min；

　　　　n——滚筒转速，r/min。

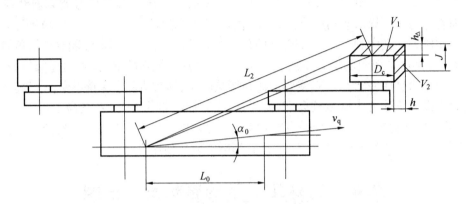

图 9.13　采煤机整机回转模型

采煤机牵引速度的确定方法有两种：一种是按采煤机平均牵引速度选取，即取最大牵引速度的一半；另一种是按滚筒单齿最大切削厚度不超过截齿伸出齿座长度的 70% 进行选取，以避免滚筒端盘和叶片周边撞击未截落的煤体，引起滚筒载荷有较大冲击波动。这两种方法所取得值与实际值比较，往往存在较大偏差，前一种方法偏大，后一种方法偏小，由于截齿在切削煤体过程中，随着转角的变化，截齿切削厚度也随之变化，整个切削过程中，从切削厚度为零增至最大，再从最大减至零。因此，v_q 应按滚筒单齿平均切削厚度不超过截齿伸出齿座长度的 70% 来选取。

由图 9.13 可见，可得沿滚筒轴向的斜切切削厚度 h_Δ：

$$h_\Delta = \frac{v_q \sin \alpha}{n} \frac{L_2}{L_0} \tag{9.39}$$

由图 9.13 的几何关系，可求得斜切时滚筒轴向及牵引方向切削煤体的体积 V_1 和 V_2：

$$V_1 = \frac{\pi D_c^2}{4} h_\Delta = \frac{\pi D_c^2 v_q L_2 \sin \alpha_0}{4nL_1} \tag{9.40}$$

$$V_2 = D_c h J = \frac{D_c v_q J}{n} \tag{9.41}$$

根据上述原则及式(9.40) 和式(9.41)，考虑封闭工作条件，得出斜切时滚筒附加轴向力

$$\Delta F_A = \frac{V_1}{V_2} F_y K_2 = \frac{\pi D_c L_2 \sin \alpha_0}{4L_0 J} F_y K_2 \tag{9.42}$$

式中　α_0——采煤机进入弯曲段时，机身与直线段的最大夹角，(°)；

　　　　L_0——采煤机两个导向滑靴间中心距离，mm；

　　　　L_2——远离前滚筒的滑靴到滚筒轴线端盘点的距离，mm。

综上所述,可以得到截齿棋盘布置时斜切截割滚筒轴向力 F'_A,即

$$F'_A = \left(\frac{F_z L_k K_2}{J} + \frac{\pi D_c L_2 \sin \alpha_0}{4 L_0 J} F_y \right) K_2 \tag{9.43}$$

若令

$$\delta = (\Delta F_A / F_A) \times 100\%$$

δ 即为采煤机处于斜切时,对于带有端面截齿的滚筒而言,与正常截煤状态相比,滚筒轴向力增加的百分比。通过对诸多类型采煤机 δ 进行计算,δ 值基本在 28% ~ 34%。因此,该数据具有一定的代表性。

9.6.2　斜切时机身偏转角的确定

采煤机采用自开缺口采煤,运行在输送机溜槽弯曲区段进行斜切时,滚筒截煤时伴随轴向进刀。在此过程中,在跨越输送机中部溜槽处,采煤机连续弯曲 α_1,采煤机机身与第一节呈水平状态的中部槽,形成 α_0 角,此角是机身与直线段的最大夹角,也是导向滑靴与导向杆间的轴线偏转角。α_0 的求取如图 9.14 所示,图 9.14 中,第一节与第二节中部溜槽的转折处是右侧滑靴中心;l 为中部溜槽长度,通常 $l = 1.5$ m;L_0 为两个导向滑靴中心之间的距离,m;α 为每节中部溜槽相对弯曲角,一般 $\alpha = 1°$;α_0 为机身与第一节呈水平状态的中部溜槽夹角,(°)。当中部槽弯曲角不变时,采煤机截深直接影响弯曲段的溜槽数量和总长度。

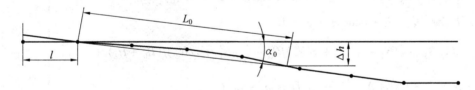

图 9.14　斜切时中部溜槽弯曲

以截深 $J = 1 \sim 1.2$ m 为例,α_0 的通用计算方法:

(1) 若 $l \leqslant L_0 \leqslant nl, n = 2,3,4$ 时,则有水平和垂直距离关系为

$$L_0 \cos \alpha_0 = l(\cos 3° + \cos 6° + \cos 9°) + x \cos 12°$$

$$= l \sum_{i=1}^{n-1} \cos(i\alpha) + x \cos(n\alpha) \tag{9.44}$$

$$\Delta h = l(\sin 3° + \sin 6° + \sin 9°) + x \sin 12° = l \sum_{i=1}^{n-1} \sin(i\alpha) + x \sin(n\alpha) \tag{9.45}$$

则

$$\sin \alpha_0 = \frac{\Delta h}{L_0} \tag{9.46}$$

由式(9.44) 代入式(9.45) 求出 x,再代入式(9.46) 整理得

$$\alpha_0 = n\alpha - \arcsin\left\{\frac{l}{L_0}\left[\sin(n\alpha)\sum_{i=1}^{n-1}\cos(i\alpha) - \cos(n\alpha)\sum_{i=1}^{n-1}\sin(i\alpha)\right]\right\} \qquad (9.47)$$

（2）若 $4l \leqslant L_0 \leqslant nl, n = 5,6,7$ 时，同理有

$$L_0\cos\alpha_0 = l\sum_{i=1}^{4}\cos(i\alpha) + l\sum_{i=5}^{n-1}\cos[(8-i)\alpha] + x\cos[(8-n)\alpha] \qquad (9.48)$$

$$\Delta h = l\sum_{i=1}^{4}\sin(i\alpha) + l\sum_{i=5}^{n-1}\sin[(8-i)\alpha] + x\sin[(8-n)\alpha] \qquad (9.49)$$

整理得

$$\alpha_0 = (8-n)\alpha - \arcsin\left\{\frac{l}{L_0}\left[\sin((8-n)\alpha)\left(\sum_{i=1}^{4}\cos(i\alpha) + \sum_{i=5}^{n-1}\cos((8-i)\alpha)\right) - \right.\right.$$
$$\left.\left. \cos((8-n)\alpha)\left(\sum_{i=1}^{4}\sin(i\alpha) + \sum_{i=5}^{n-1}\sin((8-i)\alpha)\right)\right]\right\}$$

$$(9.50)$$

9.6.3　斜切的整机力学模型

借鉴正常工况下采煤机整机力学模型的分析方法，在不影响受力分析的情况下，对采煤机整机进行简化，建立斜切时采煤机整机力学模型，即

$$\left.\begin{aligned}
&2T - G\sin\alpha - (F_{y1} + F_{y2}) - (\sqrt{N_1^2} + \sqrt{N_2^2} + \sqrt{N_3^2} + \sqrt{N_4^2} + \sqrt{N_5^2} + \sqrt{N_6^2})f = 0 \\
&N_1 + N_2 + N_3 + N_4 + (F_{z1} - F_{z2}) - G\cos\alpha\cos\beta + 2F = 0 \\
&F'_{A1} + F'_{A2} + N_5 - N_6 + G\cos\alpha\sin\beta = 0 \\
&2TH_0 - (\sqrt{N_3^2} + \sqrt{N_4^2} + \sqrt{N_5^2} + \sqrt{N_6^2})fH_0 - (\sqrt{N_1^2} + \sqrt{N_2^2})f(H_0 + H_2) + \\
&(N_1 + N_3)\frac{L_0}{2} - (N_2 + N_4)\frac{L_0}{2} + F_{z1}(L\cos\varphi_1 + L_1 + \frac{L_0}{2}) + \\
&F_{y1}(L\sin\varphi_1 + H_1 - H_0) + F_{z2}(L\cos\varphi_2 + L_1 + \frac{L_0}{2}) - F_{y2}(L\sin\varphi_2 + H_0 - H_1) = 0 \\
&2TB_0 - (\sqrt{N_3^2} + \sqrt{N_4^2})fB_0 - \sqrt{N_5^2}f(B_3 + B_0) - \sqrt{N_6^2}f(B_0 - B_3) + \\
&(\sqrt{N_1^2} + \sqrt{N_2^2})fB_1 - (N_5 + N_6)\frac{L_0}{2} + (F_{y1} + F_{y2})(B_2 + B_1) - \\
&F'_{A1}(L\cos\varphi_1 + L_1 + \frac{L_0}{2}) + F'_{A2}(L\cos\varphi_2 + L_1 + \frac{L_0}{2}) = 0 \\
&(N_1 + N_2)B_1 + N_6H_0 - N_5H_0 - (N_3 + N_4)B_0 + F_{z1}(B_1 + B_2) - F_{z2}(B_1 + B_2) + \\
&F'_{A1}(L\sin\varphi_1 + H_1 - H_0) - F'_{A2}(L\sin\varphi_2 + H_0 - H_1) - 2B_0F = 0
\end{aligned}\right\}$$

$$(9.51)$$

式中　　F'_{A1}、F'_{A2}——前、后滚筒斜切时的轴向力，kN；

将式（9.51）化成关于 N_i 的线性方程组，然后化成矩阵形式，即

$$A\begin{bmatrix} N_1 \\ N_2 \\ N_3 \\ N_4 \\ N_5 \\ N_6 \end{bmatrix} = B\begin{bmatrix} T \\ P_j \\ \cos\alpha \\ \sin\alpha \\ \cos\beta \\ \sin\beta \end{bmatrix} + \begin{bmatrix} C_{01} \\ C_{02} \\ C_{03}^* \\ C_{04} \\ C_{05}^* \\ C_{06}^* \end{bmatrix}$$

(9.52)

式中　$C_{03}^* = -(F'_{A1} + F'_{A2})$；

$C_{05}^* = (F_{y1} + F_{y2})(B_2 + B_1) - F'_{A1}(L\cos\varphi_1 + L_1 + \dfrac{L_0}{2}) + F'_{A2}(L\cos\varphi_2 + L_1 + \dfrac{L_0}{2})$；

$C_{06}^* = F_{z2}(B_1 + B_2) - F_{z1}(B_1 + B_2) - F'_{A1}(L\sin\varphi_1 + H_1 - H_0) + F'_{A2}(L\sin\varphi_2 + H_0 - H_1)$。

与正常截煤相比,斜切的力学模型系数矩阵 A、B 和常数矩阵 C_{01}、C_{02}、C_{04} 没有变化,只有 C_{03}^*、C_{05}^*、C_{06}^* 发生了变化,因为其含有轴向力因子 F'_A,因此有所改变。

9.6.4　电机堵转时的整机力学模型

滚筒并不是总处在正常截煤状态,有时截割到高硬度的煤岩,这时采煤机截割电动机就会堵转,整机载荷情况就会发生改变。与正常工况相比,电机堵转时,采煤机停止行走,此时,后截割滚筒空转,所受截割阻力 F_{z2}、轴向力 F_{A2}、推进阻力 F_{y2} 均为零,此时,牵引力达到最大值。根据刚体静力学平衡理论,对采煤机整机,沿 x、y、z 三个坐标轴列出力的平衡方程,$\sum F_y = 0$,$\sum F_x = 0$,$\sum F_z = 0$;以重心 O 点为支点列出力矩平衡方程,$\sum M_{yOz} = 0$,$\sum M_{xOy} = 0$,$\sum M_{xOz} = 0$,即

$$\left. \begin{aligned} & 2T_{max} - G\sin\alpha - F_{y1} = 0 \\ & N_1 + N_2 + N_3 + N_4 + F_{z1} - G\cos\alpha\cos\beta + 2F = 0 \\ & F_{A1} + N_5 - N_6 + G\cos\alpha\sin\beta = 0 \\ & 2T_{max}H_0 + (N_1 + N_3)\frac{L_0}{2} - (N_2 + N_4)\frac{L_0}{2} + F_{z1}(L\cos\varphi_1 + L_1 + \frac{L_0}{2}) + \\ & \quad F_{y1}(L\sin\varphi_1 + H_1 - H_0) = 0 \\ & 2T_{max}B_0 - (N_5 + N_6)\frac{L_0}{2} + F_{y1}(B_2 + B_1) - F_{A1}(L\cos\varphi_1 + L_1 + \frac{L_0}{2}) = 0 \\ & (N_1 + N_2)B_1 + N_6H_0 - N_5H_0 - (N_3 + N_4)B_0 + F_{z1}(B_1 + B_2) + \\ & \quad F_{A1}(L\sin\varphi_1 + H_1 - H_0) - 2B_0F = 0 \end{aligned} \right\}$$

(9.53)

式中符号含义与正常截煤工况相同。将式(9.53)化成关于 N_i 的方程,即

$$
\left.
\begin{aligned}
0 &= 2T_{max} - G\sin\alpha + E_{01} \\
N_1 + N_2 + N_3 + N_4 &= G\cos\alpha\cos\beta - 2T_{max}\tan\gamma + E_{02} \\
N_5 - N_6 &= -G\cos\alpha\sin\beta + E_{03} \\
-\frac{L_0}{2}N_1 + \frac{L_0}{2}N_2 - \frac{L_0}{2}N_3 + \frac{L_0}{2}N_4 &= 2H_0 T_{max} + E_{04} \\
\frac{L_0}{2}N_5 + \frac{L_0}{2}N_6 &= 2B_0 T_{max} + E_{05} \\
B_1 N_1 + B_1 N_2 - B_0 N_3 - B_0 N_4 - H_0 N_5 + H_0 N_6 &= 2B_0 T_{max}\tan\gamma + E_{06}
\end{aligned}
\right\}
\tag{9.54}
$$

式中 $E_{01} = -F_{y1}$;

$E_{02} = -F_{z1}$;

$E_{03} = -F_{A1}$;

$E_{04} = F_{z1}(L\cos\varphi_1 + L_1 + L_0/2) + F_{y1}(L\sin\varphi_1 + H_1 - H_0)$;

$E_{05} = F_{y1}(B_2 + B_1) - F_{A1}(L\cos\varphi_1 + L_1 + L_0/2)$;

$E_{06} = -F_{z1}(B_1 + B_2) - F_{A1}(L\sin\varphi_1 + H_1 - H_0)$ 。

将式(9.54)写成矩阵形式,即

$$
C
\begin{bmatrix}
N_1 \\ N_2 \\ N_3 \\ N_4 \\ N_5 \\ N_6
\end{bmatrix}
= D
\begin{bmatrix}
T \\ P_j \\ \cos\alpha \\ \sin\alpha \\ \cos\beta \\ \sin\beta
\end{bmatrix}
+
\begin{bmatrix}
E_{01} \\ E_{02} \\ E_{03} \\ E_{04} \\ E_{05} \\ E_{06}
\end{bmatrix}
\tag{9.55}
$$

式中

$$
C =
\begin{bmatrix}
0 & 0 & 0 & 0 & 0 & 0 \\
1 & 1 & 1 & 1 & 0 & 0 \\
0 & 0 & 0 & 0 & 1 & -1 \\
-\dfrac{L_0}{2} & \dfrac{L_0}{2} & -\dfrac{L_0}{2} & \dfrac{L_0}{2} & 0 & 0 \\
0 & 0 & 0 & 0 & \dfrac{L_0}{2} & \dfrac{L_0}{2} \\
B_1 & B_1 & -B_0 & -B_0 & -H_0 & H_0
\end{bmatrix}
$$

$$
\boldsymbol{D} = \begin{bmatrix}
2 & 0 & 0 & -G & 0 & 0 \\
-2\tan\gamma & 0 & G\cos\beta & 0 & 0 & 0 \\
0 & 0 & -G\sin\beta & 0 & 0 & 0 \\
2H_0 & 0 & 0 & 0 & 0 & 0 \\
2B_0 & 0 & 0 & 0 & 0 & 0 \\
2B_0\tan\gamma & 0 & 0 & 0 & 0 & 0
\end{bmatrix}
$$

当电机闷车时,计算条件为前滚筒的截割阻力 F_{z1} 按滚筒额定扭矩的 $2\sim3$ 倍计算,前滚筒的轴向力仍然按正常截煤时计算,牵引力达到最大值,后滚筒空转,所受三项载荷均为零,机器停止行走,不存在摩擦力,滚筒外载荷按下式计算:

$$
\left.
\begin{aligned}
F_{z1} &= 2.5 \times \frac{M_{\mathrm{H}}}{R} \\
F_{y1} &= T_{\max} - G\sin\alpha \\
F_{A1} &= \frac{F_z L_k K_2}{J}
\end{aligned}
\right\}
\tag{9.56}
$$

式中　M_{H}—— 采煤机滚筒的额定扭矩,$M_{\mathrm{H}} = 9\,550 P_{\mathrm{H}}/n$,$\mathrm{N\cdot m}$;

　　　P_{H}—— 截割电机的额定功率,kW;

　　　n—— 截割电机的额定转速,$\mathrm{r/min}$;

　　　R—— 采煤机截割滚筒半径,mm。

模型算法流程可参照图 9.2,得到堵转时采煤机整机受力规律。

参 考 文 献

［1］ EVEANS I. A theory of the cutting force for point-attack picks［J］. International Journal of Rock Mechanics and Mining Science,1984,2(1):67-71.

［2］ HURT K G,MACANDREW K M. Cutting efficiency and life of rock-cutting picks［J］. Mining Science & Technology,1985,2(2):139-151.

［3］ 牛东民. 螺旋滚筒切削载荷特性的分析［J］. 煤炭科学技术,1988(5):13-17.

［4］ 谢和平,高峰. 煤岩类材料损伤演化的分形特征［J］. 煤岩力学与工程学报,1991,10(1):74-82.

［5］ 段雄,余力,程大中. 自控水力截齿破岩机理的混沌动力学特征［J］. 煤岩力学与工程学报,1993,12(3):222-231.

［6］ HEKIMOGLU O Z. The radial line concept for cutting head pick lacing arrangements［J］. International Journal of Rock Mechanics and Mining Science,1995,32(4):301-311.

［7］ WARREN SHEN H,REGINALD HARDY H. Laboratory study of acoustic emission and particle size distribution during rotary cutting［J］. International Journal of Rock Mechanics and Mining Science,1997(34):121-136.

［8］ MURO T,TRAN D T. Regression analysis of the characteristics of vibro-cutting blade for tuffaceous rock［J］. Journal of Terramechanics,2004,40(1):191-219.

［9］ MAZURKIEWICZ D. Empirical and analytical models of cutting process of rock［J］. Journal of Mining Science,2000,36(5):481-486.

［10］SHU KARUBE,WATARU HOSHINO,TATSUO SOUTOME,et. al. The non-linear pheonomena in vibration cutting system the establishment of dynamic model［J］. International Journal of Non-Linear Mechanics,2002(37):541-564.

［11］ BO YU. Numerical simulation of continuous miner rock cutting process［D］. West Virgina:College of Engineering and Mineral Resources at West Virginia University,2005.

［12］ JOHN P L,RAO KARANAMA U M. Heat transfer simulation in drag-pick cutting of rocks［J］. Tunnelling and Underground Space Technology,2005(20):263-270.

［13］ TIRYAKI B,CAGATY DIKMEN A. Effects of rock properties on specific cutting energy in linearcutting of sandstones by picks［J］. Rock Mechanics and Rock Engineering,2009,39(2):89-120.

［14］ BACLI C,BILGIN CORRELATIVE N. Study of linear small and full-scale rock cutting tests to selectmechanized excavation machines［J］. International Journal of Rock Mechanics and Mining Science,2007(44):468-476.

［15］ 赵丽娟,董萌萌. 含硫化铁结核薄煤层采煤机工作机构载荷问题［J］. 煤炭学报,2009,34(6):840-844.

［16］ BERNARDINO CHIAIA. Fracture mechanisms induced in a brittle material by a hard cuttingindenter［J］. International Journal of Solids and Structures,2010(38):7747-7768.

［17］BRIJES MISHRA. Analysis of cutting parameters and heat generation on bits of a continuous miner-using numerical and experimental approach［D］. West Virginia：College of Engineering and Mineral Resources at West Virginia University,2010.

［18］OKAN SU,NURI ALI AKCIN. Numerical simulation of rock cutting using the discrete element method［J］. International Journal of Rock Mechanics and Mining Science,2011 (48):434-442.

［19］JIANG Hongxiang,DU Changlong,LIU Songyong. Numerical simulation of rock fragmentation process by roadheader pick［J］. Journal of Vibroengineering,2013,15(4)：1087-1817.

［20］JIANG Hongxiang,DU Changlong,LIU Songyong. Nonlinear dynamic characteristics of load time series in rock cutting［J］. Journal of Vibroengineering,2014,16(1)：316-326.

［21］MUSTAFA E,EYYUBOGLU,NACI BOLUKBASI. Effects of circumferential pick spacing on boom type roadheader cutting head performance［J］. Tunnelling and Underground space Technology,2005(20):418-425.

［22］Kumano. An experimental and analytical investigation of the response of rock to impact loading［D］. California：University California,Berkeley,1980.

［23］徐小荷,余静. 煤岩破碎学［M］. 北京：煤炭工业出版社,1984.

［24］别隆. 煤炭切削原理［M］. 王兴祚,译. 北京：中国工业出版社,1965.

［25］Evans I. The force required to cut coal with blunt wedges［J］. International Journal of Rock Mechanics and Mining Science,1965,2:1-12.

［26］NISHIMATSU Y. The mechanics of rock cutting［J］. Journal of Rock Mechanics and Mining Sciences,1972(9):261-270.

［27］雷玉勇. 刀形截齿截割阻力的理论和实验研究［J］. 煤矿机械,1999,10(1):13-15.

［28］俞茂宏. 强度理论新体系［M］. 西安：西安交通大学出版社,1992.

［29］DEKETH H J R. Wear of rock cutting tools laboratory experiments on the abrasivity of rock［M］. New York：CRC Press,1995.

［30］刘春生,于信伟,任昌玉. 滚筒式采煤机工作机构［M］. 哈尔滨：哈尔滨工程大学出版社,2010.

［31］刘春生,李德根. 不同截割状态下镐型截齿侧向力的实验与理论模型［J］. 煤炭学报,2016,41(9):2359-2366.

［32］刘春生,宋杨. 不同楔入角的镐齿破岩截割力模型与仿真［J］. 黑龙江科技学院学报,2012,22(3),325-330.

［33］刘春生,靳立红. 基于截槽非对称条件镐型截齿的截割力学模型［J］. 煤炭学报,2009,34(7):983-987.

［34］刘春生. 采煤机镐型截齿安装角的研究［J］. 辽宁工程技术大学学报,2002,21(5):661-663.

［35］刘春生,李德根. 镐型截齿截割煤岩侧向力的本构特征与力学模型［J］. 煤炭学报,2016,41(9):2223-2228.

［36］刘送永,杜长龙,崔新霞,等. 不同齿身锥度和合金头直径截齿的截割试验［J］. 煤炭学报,2009,34(9):1276-1280.

［37］SOMANCHI S,KECOJEVIC V J,BISE C J. Analysis of forcevariance for acontinuous minerdrum using the design of experiments method［J］. International Journal of Mining, Reclamation and Environment,2006,20(2): 111-126.

［38］刘春生,赵英好,王庆华. 截煤工况下镐型截齿的自旋转力学机理［J］. 黑龙江科技大学学报,2014,24(1):75-80.

［39］费康,张建伟. ABAQUS 在岩土工程中的应用［M］. 北京:中国水利水电出版社, 2010.

［40］蔡美峰. 岩石力学与工程［M］. 北京:科学出版社,2002.

［41］王峥荣,熊晓燕,张宏. 基于 LS-DYNA 采煤机镐型截齿截割有限元分析［J］. 振动、测试与诊断,2010,30(2):163-165.

［42］宋杨. 镐型截齿截割煤岩学特性的数值模拟［D］. 哈尔滨:黑龙江科技大学,2013.

［43］刘春生. 镐形截齿硬质合金刀头及焊缝应力分析［J］. 辽宁工程技术大学学报,2004, 23(1):98-100.

［44］LIU Chunsheng,SONG Yang,REN Chunping. Numerical simulation of conical pick cutting coal and rock process based on ABAQUS［C］//Qiqihar Universiby. 2013 International Conference on Mechanical and Electronics Engineering,August 17-18,2013,Tianjin: 203-207.

［45］宋杨,刘春生. 采煤机端盘截齿截割煤岩的三向载荷数值模拟［J］. 矿山机械,2013, 41(7):19-22.

［46］刘春生,韩飞,王庆华. 双联镐齿截割煤岩力学特性的数值模拟［J］. 黑龙江科技大学学报,2015,25(5): 476-481.

［47］刘春生,宋杨,陈金国,等. 镐型截齿截岩过程的温度场模拟［J］. 黑龙江科技大学学报,2013,23(4): 337-340.

［48］任春平,刘春生. 煤岩模拟材料的力学特性［J］. 黑龙江科技大学学报,2015,25(5): 476-481.

［49］刘春生. 滚筒式采煤机理论设计基础［M］. 徐州:中国矿业大学出版社,2003.

［50］王洪英,刘春生,王金波. 采煤机镐形齿与刀形齿截割力试验分析［J］. 煤矿机械, 2002,23(6): 29-31.

［51］刘春生,王庆华,任春平. 镐型截齿载荷定量特征的旋转截割实验与仿真［J］. 黑龙江科技大学学报,2014,24(2):75-80.

［52］王庆华. 镐型截齿力学特性试验研究与双联镐齿截割数值模拟［D］. 哈尔滨:黑龙江科技大学,2015.

［53］孙月华,刘春生,曹贺,等. 镐型截齿三向载荷空间坐标的转换模型与分析［J］. 黑龙江科技大学学报,2016,26(6):616-619.

［54］刘春生,任春平,王庆华. 截齿破碎煤岩侧向载荷分布特性研究［J］. 煤矿机电,2014 (5):514-517.

[55] 刘春生,韩飞,任春平,等. 基于最大似然估计——Hilbert 法的截齿侧向载荷特征识别[J]. 黑龙江科技大学学报,2015,25(3):299-303.

[56] 刘春生,韩飞. 镐型截齿侧向载荷谱特性实验研究[J]. 黑龙江科技大学学报,2016,26(2): 177-182.

[57] 韩飞. 截齿链截割煤岩的力学特性研究[D]. 哈尔滨:黑龙江科技大学,2016.

[58] 李衍达,常迥. 信号重构理论及其应用[M]. 北京:清华大学出版社,1991.

[59] 张志飞,陈思,徐中明,等. 基于反问题的正则化波束形成改进算法[J]. 仪器仪表学报,2015,36(8):1752-1758.

[60] 肖庭延,王彦飞. 一维带限信号正则外推的快速算法[J]. 信号处理,2001,17(1): 31-36.

[61] 刘继军. 不适定问题的正则化方法及应用[M]. 北京:科学出版社,2005.

[62] 刘春生,任春平,李德根. 修正离散正则算法的截割煤岩载荷谱的重构与推演[J]. 煤炭学报,2014,39(5):981-986.

[63] LIU Chunsheng,REN Chunping,HAN Fei. Study on time-frequency spectrum characteristic of dynamic cutting load based on wavelet regularization[C]//Applied Decisions in Area of Mechanical Engineering and Industrial Manufacturing,2014:196-200.

[64] 刘春生,任春平. 基于离散正则化的实验载荷谱重构与推演算法[J]. 应用力学学报,2014,31(4):616-620.

[65] 张丹,刘春生,李德根. 瑞利随机分布下滚筒截割载荷重构算法与数值模拟[J]. 煤炭学报,2017,42:2523-2528.

[66] 刘春生,任春平. 截齿截割载荷谱重构的正则参数优化策略[J]. 黑龙江科技学院学报,2013,23(5):444-447.

[67] 刘春生,李德根. 基于单齿截割试验条件的截割阻力数学模型[J]. 煤炭学报,2011,36(9):1565-1569.

[68] 谢和平,薛秀谦. 分形应用中的数学基础与方法[M]. 北京:科学出版社,1997.

[69] 刘春生. 采煤机截齿截割阻力曲线分形特征研究[J]. 煤炭学报,2004,29(1):115-118.

[70] 王东生,曹磊. 混沌、分形及其应用[M]. 合肥:中国科技大学出版社,1995.

[71] 谢和平. 分形煤岩力学导论[M]. 北京:科学出版社,1996.

[72] LIU Chunsheng,LI Degen. The chaos and fractal characteristics and predication of shearer load power[C]//The International Conference on Electrical and Control Engineering. Wuhan:The IEEE Computer Society. Changsha,2010:5696-5699.

[73] LIU Chunsheng,Li Degen. Shearer load identification of the load spectrum of the pick based on chaotic characteristics [C].// The 2nd International Conference on Manufacturing Science and Engineering. Guilin:Advanced Materials Research. China,2011:786-791.

[74] 刘春生,李德根. 镐型截齿截割阻力序列的混沌分形维数与能耗分析[J]. 黑龙江科技学院学报,2009,19(6):451-453.

[75] 刘春生,王庆华,李德根. 镐型截齿截割阻力谱的分形特征与比能耗模型[J]. 煤炭学报,2015,40(11):2623-2628.

[76] 吕金虎,陆君安,陈士华,等. 混沌时间序列分析及其应用[M]. 武汉:武汉大学出版社,2002.

[77] 郝柏林. 从抛物线谈起-混沌动力学引论[M]. 上海:上海科技教育出版社,1997.

[78] 刘春生,李德根. 采煤机单齿截割阻力与负载功率混沌吸引子的关联分析[J]. 现代振动与噪声技术,2010:291-296.

[79] 李德根,刘春生. 镐型截齿截割煤岩动力系统的混沌特征[J]. 黑龙江科技学院学报,2011,21(6):458-462.

[80] LI Degen, LIU Chunsheng. Development and experiment of cutting force model on conical pick cutting rock at different wedge angles[C]// Proceedings of the 2015 International Conference on Mechanics and Mechatronics. Singapore:World Science,2015:11-18.

[81] LI Degen, LIU Chunsheng. Conical pick cutting experiment and resistance spectrum characteristics[C]// Proceedings of the 2015 International Conference on Mechanics and Mechatronics. Singapore:World Science,2015:19-25.

[82] 李德根. 截齿载荷谱的力学模型及混沌分形特征[D]. 哈尔滨:黑龙江科技学院,2011.

[83] 段雄. 自控水力截齿破岩机理的非线性动力学研究[D]. 徐州:中国矿业大学,1991.

[84] 刘春生,任春平,王磊. 等切削厚度的镐型齿旋转截割煤岩比能耗模型[J]. 黑龙江科技大学学报,2015,25(5):476-481.

[85] 戴淑芝. 双滚筒采煤机整机力学模型算法及其特性研究[D]. 哈尔滨:黑龙江科技学院,2012.

[86] 刘春生,陈晓平. 采煤机截割与牵引功率匹配的理论方法[J]. 黑龙江科技学院学报,2011,21(1):57-60.

[87] 张丹,田操,孙月华,等. 销轨弯曲角对采煤机行走机构动力学特性的影响[J]. 黑龙江科技大学学报,2014,24(5):262-267.

[88] 刘春生,田操. 采煤机液压调姿牵引机构的力学特性与设计[J]. 工程力学学报,2015,2(3):243-249.

[89] 刘春生,田操. 采煤机整机力学模型的最小二乘解算方法[J]. 辽宁工程技术大学学报:自然科学版,2015,34(4):505-510.

[90] 刘春生,田操,李孝宇. 大采高采煤机双列四驱动自适应调姿牵引方式研究[J]. 煤炭科学技术,2016,44(10):125-130.

[91] 刘春生,李孝宇. 采煤机整机力学模型的预条件拟极小剩余算法[J]. 黑龙江科技大学学报,2016,26(5):552-557.